图解 几何

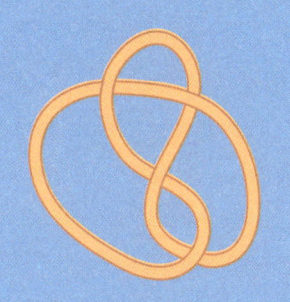

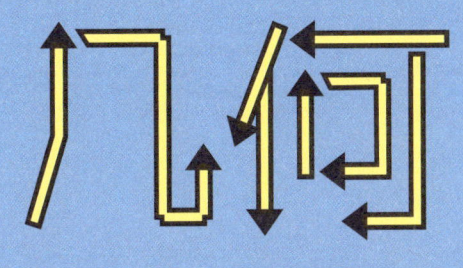

GEOMETRY IN GRAPHICS

VISUAL LEARNING FOR STUDENTS AND GROWN UPS

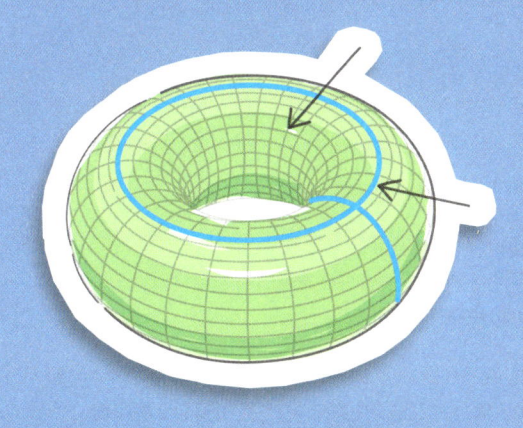

[英] 萨姆·哈特伯恩（Sam Hartburn） 著

李永学 译

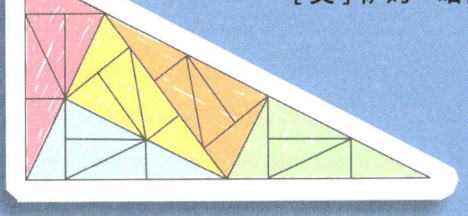

中信出版集团 | 北京

图书在版编目（CIP）数据

图解几何 /（英）萨姆·哈特伯恩著；李永学译. --
北京：中信出版社，2025.7（2025.10重印）. -- ISBN
978-7-5217-7746-8

I. O18-49

中国国家版本馆CIP数据核字第2025QA8811号

Geometry in Graphics by Sam Hartburn
Copyright © UniPress Books 2024
Simplified Chinese translation copyright © 2025 by CITIC Press Corporation
ALL RIGHTS RESERVED
本书仅限中国大陆地区发行销售

图解几何

著者：　　　［英］萨姆·哈特伯恩
译者：　　　李永学
出版发行：中信出版集团股份有限公司
　　　　　（北京市朝阳区东三环北路27号嘉铭中心　邮编　100020）
承印者：　　北京启航东方印刷有限公司

开本：787mm×1092mm 1/16　　印张：13.25　　字数：150千字
版次：2025年7月第1版　　　　印次：2025年10月第2次印刷
京权图字：01-2025-1580　　　　书号：ISBN 978-7-5217-7746-8
　　　　　　　　　　　　　　　定价：79.00元

版权所有·侵权必究
如有印刷、装订问题，本公司负责调换。
服务热线：400-600-8099
投稿邮箱：author@citicpub.com

目录 →

CONTENTS

引言	IV

第 1 章　几何学的构建要素　1

几何学家的工具	3
几何学时间线	4
点和直线	6
角	7
符号表示	10
几何学中的代数	12
√ 回顾	14

第 2 章　二维形状　17

圆	19
曲线形状	21
多边形	23
三角形	24
四边形	30
多边形中的角	35
√ 回顾	38

第 3 章　作图与镶嵌　41

几何作图	43
可构造多边形	45
折纸作图	49
镶嵌	51
非周期性和非周期性铺砌	53
圆填充	56
正方形填充	57
√ 回顾	58

第 4 章　三维形体　61

多面体	63
展开图	68
球体	70
锥体和圆柱	72
空间填充	74
截面	77
投影和阴影	79
超越三维	82
√ 回顾	84

第 5 章　测量　87

长度	89
面积	90
体积和表面积	96
角度测量	100
三角学	102
√ 回顾	106

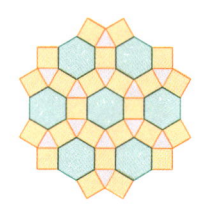

第 6 章 坐标   109

笛卡儿坐标   111

极坐标   113

地理坐标   115

三维坐标   116

艺术方程   118

√ 回顾   120

第 7 章 变换与对称   123

反射   125

旋转   128

平移   129

缩放   130

对称性   131

全等与相似   135

分形   140

√ 回顾   142

第 8 章 曲线与曲面   145

什么是曲线与曲面?   147

抛物线   149

直纹面   151

高斯曲率   153

地图投影   154

单面曲面   156

非欧几何   158

√ 回顾   162

第 9 章 拓扑学   165

什么是拓扑学?   167

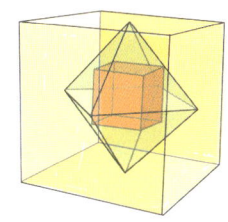

图论   169

纽结理论   172

√ 回顾   174

第 10 章 几何证明   177

什么是几何证明?   179

几何定理   180

抽象概念的图解证明   182

√ 回顾   184

第 11 章 无处不在的几何   187

传统手工艺   189

音乐   191

建筑   193

艺术   195

有关几何的生活技巧   197

√ 回顾   200

致谢   202

引言

本书致力于探讨几何学,一门有关形状与空间的数学学科。无论是在自然界,还是在我们人类制造与构建的物品中,几何结构都无处不在,就连人体内部也同样如此。通过学习几何学,我们可以更好地理解这个世界的组建方式,开发改善生活的新技术。

你是否想过,三角钢琴为什么是它现在的样子?用吸管吹出的肥皂泡是什么形状?这本图文并茂的书将为你回答这些问题,以及许多其他问题。本书涵盖了许多中学几何学的学习主题,也介绍了一些大学阶段甚至更高程度的几何学概念,并辅以清晰的解释和生动的插图,便于理解。

几千年来,人类一直对几何学神往不已。人类最早的一些文字记录中就包含几何图示,用于说明今天我们仍在使用的概念。尽管几何学源远流长,它却仍然是一门充满活力、不断发展的学科。你不但会通过本书看到那些确立已久的事实和观点,还将了解近年来的一些前沿发现。

本书共分 11 章。我们将从几何学的历史开始,简要叙述关键的几何思想,以及这一学科随时间推移发生的演变。然后,我们将介绍几何学的构建要素,即那些最简单的形体,它们构成了其他一切几何结构的基础。我们也将介绍用于描

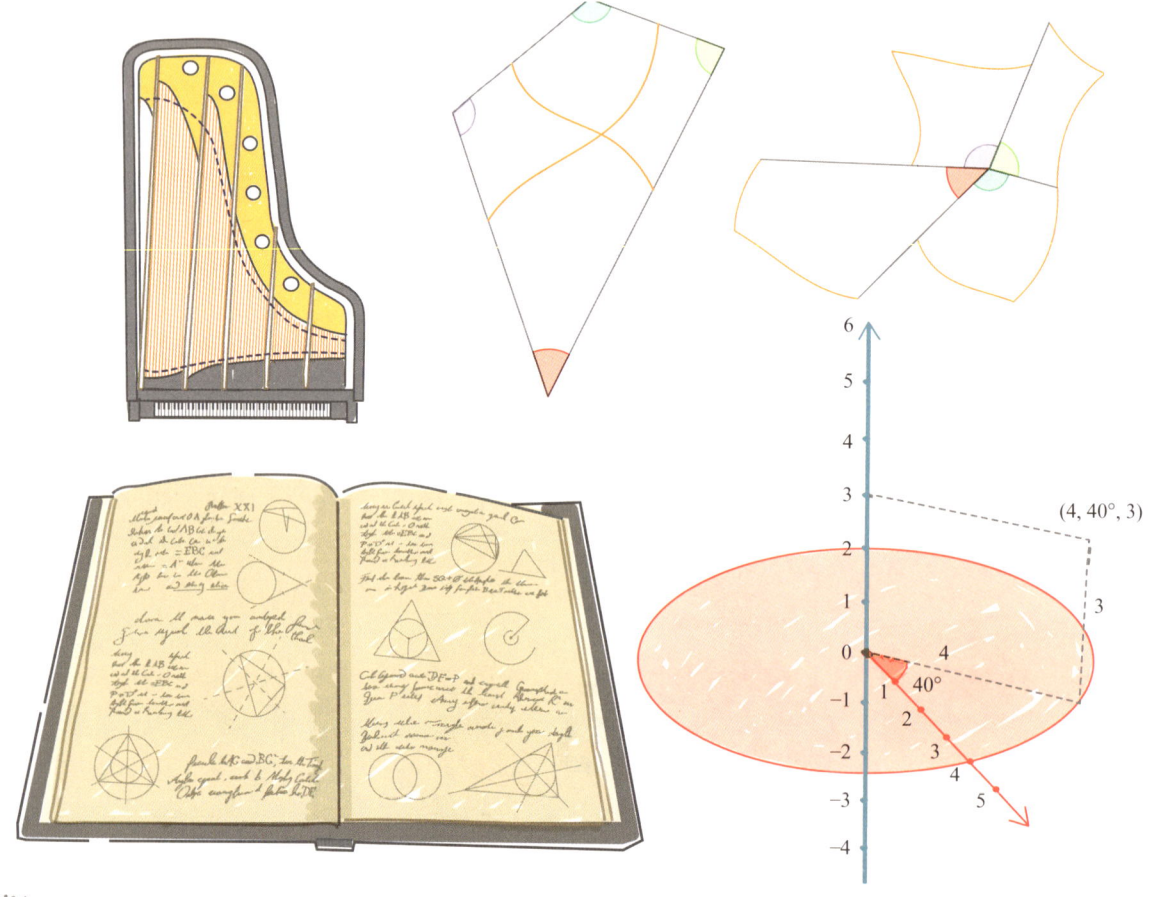

述这些形体的代数语言。

下一步，你将学习二维形状和三维形体，了解它们的构造和分类、它们之间的拼接方式，以及在某些情况下无法拼接的原因。你将看到隐藏在这些形体背后的一些惊人现象，甚至窥见四维世界及更高维度形体的可能存在方式。

你还将学习几何学中使用的一些不同测量方法和坐标系，以及它们之间的关系。坐标系不仅对于真实世界的探索至关重要，还为我们提供了一种极其有效的方式，让其他数学领域的思想具象化。你将发现一些隐藏在看上去十分复杂的方程背后的优美曲线，并深入探索对称性、曲率和拓扑学的概念。

数学证明的基本思想在本书中贯穿始终，但在倒数第二章，你将真正了解它为何如此重要。你将看到，对一种想法的证明会怎样启发对其他想法的证明，这样就能够建立一个公认的事实体系。你还可以看到一些例子，它们会让你认识到，几何学的可视化证明会如何将看似抽象的想法变得具体。

我们开头就说到几何学无处不在，为此，我们将探讨几何学思想在多个文化领域中的清晰体现，包括传统手工艺、音乐和建筑，并以此结束本书。你甚至会从中发现一些生活窍门，这样你就可以利用几何学，让自己生活得更为轻松。欢迎阅读《图解几何》！

引 言 V

第1章

几何学的构建要素

几何学是研究形状和空间的数学。我们用它来研究与理解客观世界并设计一切，从我们居住的建筑物，到送往太空的航天器。我们甚至可以利用几何学，分析那些只能在我们的想象中存在的概念。

然而，这些复杂的思想有着朴素的起点。你将在本章学习构建几何学中一切概念的要素，即基本的几何学工具、发现和理论。你还将学习描述几何形体的标记法，以及理解几何学所需的一些基本代数知识。

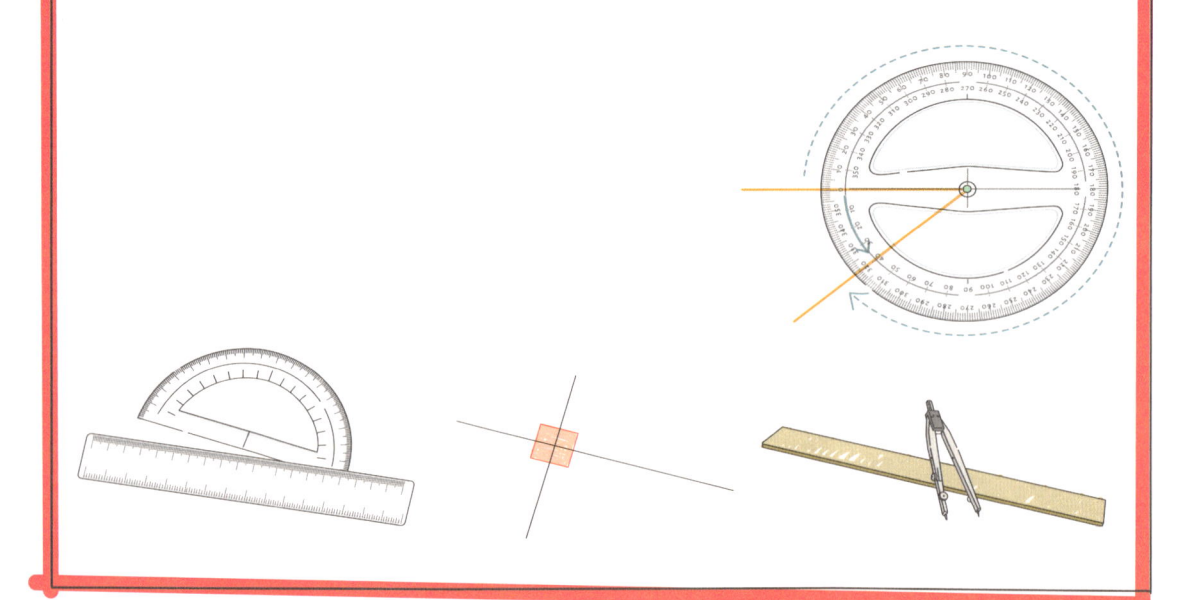

几何学家的工具

几何学是一门视觉学科，如果有能力绘制它所研究的形体和概念，将对我们的学习有极大的帮助。有时一张简单的铅笔草图就已足够，但有时则需要更精确地作图。随着时间的推移，我们用于测量和绘制几何形体的工具也在不断演变。

在许多古代文明中，人们利用按确定间距打结的**绳子**进行测量，设计建筑物的地基。

许多几何形体的绘制只需要用到**直尺**和**圆规**。古希腊人在他们的绝大多数数学活动中，使用的就是这些简单工具。

刻度尺和**量角器**可以让我们精确地测量长度和角度。如果知道如何计算一个形体的长度和角度，我们就可以用刻度尺和量角器把它画出来。

有些无法用直尺和圆规构建的图形或许可以通过**折纸**完成。

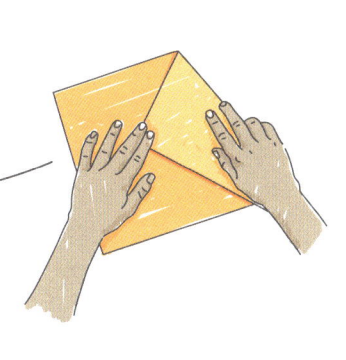

如果一个形体太复杂，无法手工绘制出来，我们或许可以用**计算机**创建它的图像。现在有许多用于几何作图的计算机应用软件，数学家也常常自己编写**代码**，以研究形体。

有些形体在我们的宇宙中是无法实际存在的。我们或许可以利用计算机创建它们的近似图像，就像可以在纸上画出立体几何形体的示意图一样。但要真正让这些概念可视化，就只能依靠我们的**想象力**了。

第1章 几何学的构建要素 3

几何学时间线

几何学的知识和应用可以回溯至古代。从这些古代知识中，我们可以辨认出今天使用的一些几何学知识，但更现代的几何学研究分支与古代相比有很大的差异。

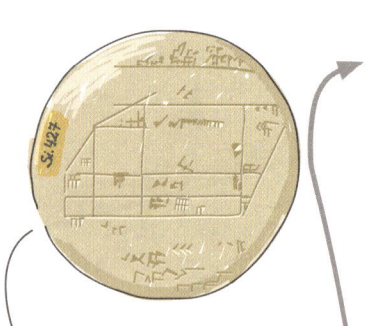

公元前1900—前1600年

对于人类利用几何学的开端，我们拥有的最古老证据是古巴比伦泥版上的标记。这些标记被称为楔形文字，其中展示了三角形、矩形、圆形和其他形状相关的图形和计算。历史学家认为，当时的几何学被用于解决土地纠纷等实际问题。

公元前600—前300年

古希腊人在几何学领域取得了巨大的进展。据我们所知，他们是首次以纯粹抽象的方式研究几何学（不一定需要实际应用）的人类。他们取得的主要进步是从逻辑的角度处理研究主题，要求接受任何新思想在数学上正确之前必须有一步接一步的证明。这一时期的巅峰，是欧几里得的著作《几何原本》的出版，它是一部包含当时希腊人所知的全部几何知识的13卷巨著。《几何原本》在学校中使用了2 000多年，可能是有史以来最成功的教科书系列！事实上，它被接受的程度极广，以至于我们现在称这种在平面上进行探讨的几何学为**欧几里得几何**。

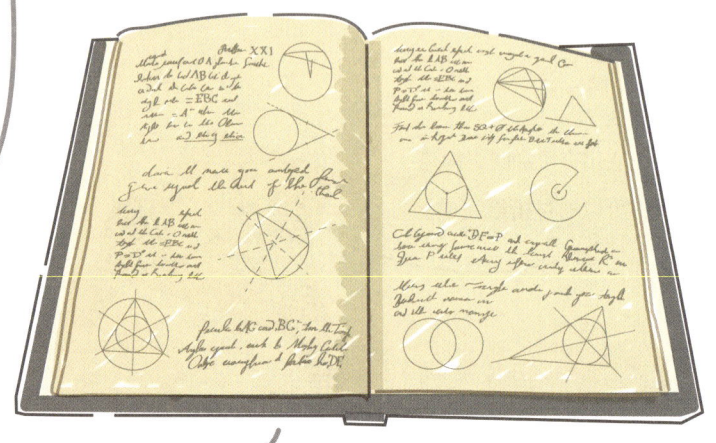

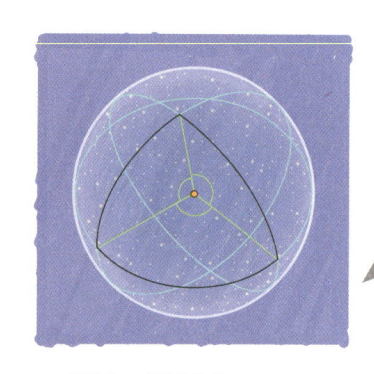

900—1300年

阿拉伯数学家和天文学家想要计算星体之间的距离，从而发展了**球面几何**理论。他们使用了星体在球体上的模型，这是**非欧几何**的第一个例子。

1500—1600年

笛卡儿发展了**解析几何**的思想。在本质上，解析几何将几何形状放置在坐标网格上。通过给出其顶点的坐标，你可以准确地定义形状。这使得数学家能够利用代数方法研究几何形状，反之亦然。

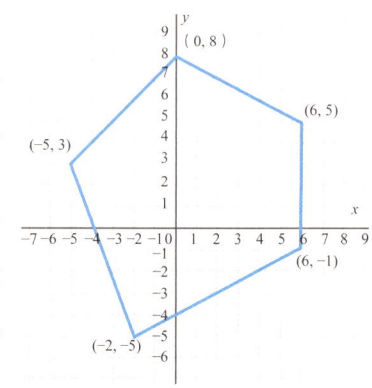

大约在 1500—1600 年，**射影几何**的概念也得到了发展。射影几何从艺术家和建筑师使用的方法出发，引入了两个新想法：

1. 引入**灭点**（vanishing point）的概念，是指平行线在无穷远处相交的点。

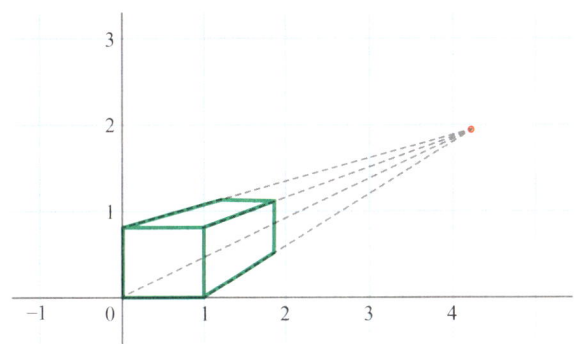

2. 通过将形状的图像投影到表面上，将一个形状转换为另一个形状。一个常见的例子，就是物体将阴影投射到地面上的方式。在这些投影中，一些属性（如边的数量）保持不变，而其他属性（如边之间的角度）则会发生变化。

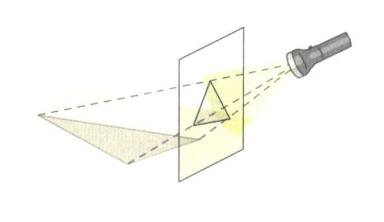

1700—1800 年

莱昂哈德·欧拉发展了**图论**的初步概念。图论研究不同点之间的连接方式，但不关心点之间的距离或它们之间的真实位置关系。一个日常的例子是地铁线路图，它显示了各个站点及其相互之间的连接。

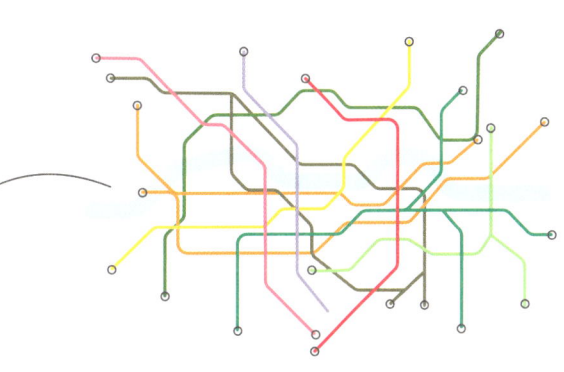

图论的研究进一步发展出了**拓扑学**。拓扑学是几何学的一个分支，其中共享一种基本属性（如具有相同数量的孔或洞）的两个对象被定义为相同的。

1800—1900 年

鲍耶、卡尔·高斯和尼古拉·罗巴切夫斯基对欧几里得关于平行线的一个公设提出了疑问，从而发展了**双曲几何**。这种几何建立在一种叫作伪球面的特殊曲面上。

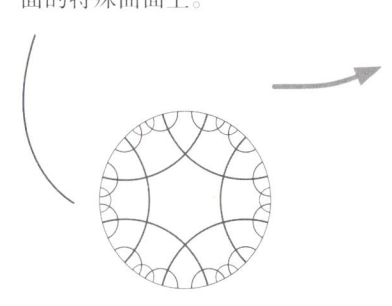

1900 年至今

数学家继续研究与开发所有这些不同类型的几何学，并寻找不同几何学分支之间的联系，因为这些联系可能有助于同时推进两个分支的研究。他们还寻找几何学与其他数学领域之间的联系。工具、方法和概念不断进步和变化，新的发现也层出不穷。

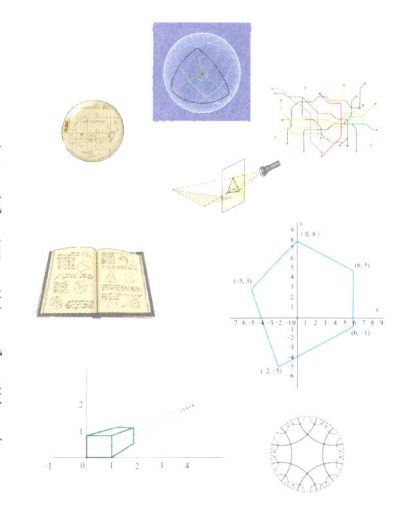

第 1 章　几何学的构建要素　5

点和直线

点没有长度、宽度和高度，但平平无奇的点是一切几何结构的基础构建单元。只要有两个点，我们就可以定义一条直线，并从点和直线这两个概念出发，构建从简单的三角形到多维超球体的任何形状。

点定义了空间内的一个位置。尽管它没有大小和维度，但人类需要用可视化的东西来加深理解，所以我们通常画一个小圆点来表示它。

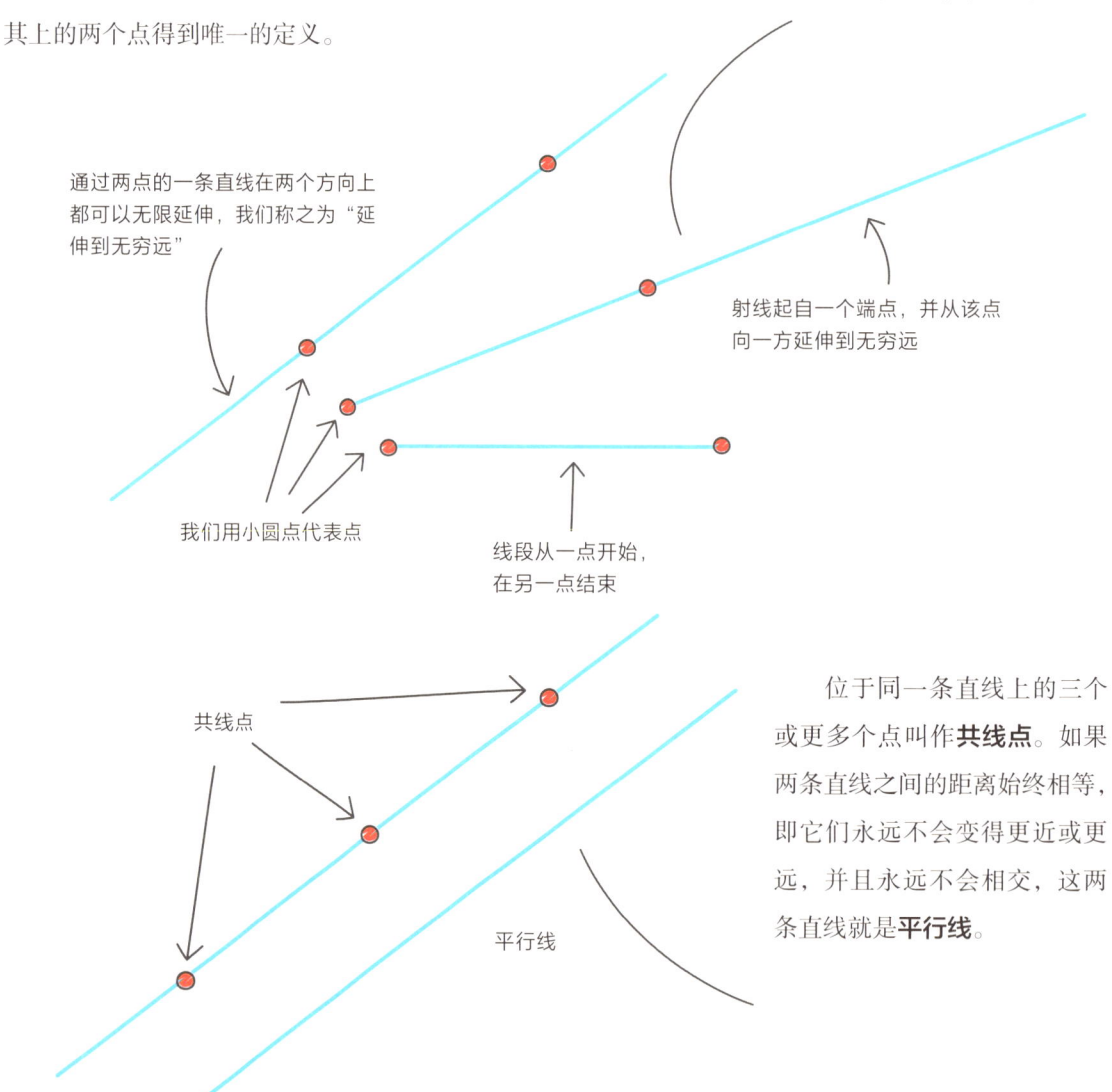

直线是由一个点沿一个方向持续移动所描绘的路径。直线是一维物体，它有长度，但没有宽度或高度。我们如果有两个点，就可以用一条直线将它们连接起来。更重要的是，我们只有一种方式可以做到这一点。这看起来似乎不是一个重大发现，却意味着任何一条直线都可以仅仅通过其上的两个点得到唯一的定义。

通过两点的一条直线在两个方向上都可以无限延伸，我们称之为"延伸到无穷远"

射线起自一个端点，并从该点向一方延伸到无穷远

我们用小圆点代表点

线段从一点开始，在另一点结束

共线点

平行线

位于同一条直线上的三个或更多个点叫作**共线点**。如果两条直线之间的距离始终相等，即它们永远不会变得更近或更远，并且永远不会相交，这两条直线就是**平行线**。

角

一旦定义了直线和线段，我们就可以将它们组合在一起，构成其他形状。当两条直线相交时，我们就可以在它们之间定义一个角。

角是由从同一点发出的两条射线构成的，该点叫作角的**顶点**，两条射线叫作**边**。两条边之间的角的大小（度数）告诉我们，一条边需要绕顶点旋转多远才能与另一条边重合。我们通常用一段小弧线来标记角。

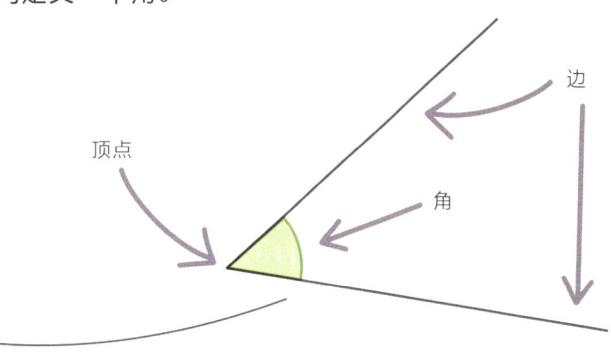

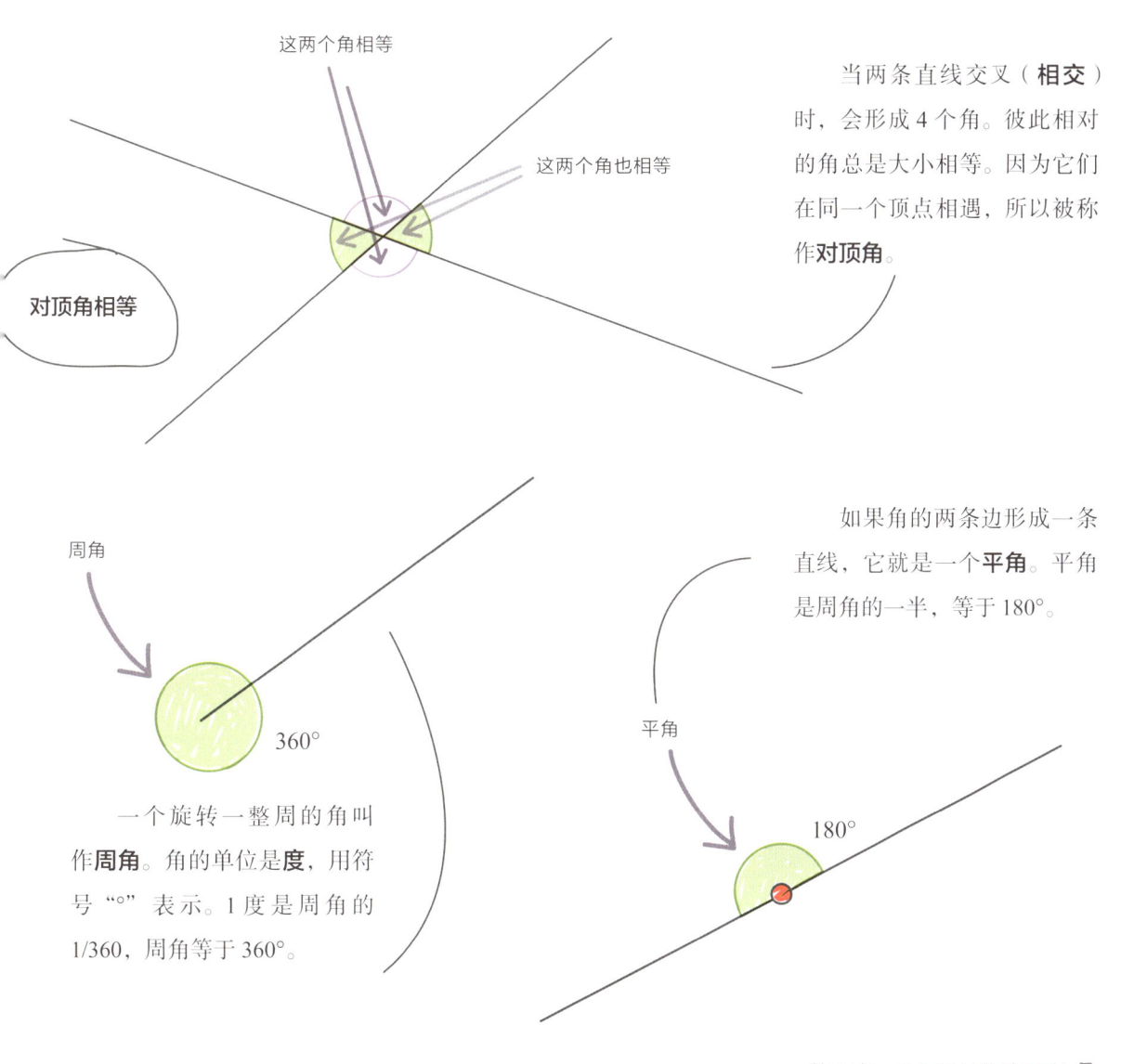

顶点

边

角

这两个角相等

这两个角也相等

对顶角相等

当两条直线交叉（**相交**）时，会形成4个角。彼此相对的角总是大小相等。因为它们在同一个顶点相遇，所以被称作**对顶角**。

周角

360°

一个旋转一整周的角叫作**周角**。角的单位是**度**，用符号"°"表示。1度是周角的1/360，周角等于360°。

如果角的两条边形成一条直线，它就是一个**平角**。平角是周角的一半，等于180°。

平角

180°

第1章 几何学的构建要素 7

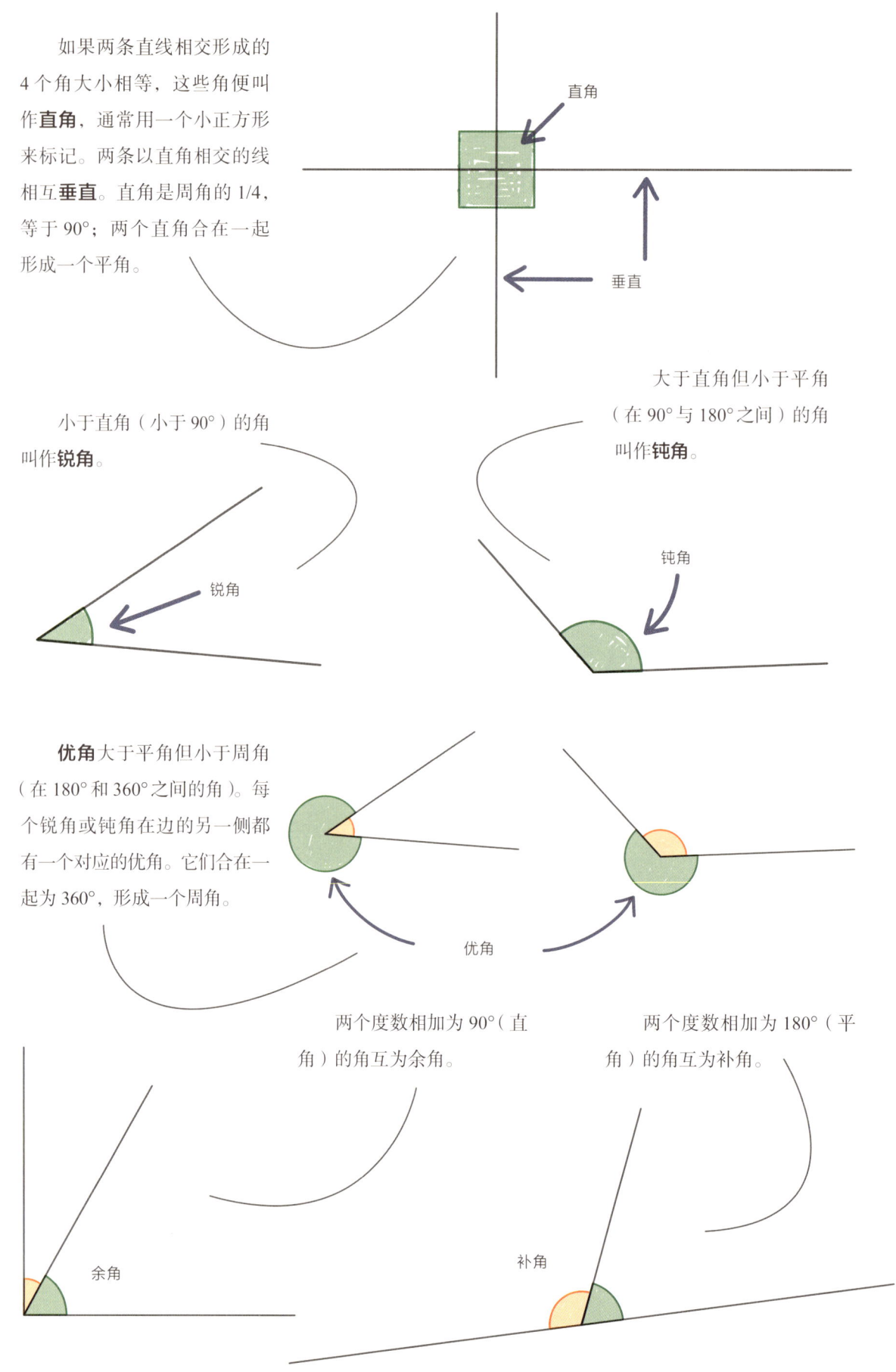

如果两条直线相交形成的 4 个角大小相等，这些角便叫作**直角**，通常用一个小正方形来标记。两条以直角相交的线相互**垂直**。直角是周角的 1/4，等于 90°；两个直角合在一起形成一个平角。

直角

垂直

小于直角（小于 90°）的角叫作**锐角**。

锐角

大于直角但小于平角（在 90° 与 180° 之间）的角叫作**钝角**。

钝角

优角大于平角但小于周角（在 180° 和 360° 之间的角）。每个锐角或钝角在边的另一侧都有一个对应的优角。它们合在一起为 360°，形成一个周角。

优角

两个度数相加为 90°（直角）的角互为余角。

两个度数相加为 180°（平角）的角互为补角。

余角

补角

8　图解几何

为了测量角的度数，我们使用一种叫作量角器的工具。你可以用半圆形量角器测量不超过180°的角，用圆形量角器测量不超过360°的角。

将角的一条边与量角器的基线对齐，令角的顶点与量角器的中点重合，然后读取角的另一条边与量角器边缘刻度相交处的度数。通常会有两个刻度，即沿两个方向各一个，因此请确保使用的那个刻度的零线与角的第一条边重合。

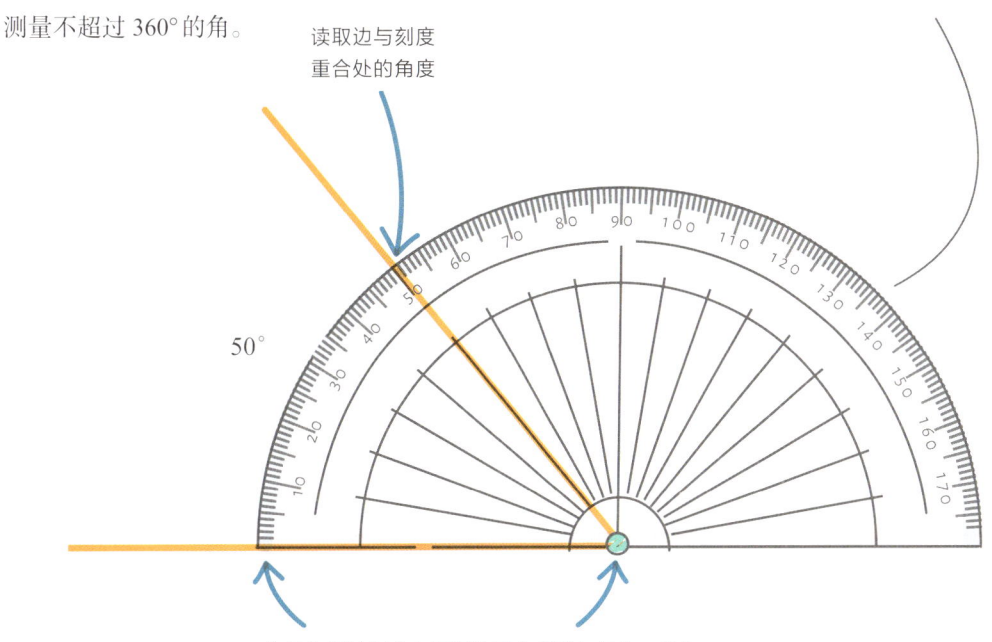

读取边与刻度重合处的角度

50°

将量角器的刻度上标记为零的线段与角的一条边对齐，令线段的中心点与角的顶点重合

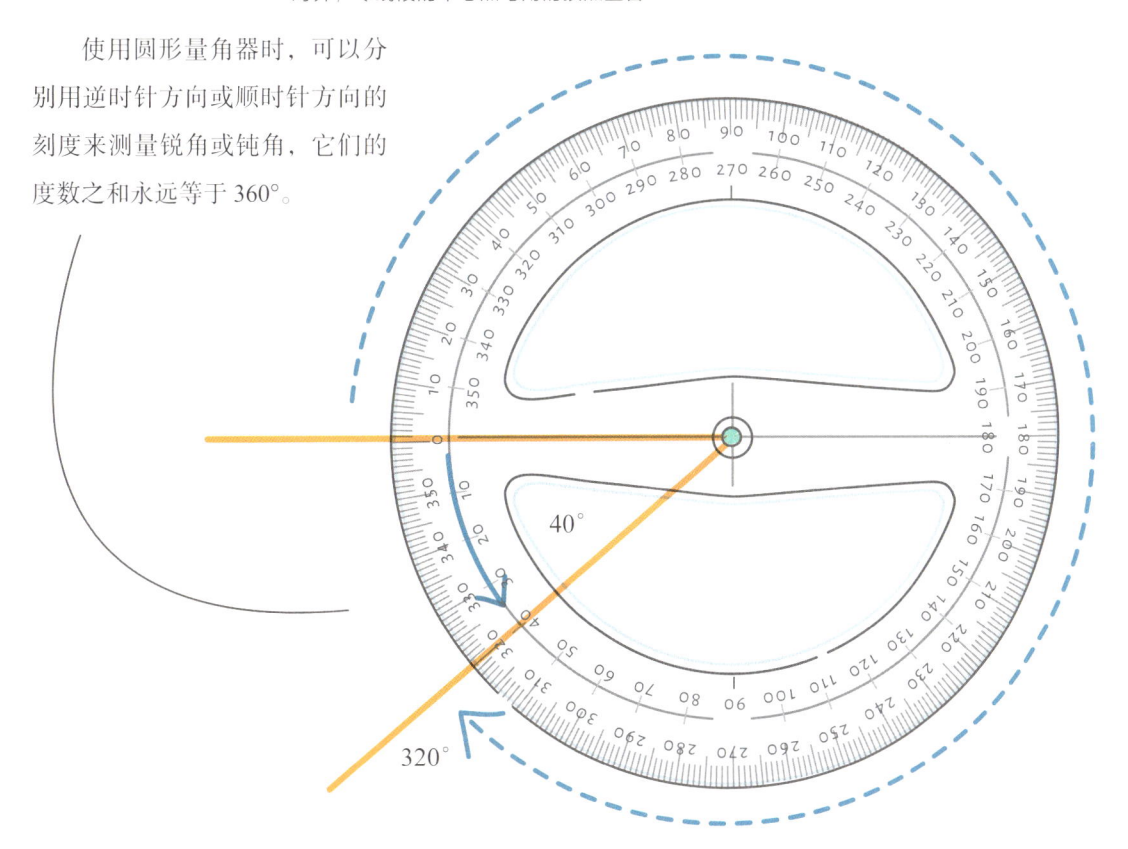

使用圆形量角器时，可以分别用逆时针方向或顺时针方向的刻度来测量锐角或钝角，它们的度数之和永远等于360°。

40°

320°

第 1 章　几何学的构建要素　9

符号表示

我们经常为点、直线、角和其他几何对象命名,这样就可以方便地提及它们。命名约定可以让我们更易于这样做,而且不会造成误解。

大写字母通常用于命名点,**小写字母**用于命名直线和线段。本页图中有 7 个点,分别命名为 A、B、C、D、E、F 和 G。其中有 5 条直线,分别命名为 l、m、n、r 和 s。

用希腊字母表示角

用小写字母表示直线

用大写字母表示点

角通常用**希腊字母**命名。因此,这个图中命名了三个角:θ(西塔)、α(阿尔法)和 β(贝塔)。

我们也可以用直线经过的点来命名直线。例如,另一种命名直线 l 的方式是称其为直线 AB,因为它经过点 A 和点 B。

你也可以用点来定义角。角 α 也可以叫作角 CDB(或角 BDC),因为如果你从点 C 到点 D 再到点 B(或从点 B 到点 D 再到点 C)画一条折线路径,就可在直线 CD 和直线 DB 之间形成角 α。中间的字母总是代表角的顶点。

你可以用与直线相同的方式定义线段,所以,AB 既可以表示从 A 开始到 B 结束的线段,也可以表示经过点 A 和点 B 的无限长的直线。

这些约定并不是规则——如果你愿意,没有人会阻止你将一个点命名为"露露"!但遵循这些惯常的约定,可以为别人提供关于你所指对象的线索。

几何学中常用的希腊字母

α 阿尔法

β 贝塔

θ 西塔

γ 伽马

λ 兰姆达

δ 德尔塔

图中的其他符号告诉我们有关角或直线的事实。如果表示两个角的小弧线上有相同数量的**短线**标记，则这两个角相等。在这个形状中，角 DAB 和角 BCD 相等，它们各有一个短线标记。角 ADC 和角 CBA 也相等，它们各有两个短线标记。另一种标记方式，是使用相同数量的弧线表示相等的角。

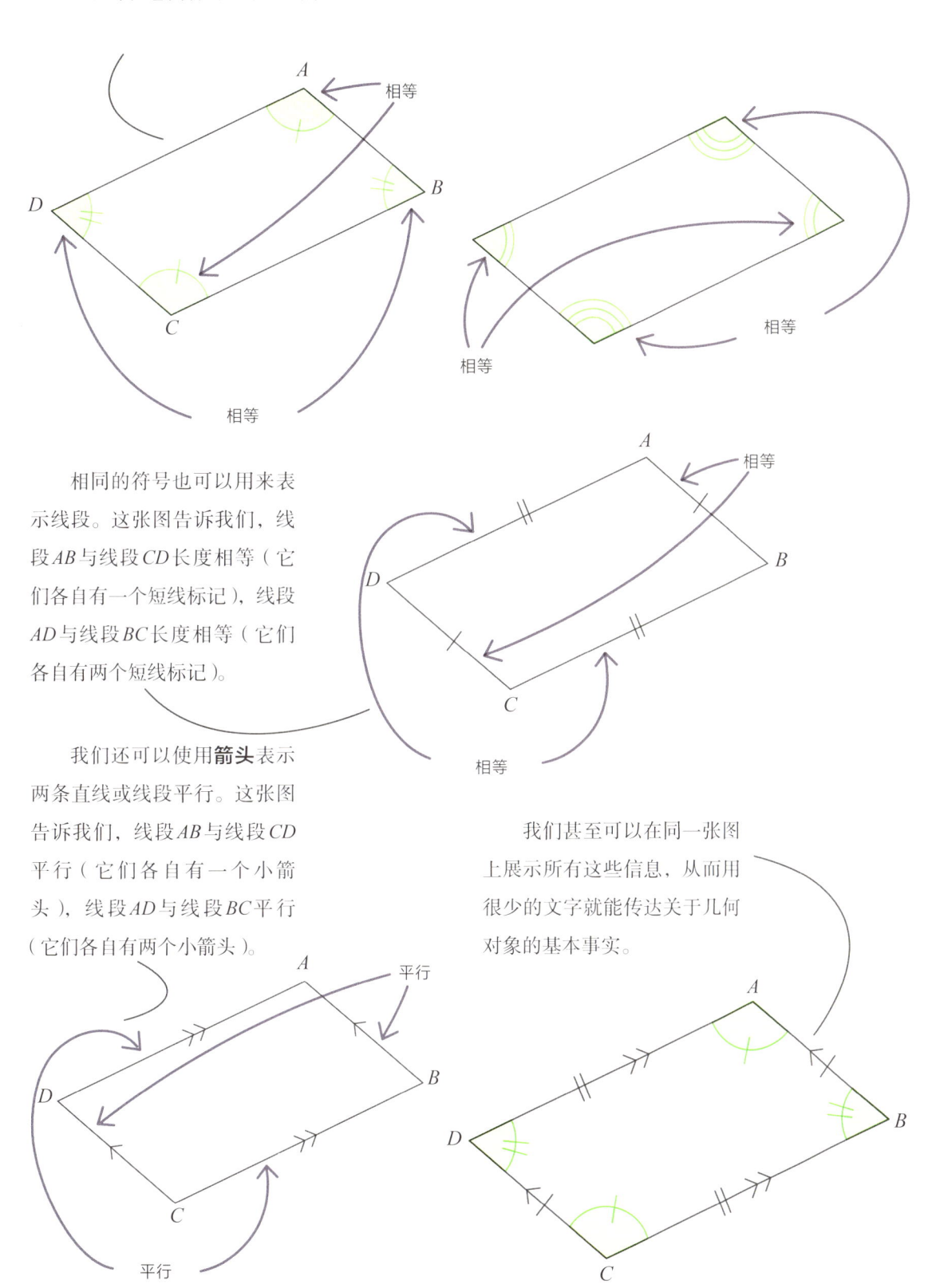

相同的符号也可以用来表示线段。这张图告诉我们，线段 AB 与线段 CD 长度相等（它们各自有一个短线标记），线段 AD 与线段 BC 长度相等（它们各自有两个短线标记）。

我们还可以使用**箭头**表示两条直线或线段平行。这张图告诉我们，线段 AB 与线段 CD 平行（它们各自有一个小箭头），线段 AD 与线段 BC 平行（它们各自有两个小箭头）。

我们甚至可以在同一张图上展示所有这些信息，从而用很少的文字就能传达关于几何对象的基本事实。

几何学中的代数

处理几何对象时，我们可以利用代数来帮助理解它们之间的关系。代数的主要原理是用符号表示数。前面介绍过，我们可以用字母来命名点、直线和角。当用这些字母表示对象的大小时，我们可以像操作数一样操作它们，用来建立适用于该类型所有对象的关系。

假设我们有两条平行线段 AB 和 BC，AB 的长度为 2，BC 的长度为 3。要想知道从点 A 到点 C 的线段总长度，我们可以将线段 AB 和 BC 的长度相加：$2 + 3 = 5$。

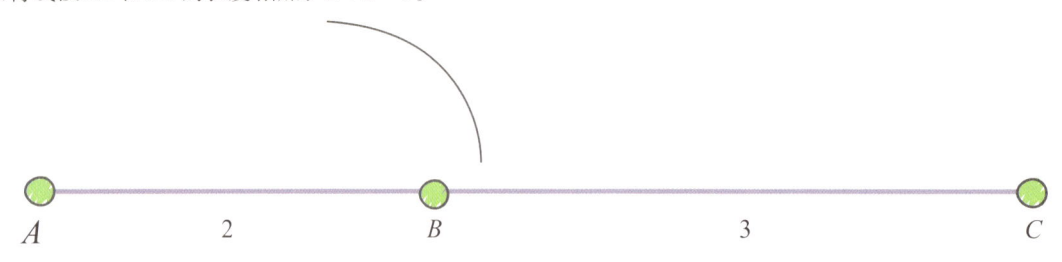

A　　2　　B　　3　　C

A　　5　　C

而如果我们将线段 AB 的长度表示为 x，BC 的长度表示为 y，就可以用同样的方法表示 AC 的长度，即 $x + y$。像这样用字母表示数时，我们称这些字母为**变量**。

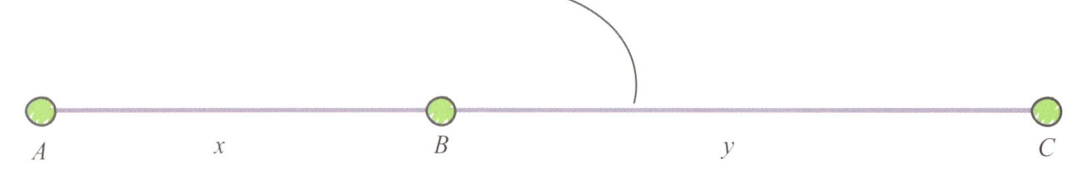

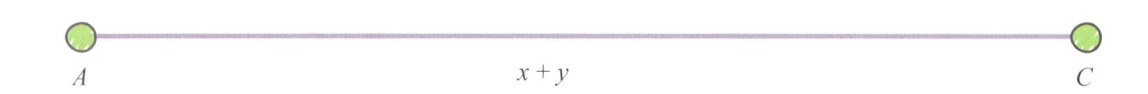

A　　x　　B　　y　　C

A　　$x + y$　　C

如果我们有三条长度相同的未知线段（AB、BC和CD），那么应该如何处理呢？如果我们将它们各自的长度标记为z，则线段AD的总长度为$z + z + z$。这也可写作$3 \times z$（正如$4 + 4 + 4$等同于3×4），简化为$3z$。变量前的数字叫作系数，所以在$3z$中，变量为z，系数为3。

$A \quad\quad z \quad\quad B \quad\quad z \quad\quad C \quad\quad z \quad\quad D$

$A \quad\quad\quad\quad z + z + z = 3z \quad\quad\quad\quad D$

如果两条线段的长度均为z的倍数，比如$4z$和$2z$，又该如何处理呢？我们知道$4z = z + z + z + z$，而$2z = z + z$。将它们相加可得$6z$。因此，若两条（或更多条）线段的长度是同一变量的倍数，我们只需将系数相加即可得到总长度：$4z + 2z = 6z$。

代数绝非仅仅如此，但上述基本概念已足够支撑你学习本书的后续内容。若想进一步了解代数，建议阅读"图解学科"系列的《图解代数》一书。

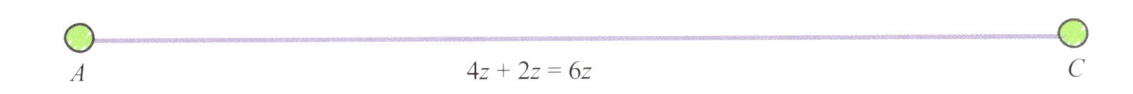

$A \quad\quad 4z \quad\quad B \quad\quad 2z \quad\quad C$

$A \quad\quad\quad\quad 4z + 2z = 6z \quad\quad\quad\quad C$

回顾

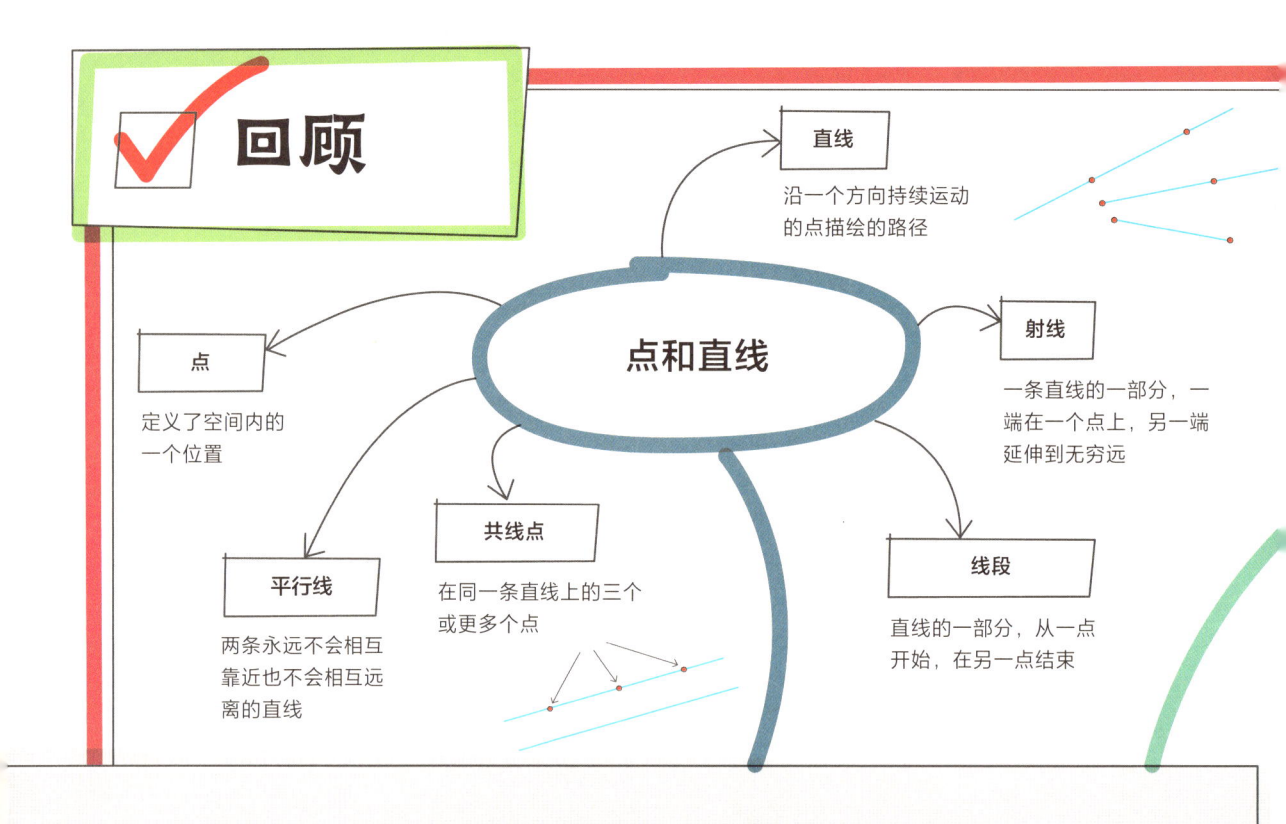

几何学的构建要素

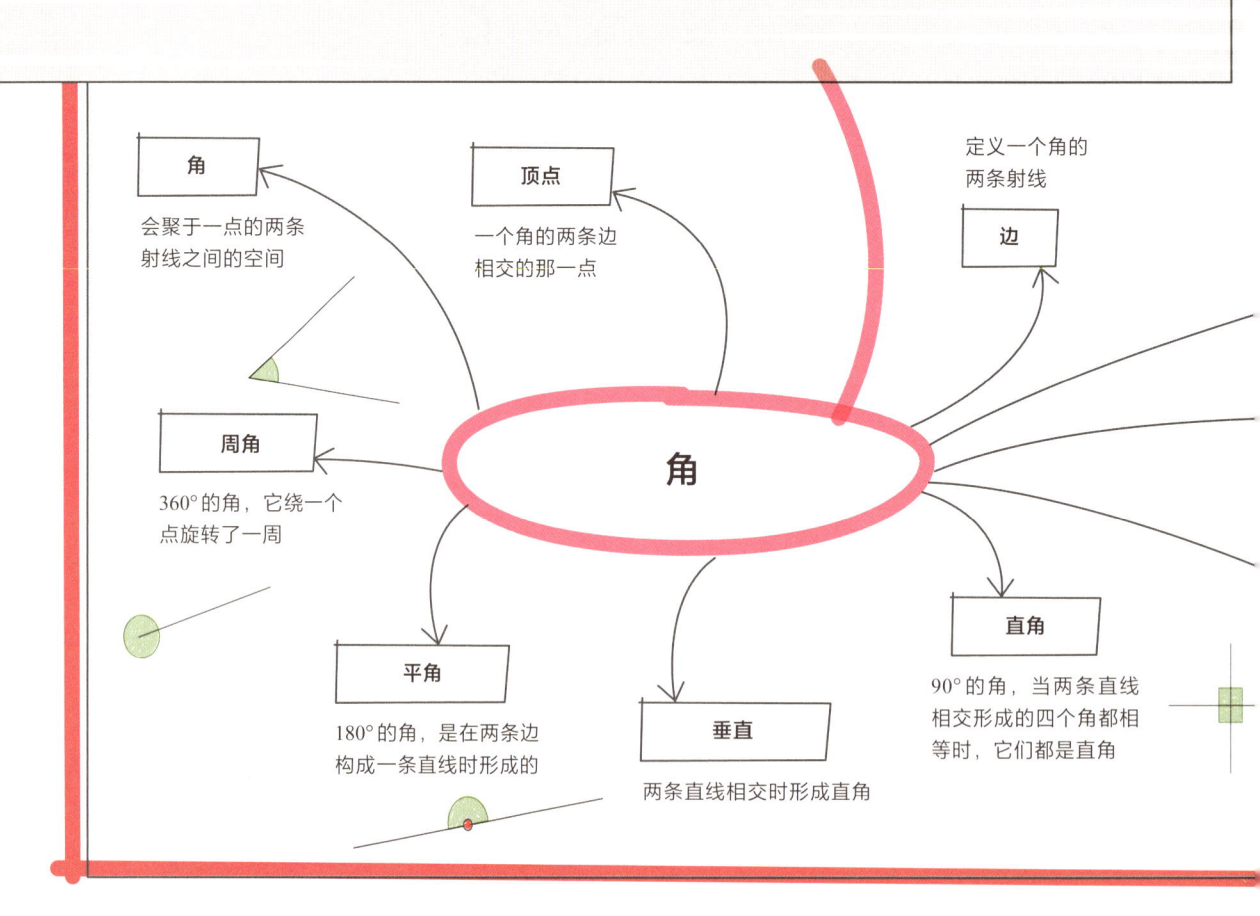

点和直线

直线
沿一个方向持续运动的点描绘的路径

射线
一条直线的一部分，一端在一个点上，另一端延伸到无穷远

线段
直线的一部分，从一点开始，在另一点结束

点
定义了空间内的一个位置

平行线
两条永远不会相互靠近也不会相互远离的直线

共线点
在同一条直线上的三个或更多个点

角

角
会聚于一点的两条射线之间的空间

顶点
一个角的两条边相交的那一点

边
定义一个角的两条射线

周角
360°的角，它绕一个点旋转了一周

平角
180°的角，是在两条边构成一条直线时形成的

垂直
两条直线相交时形成直角

直角
90°的角，当两条直线相交形成的四个角都相等时，它们都是直角

符号表示

大写字母 — 用来命名点

短划线 — 用来表示两个角或两条线段相等

希腊字母 — 用来命名角

小写字母 — 用来命名直线或线段

箭头 — 用来表示两条直线或线段相互平行

几何学中的代数

变量 — 用来代表一个量（如长度）的字母

$A \quad x \quad B \quad y \quad C$
$A \quad\quad x+y \quad\quad C$

锐角 — 小于直角的角

钝角 — 大于直角但小于平角的角

优角 — 大于平角但小于周角的角

系数 — 在一个变量之前并与它相乘的数

$A \quad z \quad B \quad z \quad C \quad z \quad D$
$A \quad\quad z+z+z=3z \quad\quad D$

第 1 章　几何学的构建要素

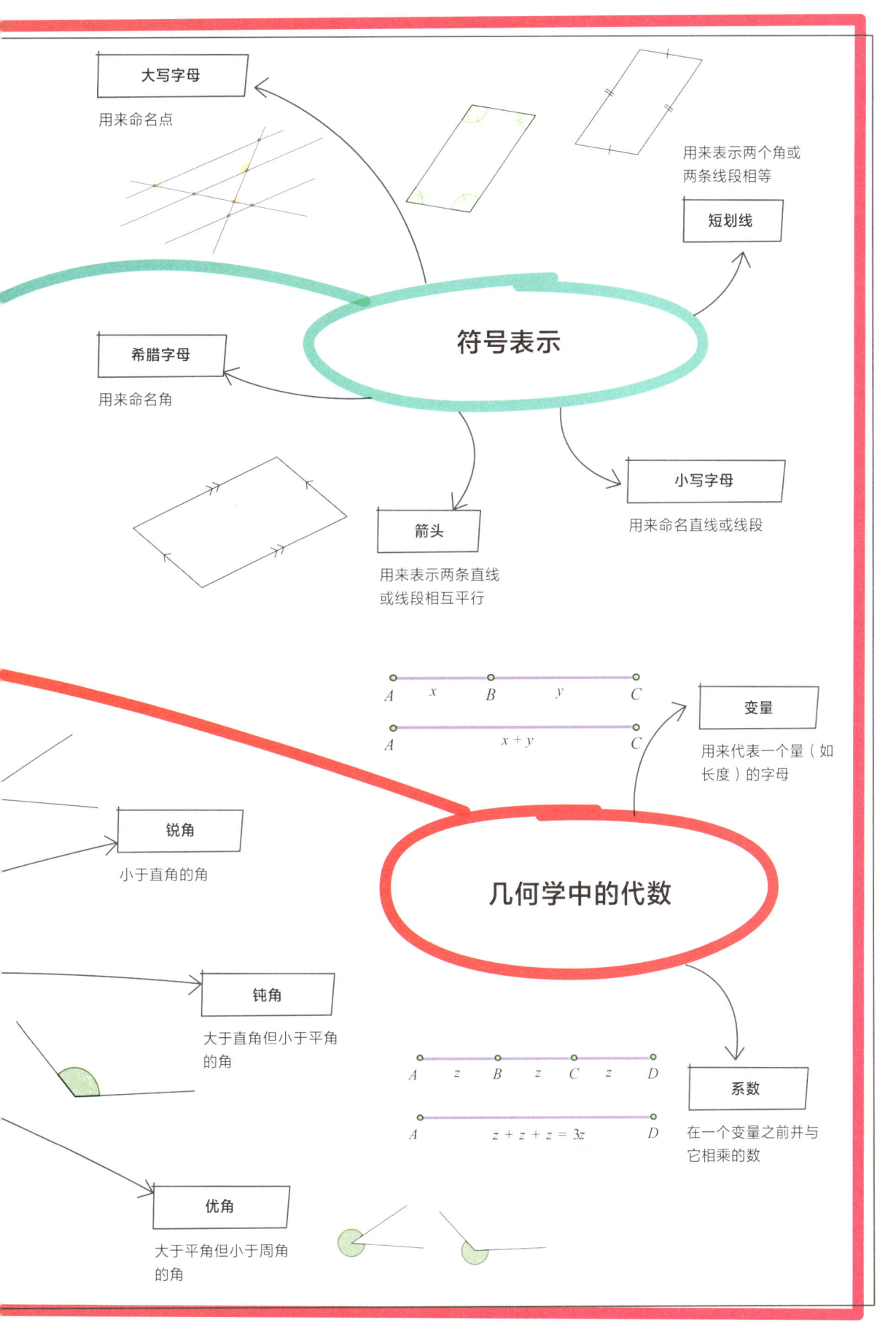

第 2 章

二维形状

欧几里得几何的研究对象全都是二维形状。尽管有些形状你可能尚未谋面，但你可能已经熟悉了其中的许多形状。你将在本章中了解最简单的形状之一：圆。你会看到，我们可以如何用圆生成你不太熟悉的其他形状。你还将学习直边形及其分类方法，还有用于描述它们性质的一些重要的著名定理。

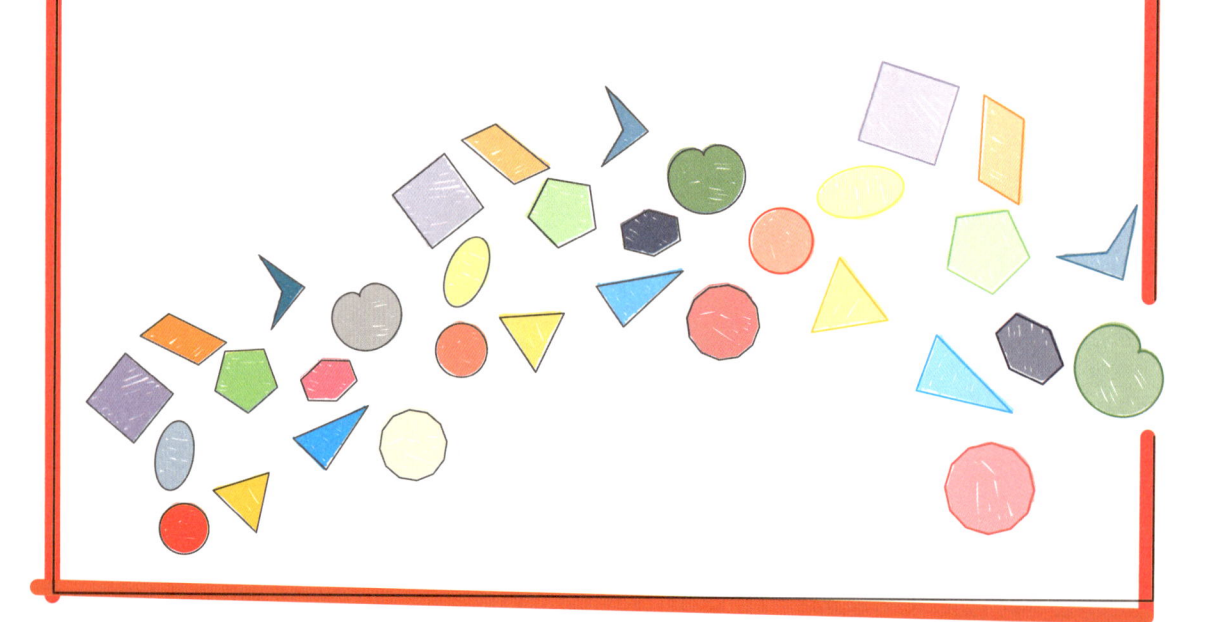

圆

圆在自然界中经常出现。比如：石头落入水中会激起圆形的波纹；轮子是人类历史上最重要的发明之一，它们也是圆形的。

圆是一种形状，它上面任何一点都与圆心等距。正因为有这一性质，所以圆是最简单的二维形状之一。

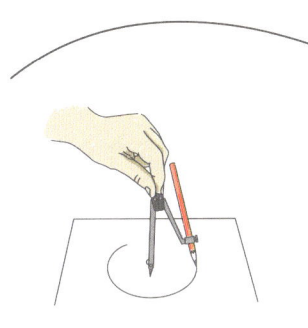

如果你有一根一端固定的刚性杆，你可以缓慢旋转杆的另一端，并追踪其路径，由此画出一个圆。这时在此路径上的每个点到圆心的距离都相等，该距离即为圆的**半径**。我们通常用字母 r 表示半径。

半径、直径和周长

周长 C 是围绕圆一周的距离（用铅笔绘制圆时所移动的距离）。穿过圆心并连接圆周上两点的线段长度即为**直径** d。

圆周率（通常用希腊字母 π 表示，约等于 3.141 59…）是著名的数学常数，周长与半径和直径之间的关系就是通过它来表示的。在任何一个圆中，周长总等于 π 乘直径（$C = \pi d$）。由于直径是半径的 2 倍，周长也可以表示为 π 乘半径的 2 倍（$C = 2\pi r$）。

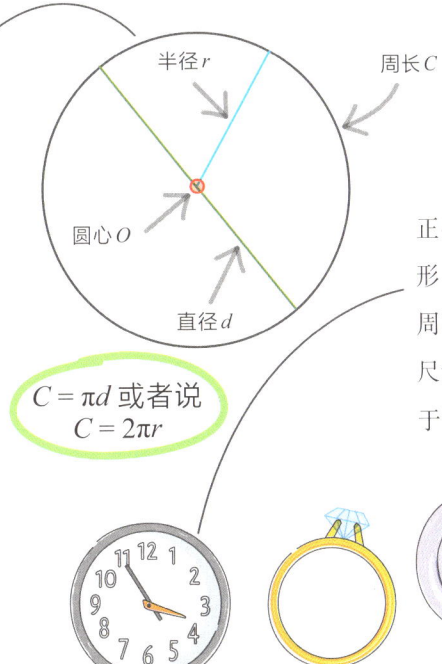

$C = \pi d$ 或者说 $C = 2\pi r$

你可以验证公式 $C = \pi d$ 的正确性。选择你拥有的任何圆形物体，用卷尺测量其外缘的周长（或用绳子测量后用刻度尺量出长度），其结果永远略大于直径的 3 倍。

圆的面积

圆的面积S是它所包围的空间的大小。要计算面积，需用π乘半径的平方（$S = \pi r^2$）。

圆的面积
$S = \pi r^2$

分割一个圆

一条直径将圆分为两个半圆。如果画一个三角形，令其中两个顶点位于直径的两端，第三个顶点位于圆周上，则顶点位于圆周上的那个角永远是直角。

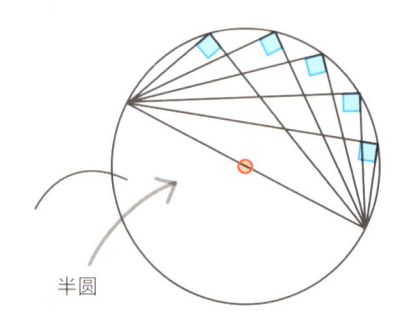

半圆

劣弧

弦是圆内的一条不经过圆心并且连接圆周上两点的线段。任何一条弦都会将圆周分成两条**弧**：较小的叫作劣弧，较大的叫作优弧。弦还将圆的面积分成两个**弓形**：较小的叫作劣弓形，较大的叫作优弓形。

劣弓形

弦

优弓形

优弧

由两条半径所包围的部分区域叫作**扇形**。你可以将扇形想象成一块切角蛋糕或一片比萨，形状相似。

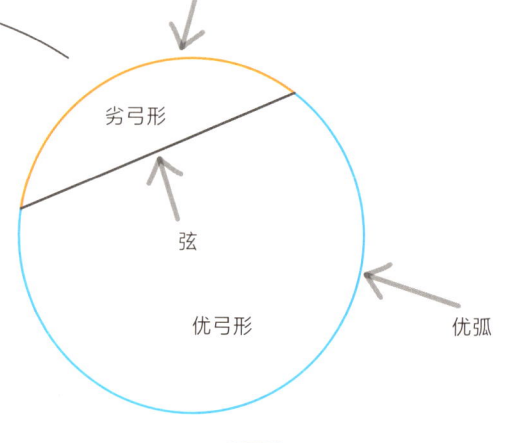

扇形

切线

从圆外的任意一点出发，你可以画一条线与圆周恰好相交于一点，但不会穿过圆。这样的线叫作**切线**。如果你从圆心画一条半径到切线与圆周相交的点，则切线与半径相交形成的角永远是直角。任何两条切线若在圆外相交于一点，则该点到两条切线与圆交点的距离相等。

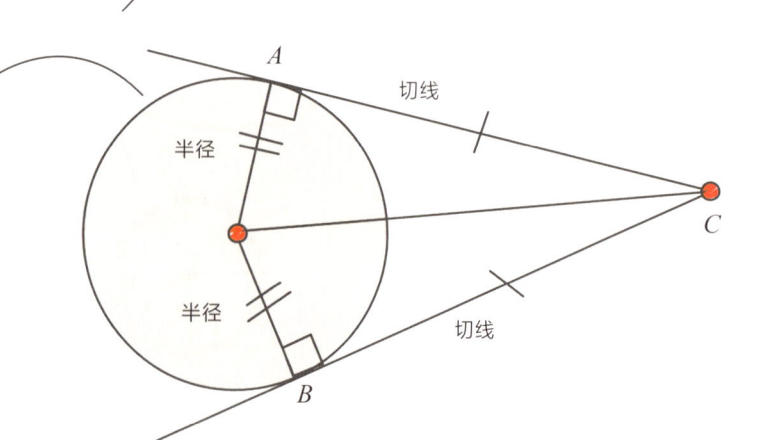

A
切线
半径
C
半径
切线
B

20 图解几何

曲线形状

我们已经讨论过一种曲线形状，即圆。数学家还研究了许多其他曲线形状，每一种都有其有趣的特性和用途。

相交的圆

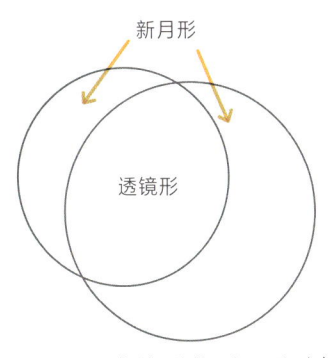

新月形

透镜形

一些曲线形状可以通过相交的圆形成。

当两个圆相交时，它们会形成一个透镜形区域和两个新月形区域。

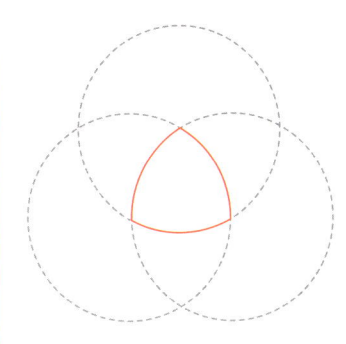

勒洛三角形是由三个半径相等的重叠圆相交形成的形状，而且每个圆都经过另外两个圆的圆心。

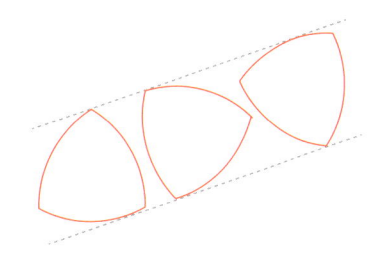

勒洛三角形是一种等宽形状。这就意味着，无论你如何旋转它，它都能恰好夹在两条距离不变的平行线之间。

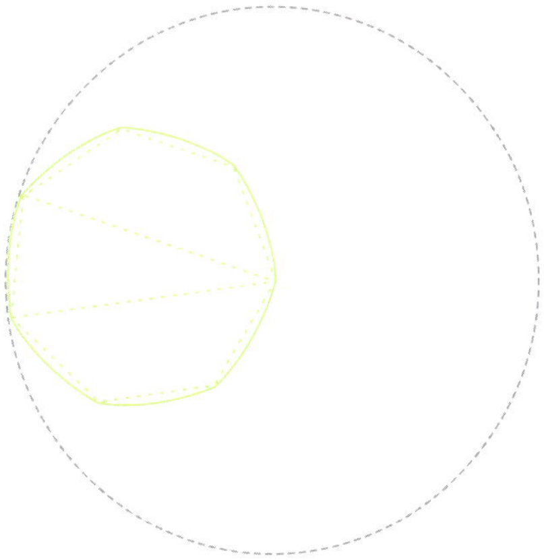

鱼形椭圆

如果两个圆的半径相等，而且每个圆都经过另一个圆的圆心，由此形成的透镜形区域叫作鱼形椭圆（vesica piscis，这个词在拉丁语中意为"鱼鳔"）。

你可以为任何奇数边的多边形（见第 23 页）绘制等宽形状，方法是在每对顶点之间画一段圆弧，圆心位于这两点连成的边正对的顶点上。一些国家使用等宽形状制作硬币，比如英国的 20 便士和 50 便士硬币。由于它们的宽度恒定，这些形状可以像圆形硬币一样用于硬币检测机器。

第 2 章 二维形状 21

椭圆

椭圆看起来有点儿像被压扁的圆。它有两个焦点。对于椭圆上的每一个点，如果将其到两个焦点的距离相加，得到的值都相等。比如，在这张图中，距离 $a+b$ 等于距离 $c+d$。

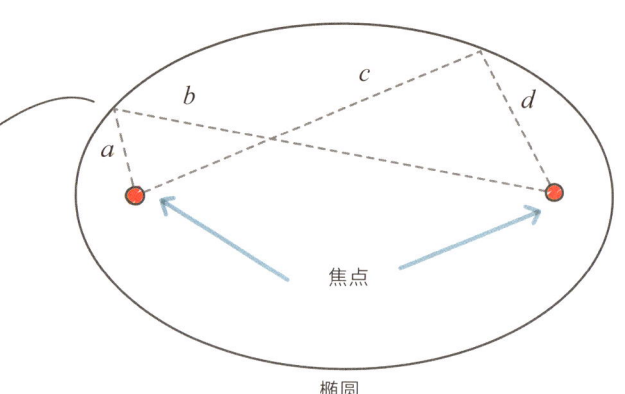

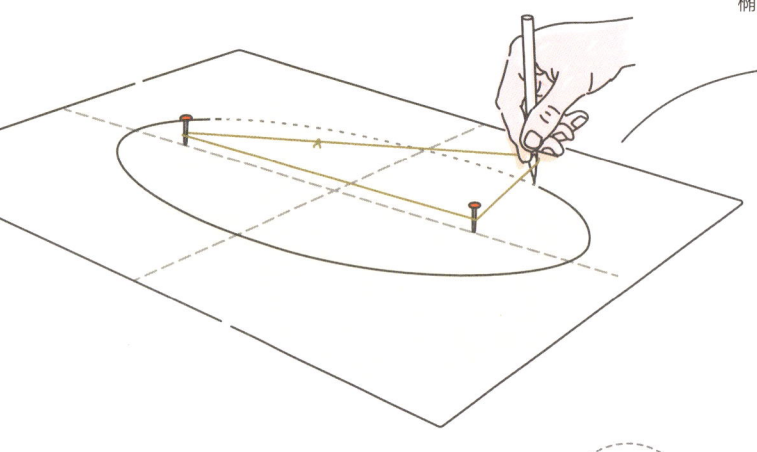

你可以利用这一特性来画椭圆：将一根绳子的两端分别绕在两个固定点上，然后用铅笔拉紧绳子，沿着保持绳子紧绷的路径绘图。

心脏线

心脏线是一种心形曲线。如果令一个圆绕另一个相同半径的圆旋转，则圆上某点所描绘的路径即为心脏线。你有时会在咖啡杯内的液体表面上看到心脏线——它们出现在从杯缘反射到液体表面的光线形成的图案中。

"心形传声器"之所以得名，是因为它的拾音区域形状与心脏线类似。这意味着，它能拾取歌手的声音，同时屏蔽周围的大部分背景噪声。

22 图解几何

多边形

多边形（polygon）是由直线段围成的形状。其名称意为"多角"，源自希腊语单词"*polús*"（意为"多"）和"*gōnía*"（意为"角落"或"角"）。

多边形根据其边数命名，前缀大多来自希腊语中的数字单词。比如，五边形（pentagon）有5个角、5条边，因为"*penta*"源自希腊语中的"五"。同样，千边形有1 000个角。不过，一些更常见形状的名称并不遵循这一规则，比如三角形（也可以叫作"三边形"）。

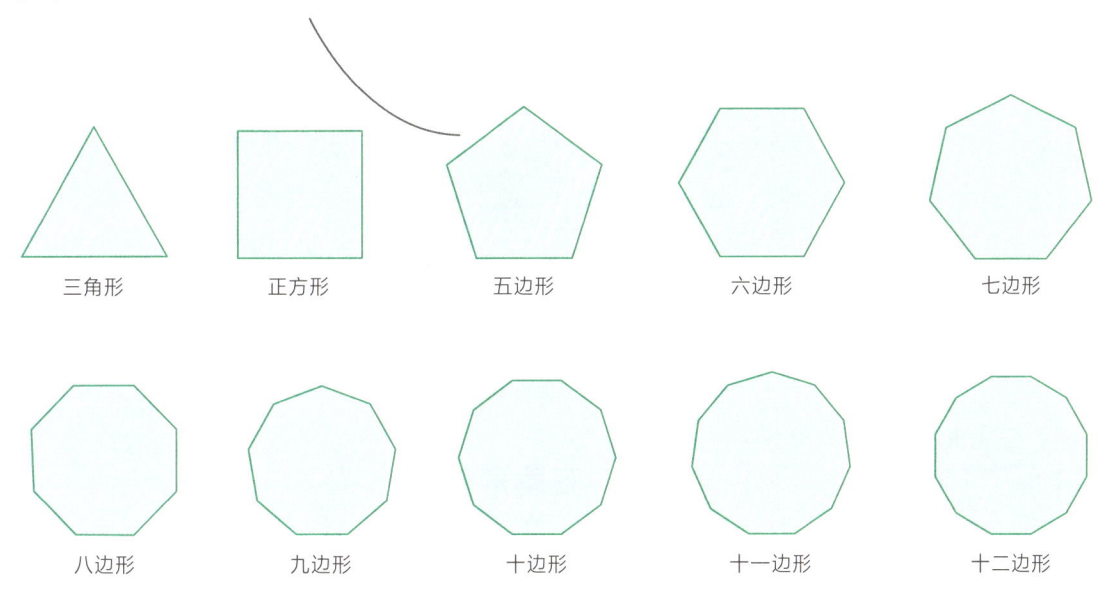

三角形　　正方形　　五边形　　六边形　　七边形

八边形　　九边形　　十边形　　十一边形　　十二边形

正多边形的各边边长相等，各角度数也相等

任何非正多边形都是不规则多边形。如果一个多边形的所有边长相等，则称之为等边多边形。如果所有的角相等，则称之为等角多边形。因此，正多边形既是等边多边形，也是等角多边形。

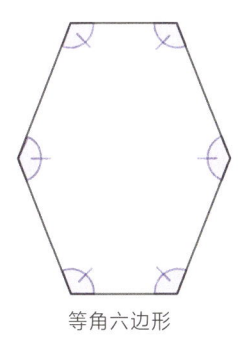

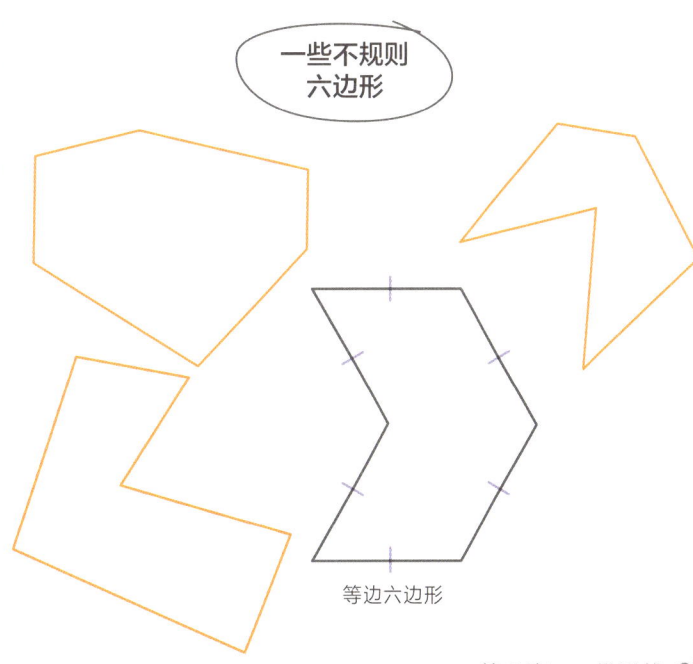

一些不规则六边形

等角六边形　　等边六边形

第2章 二维形状 23

三角形

有三条边的多边形叫作三角形。三角形在建筑和工程中非常有用，因为这种形状能让结构坚固、稳定。三角形包括等边三角形、等腰三角形和不等边三角形。还有一种特殊类型是直角三角形，它可以是等腰三角形，也可以是不等边三角形。

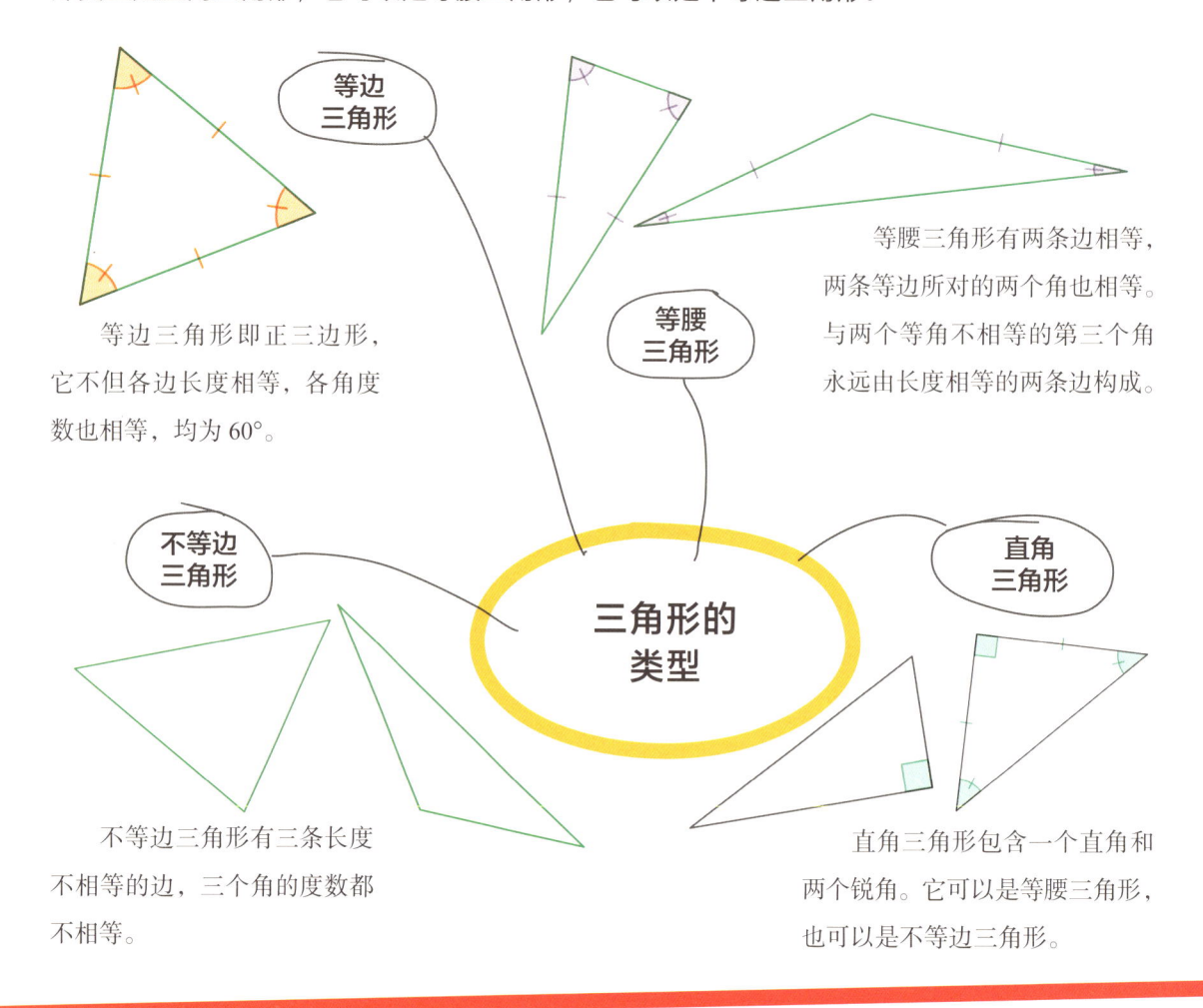

等边三角形

等边三角形即正三边形，它不但各边长度相等，各角度数也相等，均为 60°。

等腰三角形

等腰三角形有两条边相等，两条等边所对的两个角也相等。与两个等角不相等的第三个角永远由长度相等的两条边构成。

不等边三角形

不等边三角形有三条长度不相等的边，三个角的度数都不相等。

三角形的类型

直角三角形

直角三角形包含一个直角和两个锐角。它可以是等腰三角形，也可以是不等边三角形。

三角形不等式

三角形不等式是关于三角形各边相对长度的一条规则，它指出，最长的一条边（**斜边**）长度必定小于另外两条边的长度之和。

稍加思考，你就能明白其中的原因。如果两条较短边的长度之和小于斜边，当它们分别连接到斜边的两端时，它们的另一端便无法相交形成第三个角。如果它们的总长度等于斜边的长度，那么它们的端点将在斜边上的一点相遇，让你想画的三角形变成一条线段。

三角形中的角

任何三角形的三个角的度数之和总是相同的，为180°，即等于一个平角。如果你画一个三角形并将其剪开，让三个角分别属于不同的部分，然后将这些角的顶点凑到一起，你就会看到它们形成了一条直线。

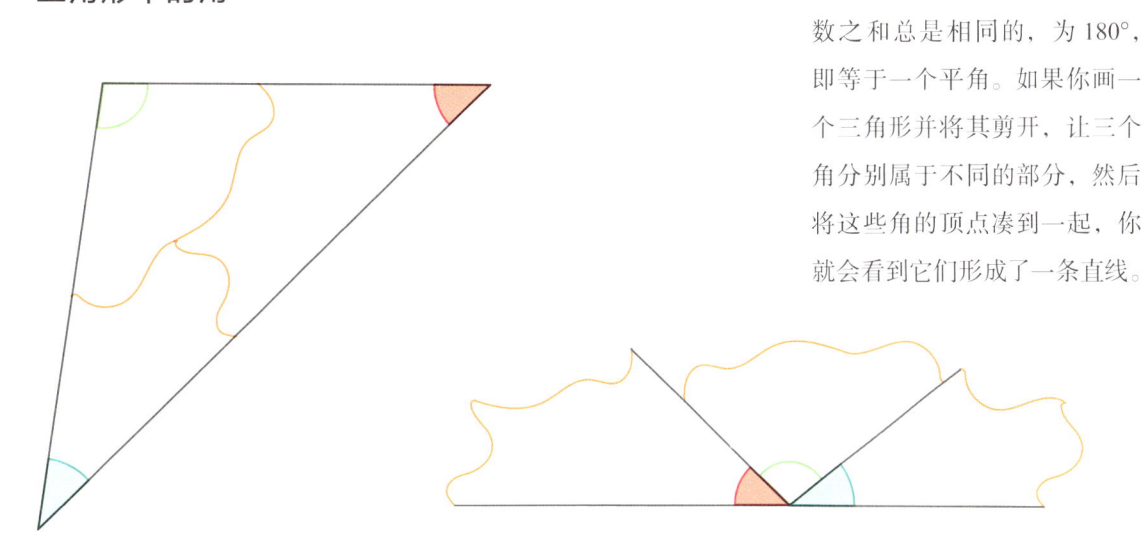

三角形的面积

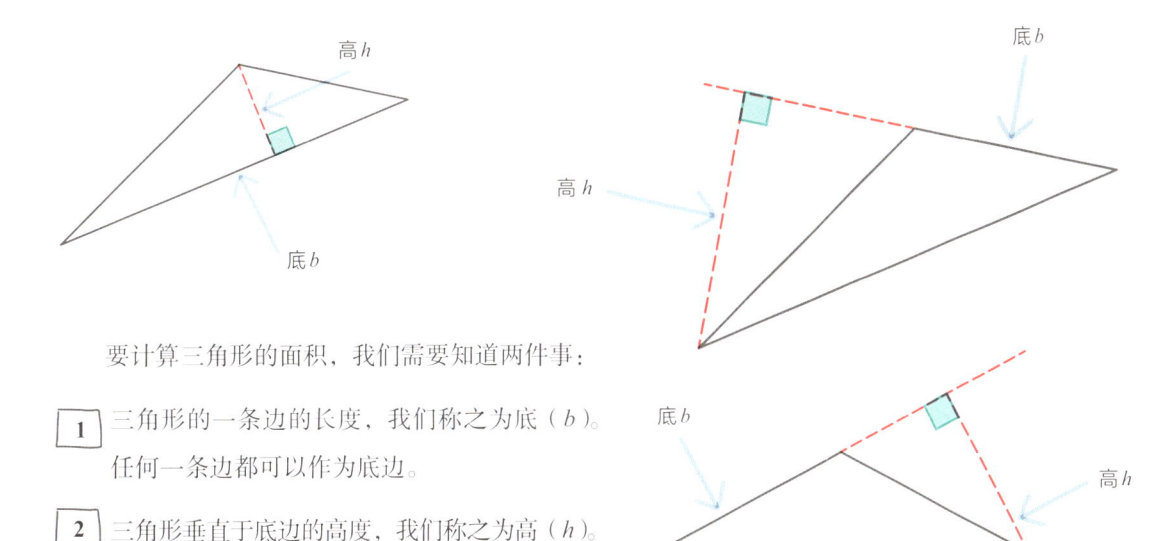

要计算三角形的面积，我们需要知道两件事：

1. 三角形的一条边的长度，我们称之为底（b）。任何一条边都可以作为底边。

2. 三角形垂直于底边的高度，我们称之为高（h）。

要找到高，可以画一条垂直于所选底边的线，并令其穿过这条底边的对角顶点。如果对角顶点不在底边的正上方，则需要延长底边。

计算三角形的面积时，用底乘高，然后将结果除以2。用公式表示为：$S = \dfrac{bh}{2}$。

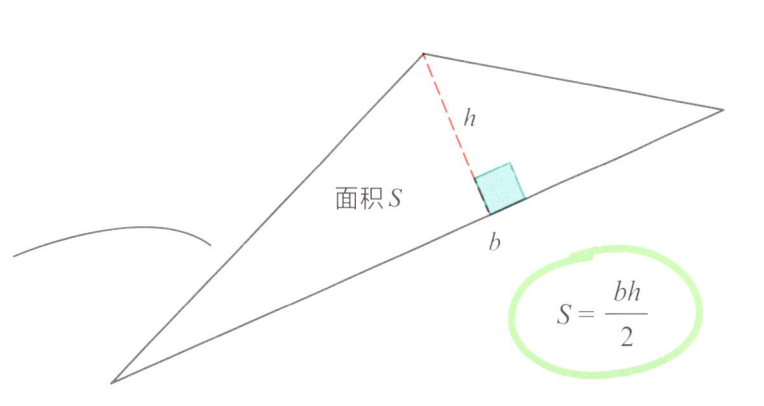

$$S = \dfrac{bh}{2}$$

勾股定理

在古希腊人发现的众多定理中，勾股定理几乎是人人都知道的一个。尽管它在西方被称为毕达哥拉斯定理，但有证据表明，古埃及人、古巴比伦人以及古代中国和古印度的数学家也早就知道这一定理。而这些文明的存在时间都远早于毕达哥拉斯生活的时代！

斜边

勾股定理是一个公式，它将直角三角形最长的斜边边长与另外两条边的边长联系了起来。斜边就是直角的对边（或不是直角边的另一条边）。

勾股定理指出，如果一个直角三角形的斜边长度为c，两条较短边的长度分别为a和b，则

$$a^2 + b^2 = c^2$$

在直角三角形中，最长的斜边是直角的对边，这是一个更普遍关系的特例，该关系适用于所有三角形，无论它们是否为直角三角形：三角形最长的边总是对着最大的角，最短的边总是对着最小的角。

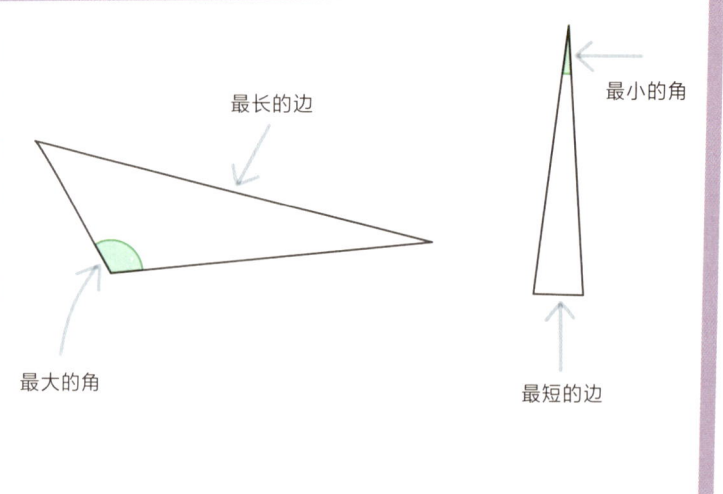

最长的边

最大的角

最小的角

最短的边

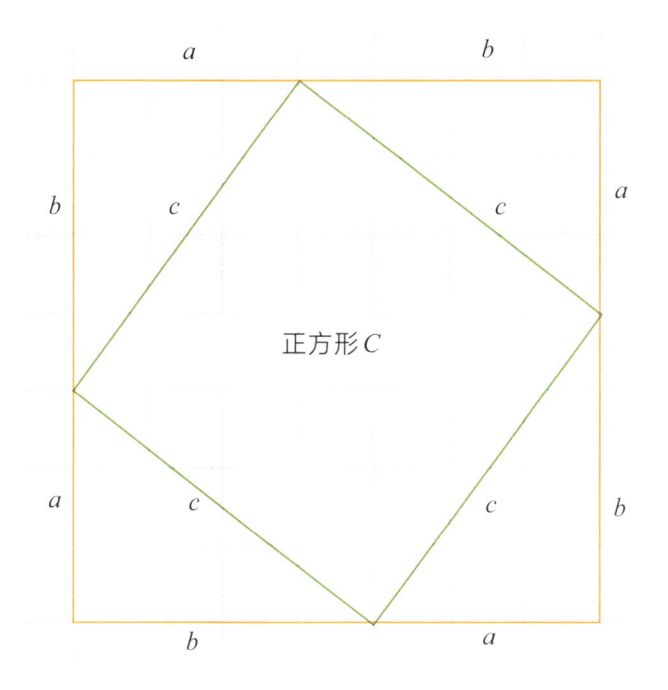

要亲自验证勾股定理的正确性，请看这两张图。

两个外部正方形的大小相等，它们都分别包含 4 个直角三角形，其直角边的长度分别为 3 个单位和 4 个单位。

这 4 个直角三角形在两个外部正方形中占据的面积相同，剩余的面积也相同。

因此，正方形 C 的大小必定等于正方形 A 和 B 的总和。

由于正方形的面积是其边长的平方，这可以表示为 $a^2 + b^2 = c^2$。

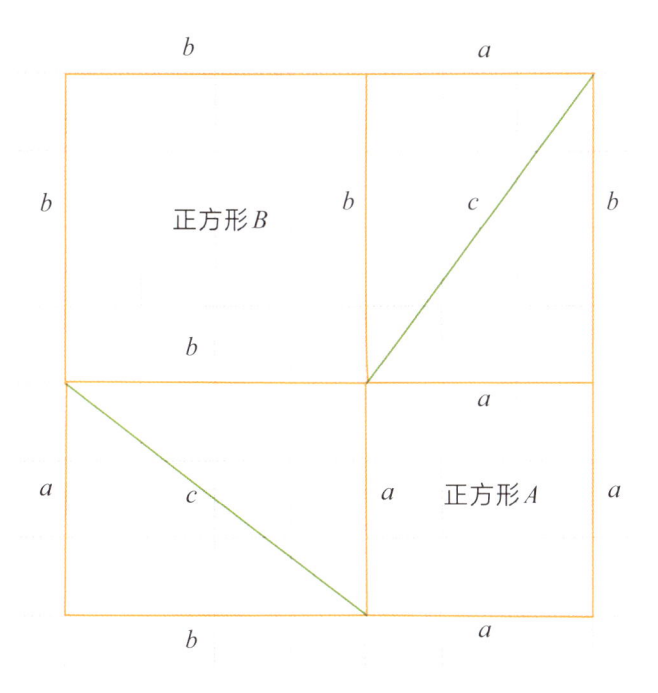

你可能需要花一段时间来研究这些图并理解它们所表达的意义。这没问题！学数学可以是一个缓慢的过程，值得花时间来保证你理解每个概念，这样你才能在后续阶段进一步构建知识。

你可能对这些图表还有一些疑问。比如，我们怎么知道 C 是一个正方形？如果是这样，就太好了！因为你正在像数学家一样思考！在第 10 章，我们将更详细地讨论这个问题。

三角形的中心

确定圆的中心点很简单——它是到圆上所有点距离都相等的点。对三角形来说，中心点的位置就不那么明显了。因此，数学家根据不同的用途定义了不同的中心点。实际上，三角形有数千种中心点！

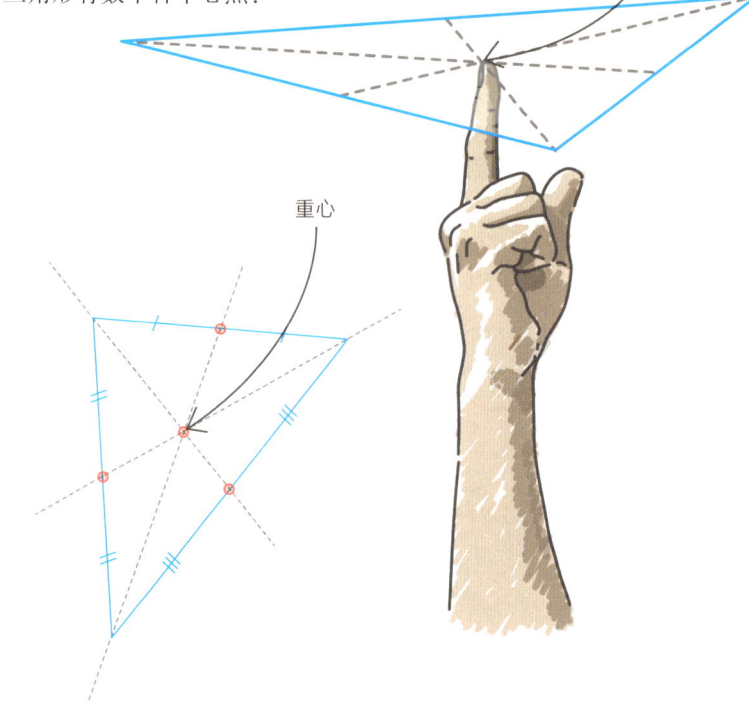

重心

三角形最实用的中心点是质心，也叫重心（形心）或平衡点。只要三角形的重量是均匀分布的，就可以在这个点上保持平衡。要找到重心，可以先找到每条边的中点，然后从中点画一条线连接对角的顶点。这三条线会相交于一点，它就是重心。

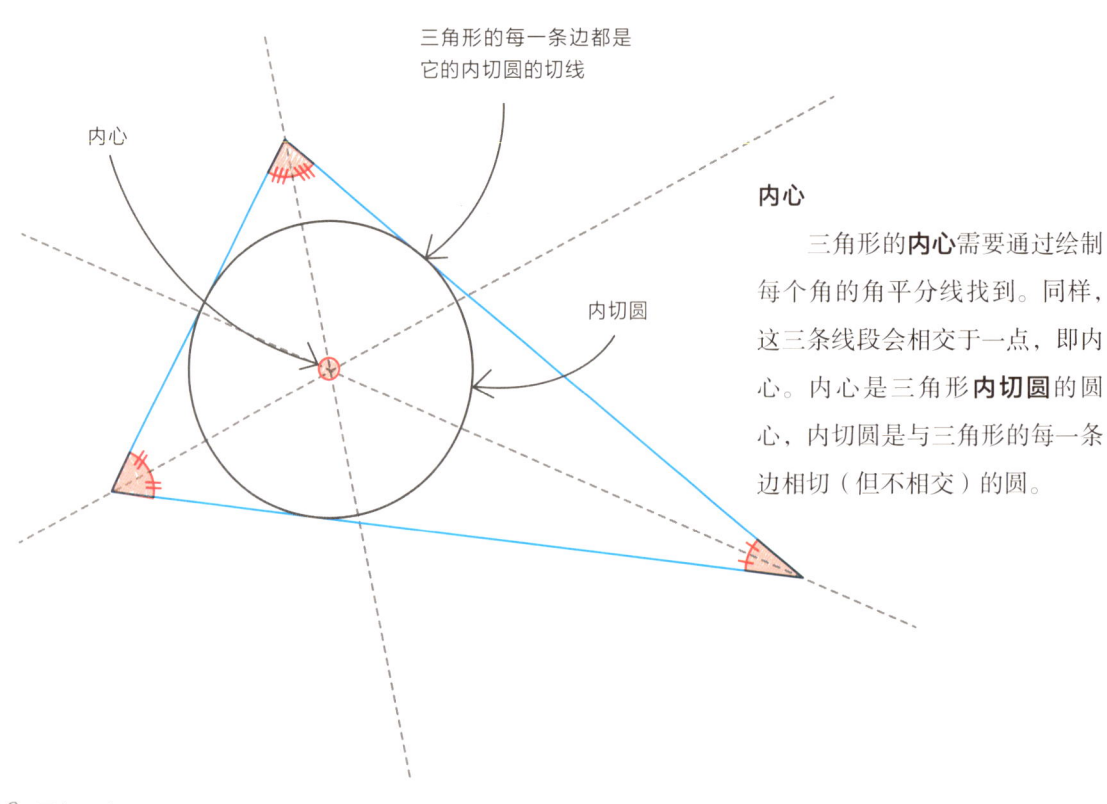

内心

三角形的**内心**需要通过绘制每个角的角平分线找到。同样，这三条线段会相交于一点，即内心。内心是三角形**内切圆**的圆心，内切圆是与三角形的每一条边相切（但不相交）的圆。

外心

三角形的外心是通过绘制每条边的垂直平分线找到的。这些垂直平分线在外心处相交，外心是三角形外接圆的圆心，外接圆是经过三角形三个顶点的圆。

外接圆

外心

外心

有时外心会在三角形外部

中心的不同定义

你可能已经注意到，找到这些中心的作图方式有一个共同点：为每条边或每个角构造一条线，然后这三条线会相交于一点。简言之，这就是某个点可以成为三角形中心的基本要求。许多更复杂的三角形中心是通过顶点的代数函数来定义的。

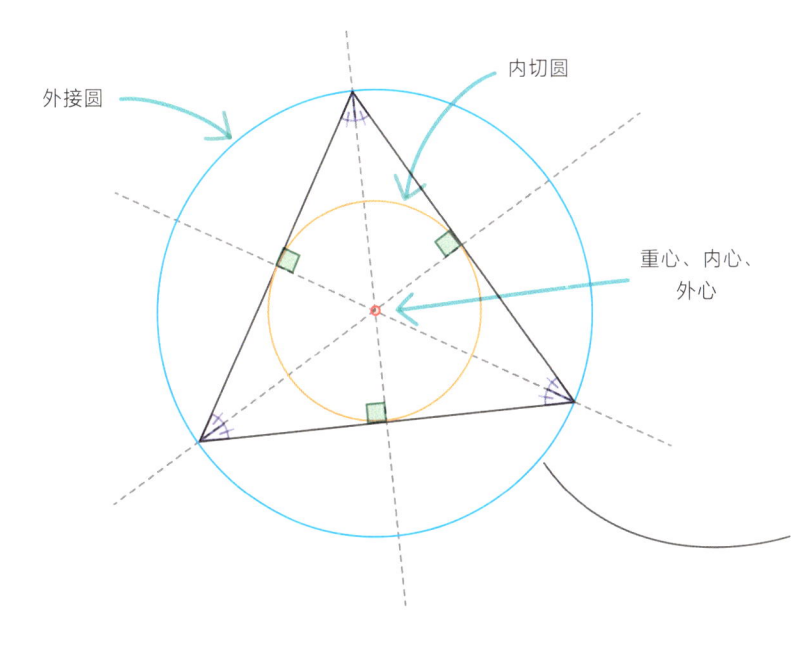

由克拉克·金伯林创建并维护的《三角形中心百科全书》，列出了超过 54 000 个不同的三角形中心。正如你在对外心的描述中看到的那样，三角形中心可能不在三角形内部。因此，三角形中心并不一定是我们通常认为的中心点（也就是说，它不一定位于三角形的中央位置）。对大多数三角形来说，每个中心都位于不同的点。等边三角形是一个例外，它的所有中心都在同一个点上。

外接圆

内切圆

重心、内心、外心

第 2 章　二维形状　29

四边形

四边形是有四条边的形状，它们中有许多都可在日常生活中见到。从电脑显示器到浴室墙上的瓷砖，正方形和矩形（长方形）无处不在。其他一些四边形可能不太常见，但它们也有用处，并具有有趣的特性。

四边形的种类

平行四边形是对边平行的四边形。它的对边长度相等，对角度数也相同。如果一个四边形所有边的长度相等（等边），则称其为**菱形**。如果一个四边形所有角的度数都相等（等角），则称其为**矩形**（在这种情况下，所有角都是直角）。正四边形（既等角又等边）叫作**正方形**。

平行四边形

菱形

矩形

正方形

筝形

筝形有一对度数相等的对角和两对长度相等的边。

梯形

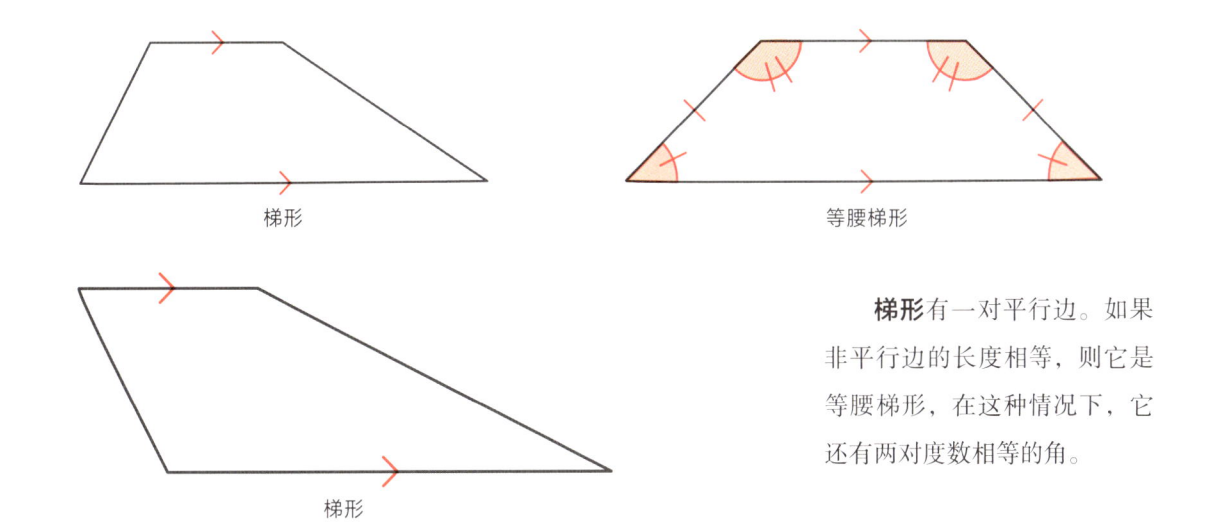

等腰梯形

梯形

梯形有一对平行边。如果非平行边的长度相等，则它是等腰梯形，在这种情况下，它还有两对度数相等的角。

四边形分类

正方形是一种矩形，也是一种菱形。同样，矩形和菱形都是平行四边形，而正方形和菱形也都是筝形。

至于梯形应该至少有一对平行边，还是仅有一对平行边，数学家之间存在一些分歧。如果采用第一种定义，那么平行四边形、菱形、矩形和正方形都属于梯形。如果采用第二种定义，则它们都不是梯形。*

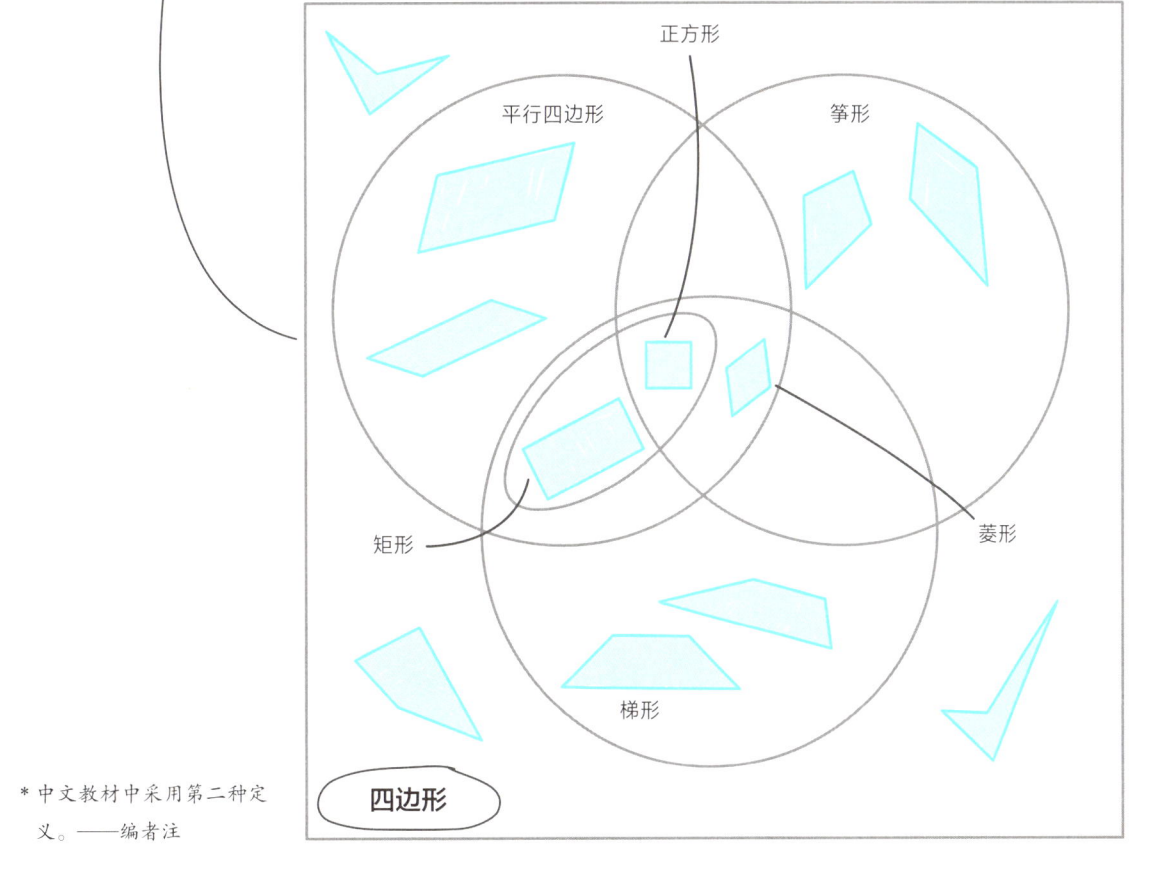

正方形　平行四边形　筝形　矩形　菱形　梯形　四边形

* 中文教材中采用第二种定义。——编者注

对角线

连接四边形的两个对角顶点的线段叫作对角线。

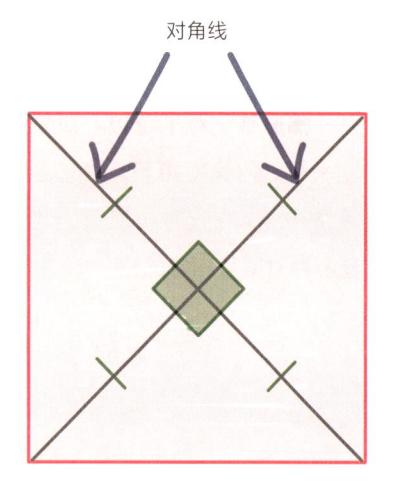

正方形的对角线长度相等，它们以直角相交并且互相平分（将彼此切成相等的两段）。它们将正方形分成4个全等三角形。

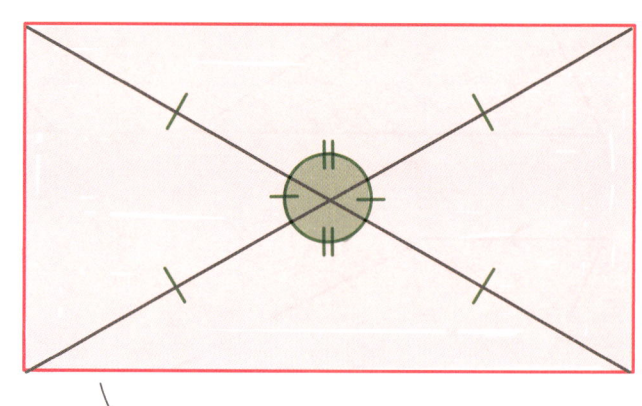

矩形的对角线长度相等且互相平分。它们将矩形分成两对全等的等腰三角形。

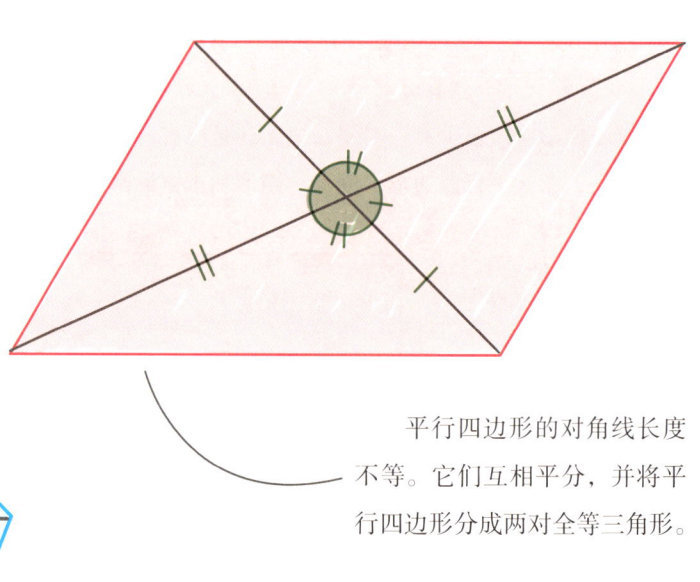

平行四边形的对角线长度不等。它们互相平分，并将平行四边形分成两对全等三角形。

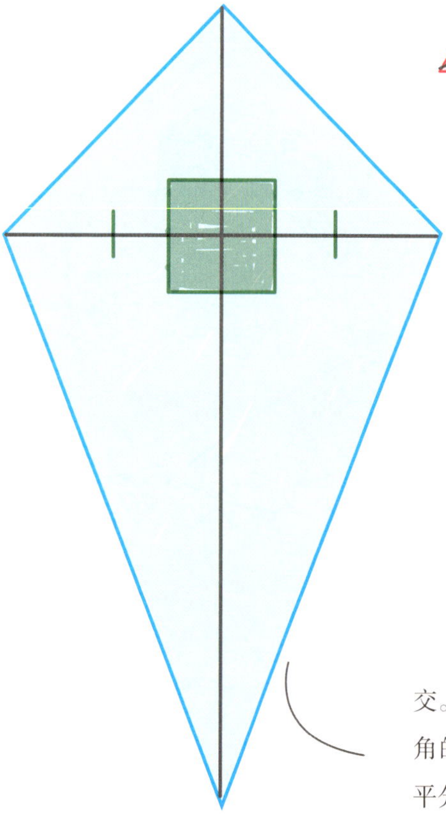

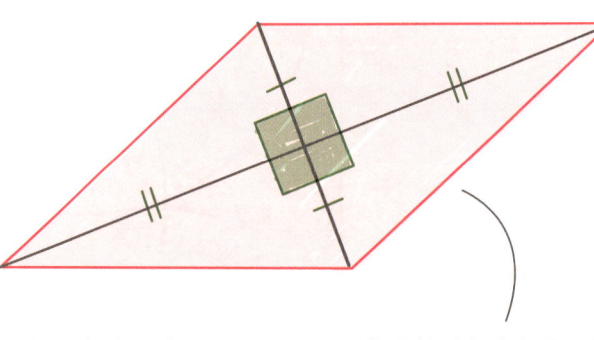

筝形的对角线以直角相交。它们长度不等，连接等角的对角线被另一条对角线平分。

菱形的对角线长度不等。它们以直角互相平分，并将平行四边形分成4个全等三角形。

四边形的面积

我们可以通过画一条对角线,将任何四边形分成两个三角形。三角形的面积是 $\frac{1}{2}bh$,其中 b 是底的长度,h 是对应的高的长度。我们可以利用这些知识来计算不同类型四边形的面积。

正方形的面积

边长为 a 的正方形可被分成两个全等三角形,这两个三角形的底均为 a,高也为 a。每个三角形的面积为 $\frac{1}{2} \cdot a \cdot a = \frac{1}{2}a^2$。要计算正方形的面积,将这两个三角形的面积相加即可:$\frac{1}{2}a^2 + \frac{1}{2}a^2 = a^2$。

$$\text{正方形的面积} = a^2$$

矩形的面积

对于矩形,我们可以采用类似的方法。记住,现在虽然边长不同,但它们仍然互相垂直。因此,如果矩形的底为 b,高为 h,则每个三角形的面积为 $\frac{1}{2}bh$。将这两个三角形的面积相加,即可得到矩形的面积:$\frac{1}{2}bh + \frac{1}{2}bh = bh$。

$$\text{矩形的面积} = bh$$

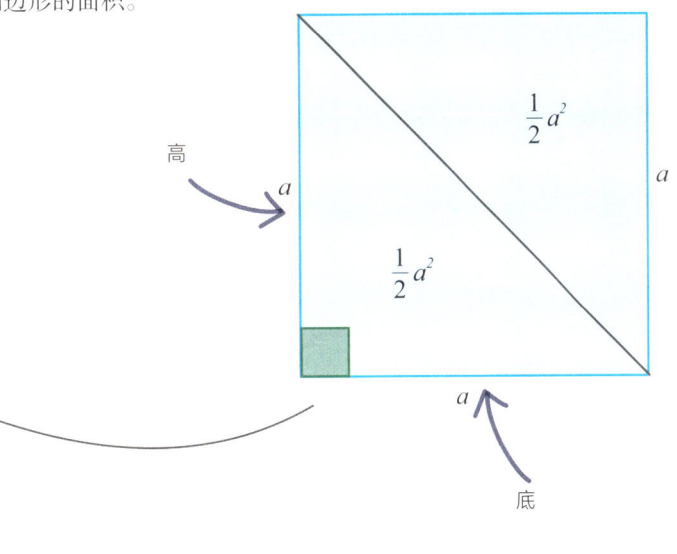

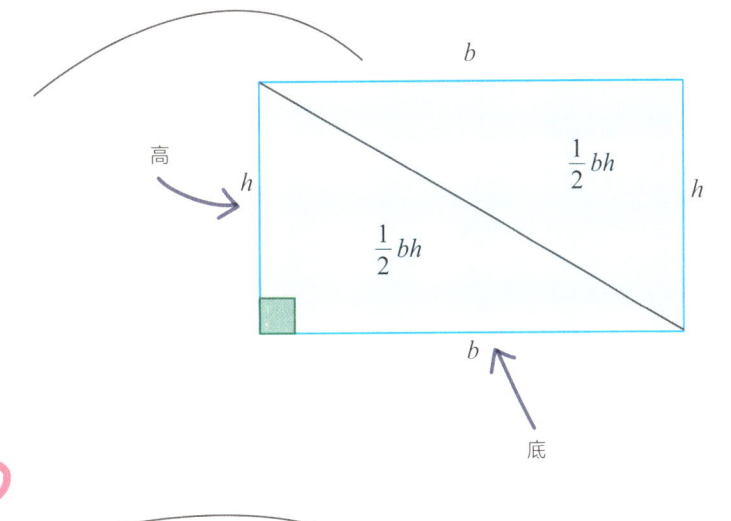

平行四边形的面积

"面积 $= bh$"这一公式对于平行四边形和菱形同样适用,但必须记住,我们得到的这些三角形不一定是直角三角形,因此高不等于其中任意一边的长度。底为 b、高为 h 的平行四边形的面积为 bh。

$$\text{平行四边形的面积} = bh$$

第 2 章 二维形状

筝形的面积

对于筝形，我们需要知道它的对角线的长度。如果连接等角顶点的对角线为 k，另一条对角线为 p，则 p 将筝形分成两个三角形，每个三角形的底为 p。由于 p 以直角平分 k，三角形的高为 $\frac{k}{2}$。每个三角形的面积为 $\frac{1}{2} \cdot p \cdot \frac{k}{2} = \frac{pk}{4}$，因此筝形的面积为 $\frac{pk}{4} + \frac{pk}{4} = \frac{2pk}{4}$，可以简化为 $\frac{pk}{2}$。

$$\text{筝形的面积} = \frac{pk}{2}$$

梯形的面积

我们可以将梯形分成两个高（h）相等的三角形。它们的底分别是梯形的两条平行边 a 和 b。

这样我们就得到两个三角形，它们的面积分别为 $\frac{1}{2}ah$ 和 $\frac{1}{2}bh$，因此梯形的总面积为 $\frac{1}{2}ah + \frac{1}{2}bh$。通过代数运算，可以将其转换为 $\frac{1}{2}(a+b)h$。

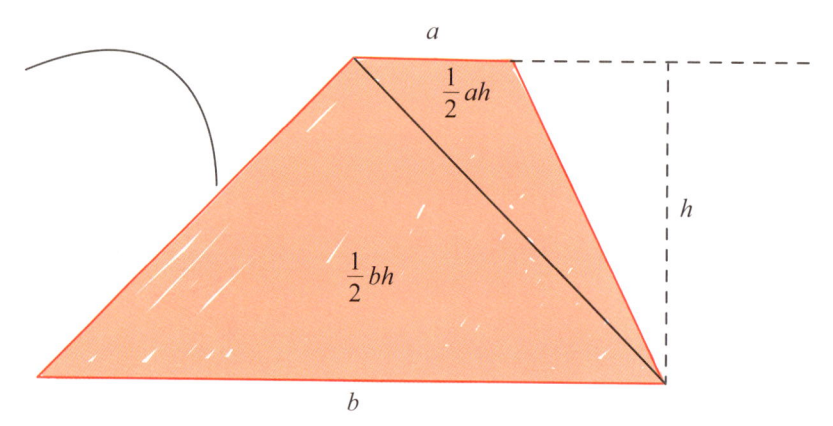

$$\text{梯形的面积} = \frac{1}{2}(a+b)h$$

伐里农定理

伐里农定理指出，如果我们连接任意四边形四条边的中点，所形成的图形将是一个平行四边形，叫作伐里农平行四边形。伐里农平行四边形的面积是原四边形面积的 1/2。

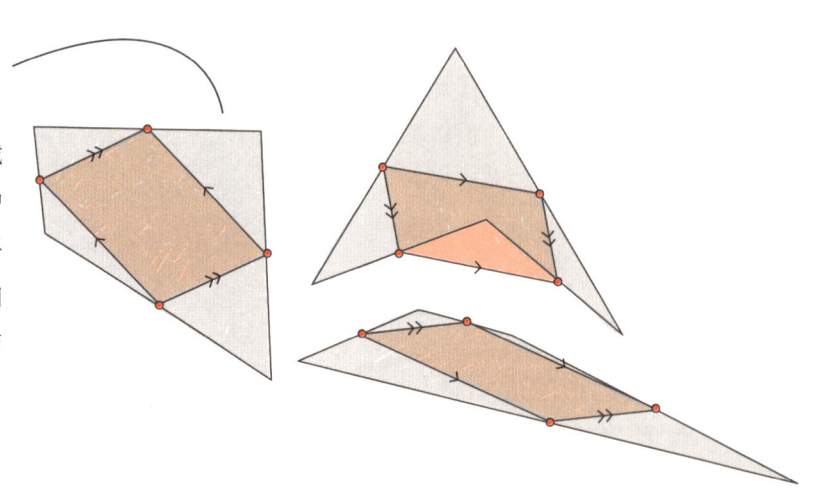

34 图解几何

多边形中的角

几何形状内部的角叫作内角。你已经知道，三角形的内角和总是等于180°（这与平角的度数相等）。对于其他多边形，内角和则取决于多边形的边数。

四边形的内角

四边形的内角和总是360°（这与周角的度数相等）。与三角形的情况一样，你可以剪开任意四边形，将其分成4块并重新排列，使顶点聚在一起，就可以验证这一点。它们会拼合成一个周角。

内角和为180°

内角和为180°

内角和为180° + 180° = 360°

利用对角线和三角形的知识，我们可以证明任意四边形的内角和为360°。四边形的对角线将其分割成两个三角形。由于每个三角形的内角和为180°，将两个三角形的内角相加，结果总是360°。

第2章 二维形状 35

n 边形的内角

边数超过 4 条的多边形，它们的内角和是多少？

如果多边形的边数超过 4，那么其对角线是连接两个不相邻顶点的线段。

我们可以通过选择一个顶点并从该顶点绘制所有对角线，将多边形分成多个三角形。

五边形将被分成 3 个三角形，因此五边形的内角和为 $3 \times 180° = 540°$。

我们可以通过逻辑推理，计算任意边数的多边形的内角和。当我们选择一个顶点并从它出发绘制对角线以形成三角形时，有 3 个顶点是无法与选定顶点连接形成对角线的，即我们最初选择的顶点及通过边与这个顶点相连的两个顶点。因此，如果顶点数为 n，则我们可以绘制 $n-3$ 条对角线。

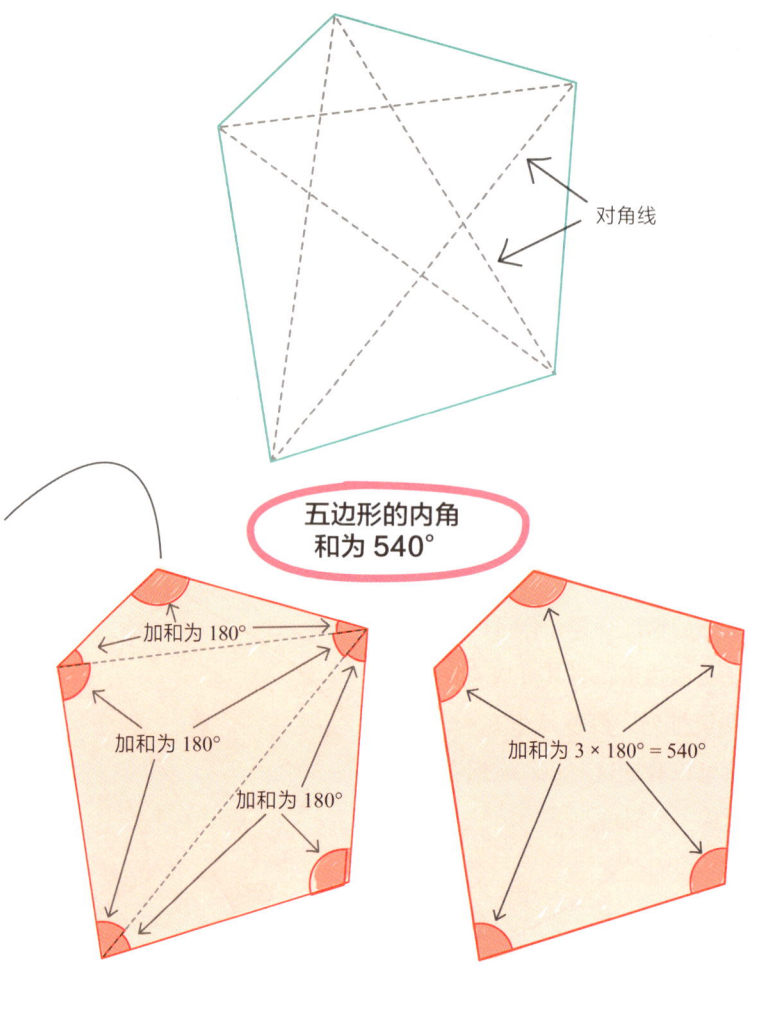

对角线

五边形的内角和为 540°

加和为 180°
加和为 180°
加和为 180°

加和为 $3 \times 180° = 540°$

每添加一条对角线，我们就会多得到一个三角形，而当我们添加最后一条对角线时，会得到两个三角形。因此，在绘制了 $n-3$ 条对角线之后，我们将多边形分成了 $n-3+1 = n-2$ 个三角形。比如，六边形有 6 条边和 6 个顶点，可以分成 $6-2=4$ 个三角形。（记住，任何多边形的顶点数都等于边数。）

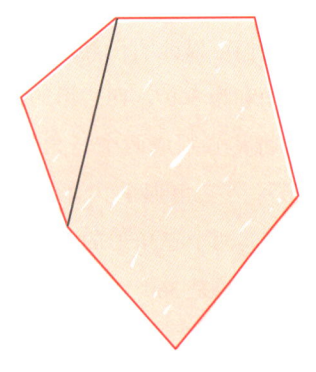

第一条对角线将六边形分成一个三角形和一个五边形

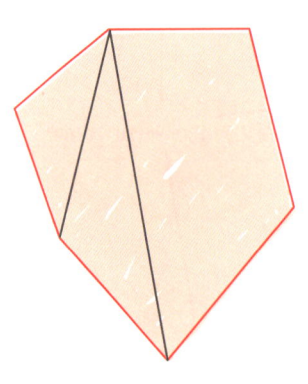

添加第二条对角线，将六边形分成两个三角形和一个四边形

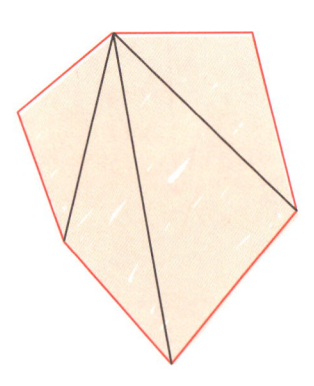

添加最后一条对角线，将六边形分成 4 个三角形

这为我们提供了计算 n 边形内角和的公式。n 边形可以被分割成 $n-2$ 个三角形，每个三角形的内角和均为 $180°$，因此，n 边形的内角和为 $(n-2) \times 180°$。

n 边形的内角和：

$(n-2) \times 180°$

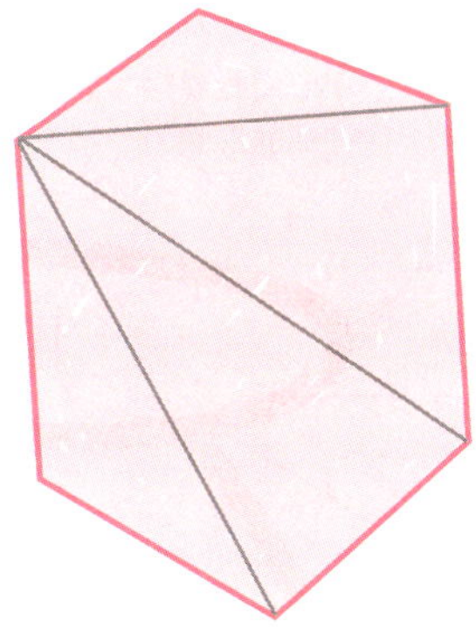

六边形：$4 \times 180° = 720°$

七边形：$5 \times 180° = 900°$

八边形：$6 \times 180° = 1\,080°$

知道了 n 边形的内角和，就意味着我们也可以计算出正 n 边形每个内角的度数。一个正 n 边形有 n 个内角，而且它们的度数都相等，因此，要计算每个角的度数，我们只要将内角和除以 n 即可。

一个正 n 边形的每个内角的度数：

$$\frac{(n-2) \times 180°}{n}$$

正五边形：$\dfrac{3 \times 180°}{5} = 108°$

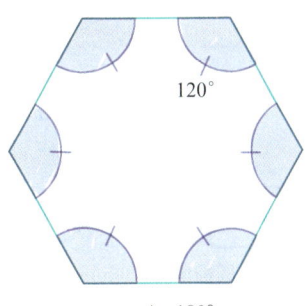

正六边形：$\dfrac{4 \times 180°}{6} = 120°$

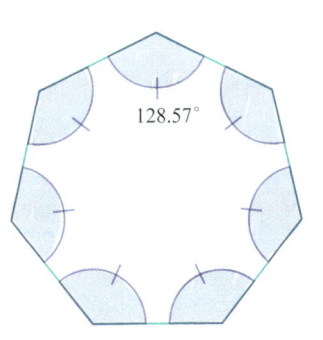

正七边形：$\dfrac{5 \times 180°}{7} \approx 128.57°$

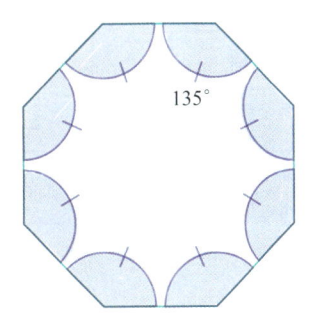

正八边形：$\dfrac{6 \times 180°}{8} = 135°$

第 2 章 二维形状

✓ 回顾

圆
由一切与某个选定的中心点距离相等的点构成的形状

半径
从圆心到圆周的距离

直径（d）
圆上一点过圆心后到达圆上另一点，连接这两点的线段长度

周长（C）
绕圆一周的长度

圆周率（π）
圆周长与直径之间的比率：$\pi = \dfrac{C}{d}$

圆

弧
圆周的一段

切线
与圆只有一个接触点但不相交的直线

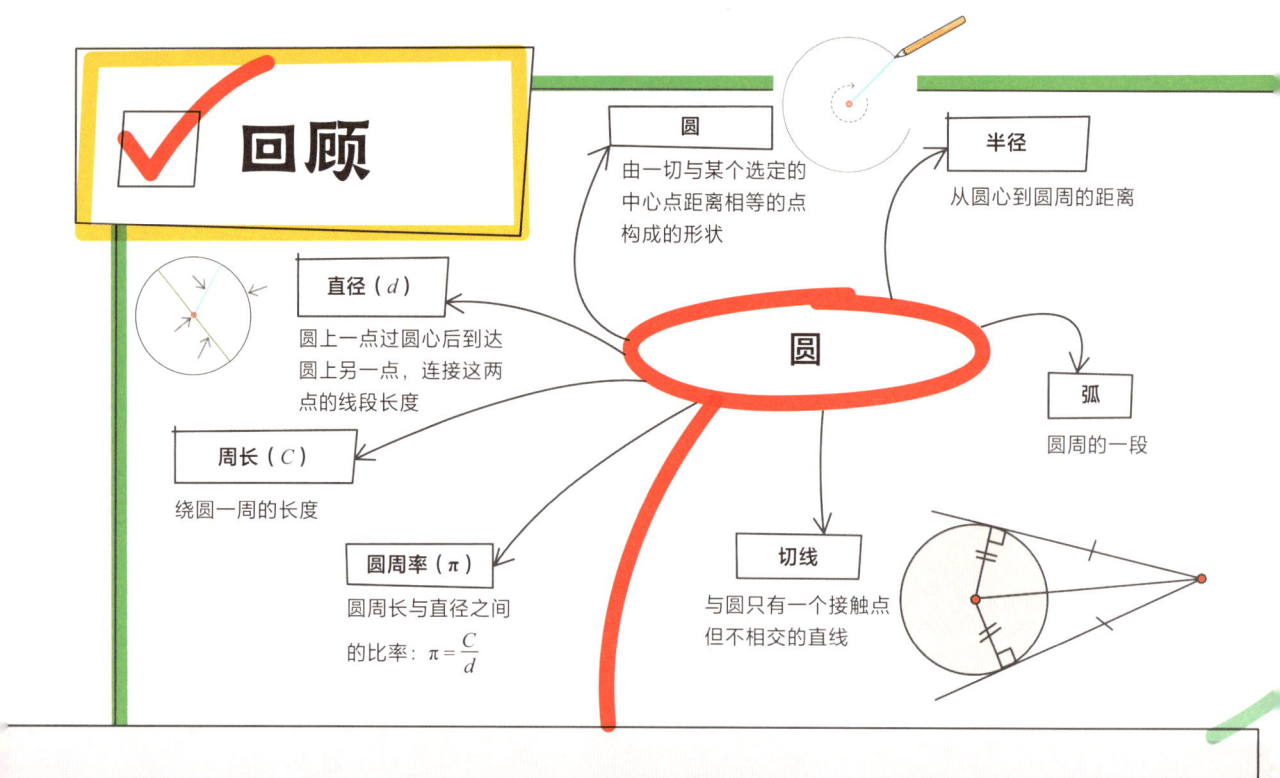

二维形状

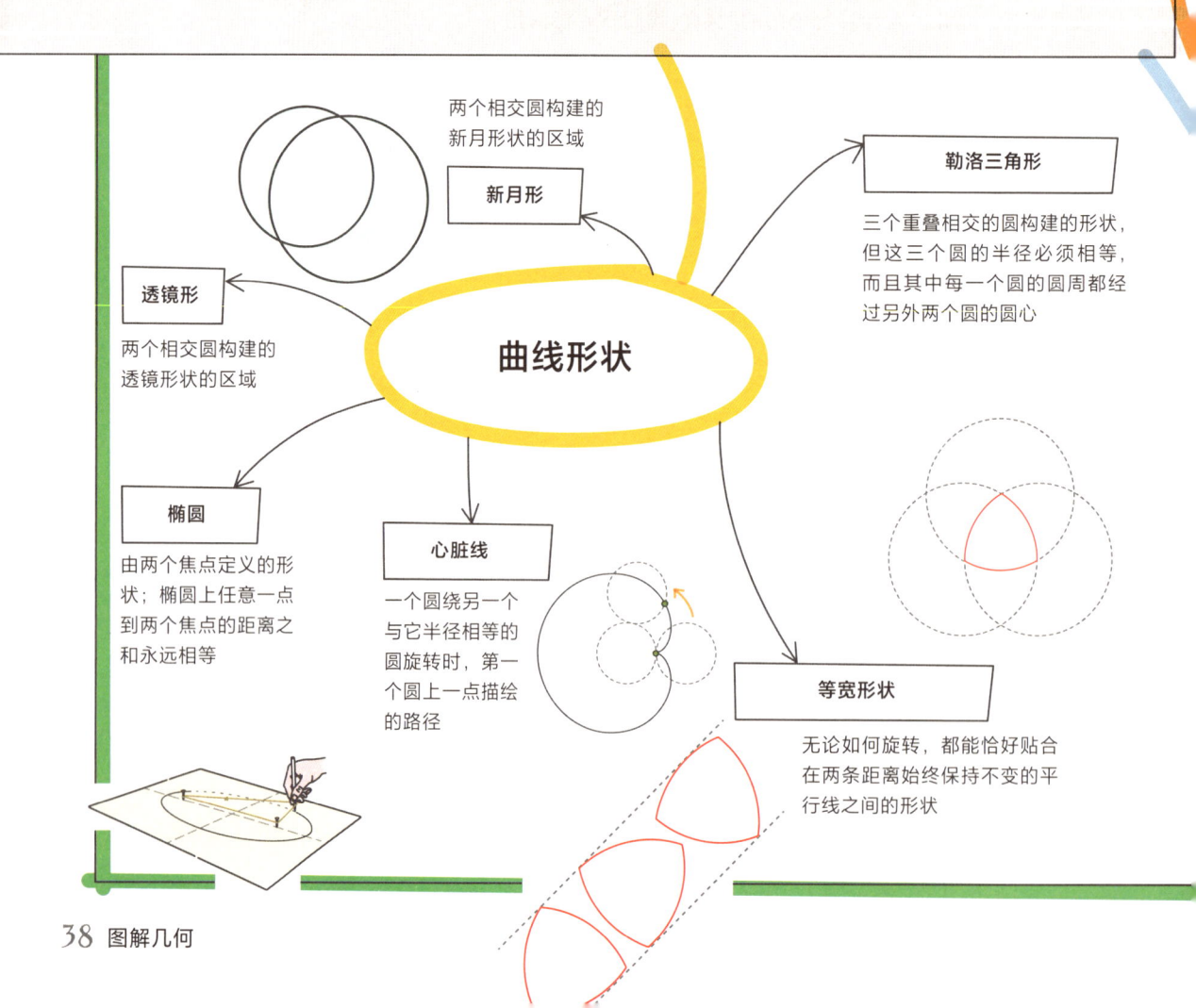

新月形
两个相交圆构建的新月形状的区域

勒洛三角形
三个重叠相交的圆构建的形状，但这三个圆的半径必须相等，而且其中每一个圆的圆周都经过另外两个圆的圆心

透镜形
两个相交圆构建的透镜形状的区域

曲线形状

椭圆
由两个焦点定义的形状；椭圆上任意一点到两个焦点的距离之和永远相等

心脏线
一个圆绕另一个与它半径相等的圆旋转时，第一个圆上一点描绘的路径

等宽形状
无论如何旋转，都能恰好贴合在两条距离始终保持不变的平行线之间的形状

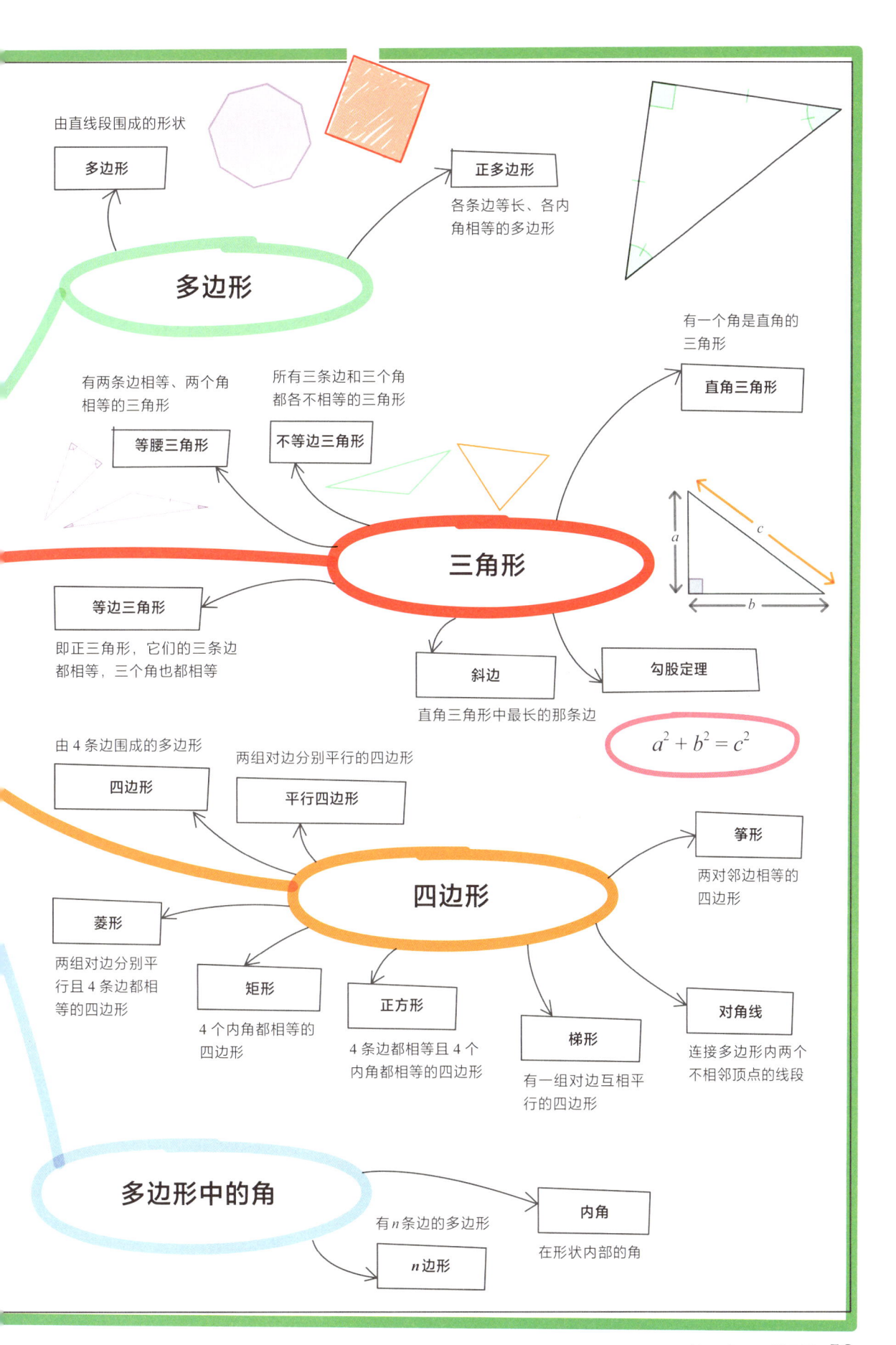

多边形

由直线段围成的形状

多边形

正多边形
各条边等长、各内角相等的多边形

三角形

等腰三角形
有两条边相等、两个角相等的三角形

不等边三角形
所有三条边和三个角都各不相等的三角形

直角三角形
有一个角是直角的三角形

等边三角形
即正三角形，它们的三条边都相等，三个角也都相等

斜边
直角三角形中最长的那条边

勾股定理

$$a^2 + b^2 = c^2$$

四边形

由 4 条边围成的多边形

平行四边形
两组对边分别平行的四边形

菱形
两组对边分别平行且 4 条边都相等的四边形

矩形
4 个内角都相等的四边形

正方形
4 条边都相等且 4 个内角都相等的四边形

梯形
有一组对边互相平行的四边形

筝形
两对邻边相等的四边形

对角线
连接多边形内两个不相邻顶点的线段

多边形中的角

n 边形
有 n 条边的多边形

内角
在形状内部的角

第 2 章 二维形状 39

第 3 章

作图与镶嵌

作图是准确绘制几何形状和图形的过程。几个世纪以来，技术和工具不断变化和进步，但支撑当今高度精密的计算机几何软件的基本概念，与古希腊人用于作图的概念并无区别。

构造出形状后，你自然会接着考虑如何将它们组合在一起。镶嵌意味着将形状组合在一起，用于覆盖一个表面且不留空隙。在以矩形为主的现代世界中，我们每天都会看到简单的镶嵌，而对更奇特的形状进行镶嵌，则可以创造出令人惊叹的艺术作品。

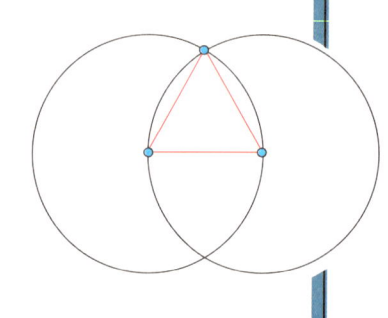

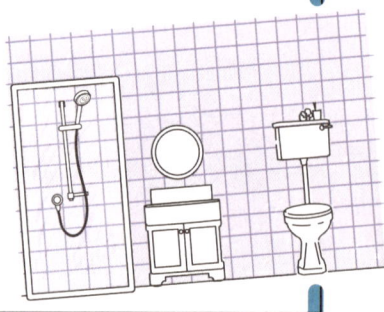

几何作图

古希腊人使用直尺和圆规作图，这几乎是他们全部数学知识的基础。希腊数学家欧几里得在其撰写的教科书《几何原本》中，从我们已经定义的三个对象，即点、线和圆出发，构造了几百个几何对象，同时证明了许多定理。下面，你将看到欧几里得使用的一些作图方法。

作一条垂线

在这一作图中，你可以仅用直尺、圆规和铅笔来作一条与另一条线成直角的线。

步骤 1： 从任意一条直线开始。用圆规以线上一点为圆心画一个圆。标记圆与直线的一个交点。（两条直线或一条直线与一个圆的**交点**是指它们相交的点。）

步骤 2： 保持圆规的宽度不变，将其尖端置于步骤 1 中标记的交点上。画出第二个圆。标记两个圆相交的两个交点。

步骤 3： 用一条直线连接两个圆的交点。这条线与第一条直线垂直。

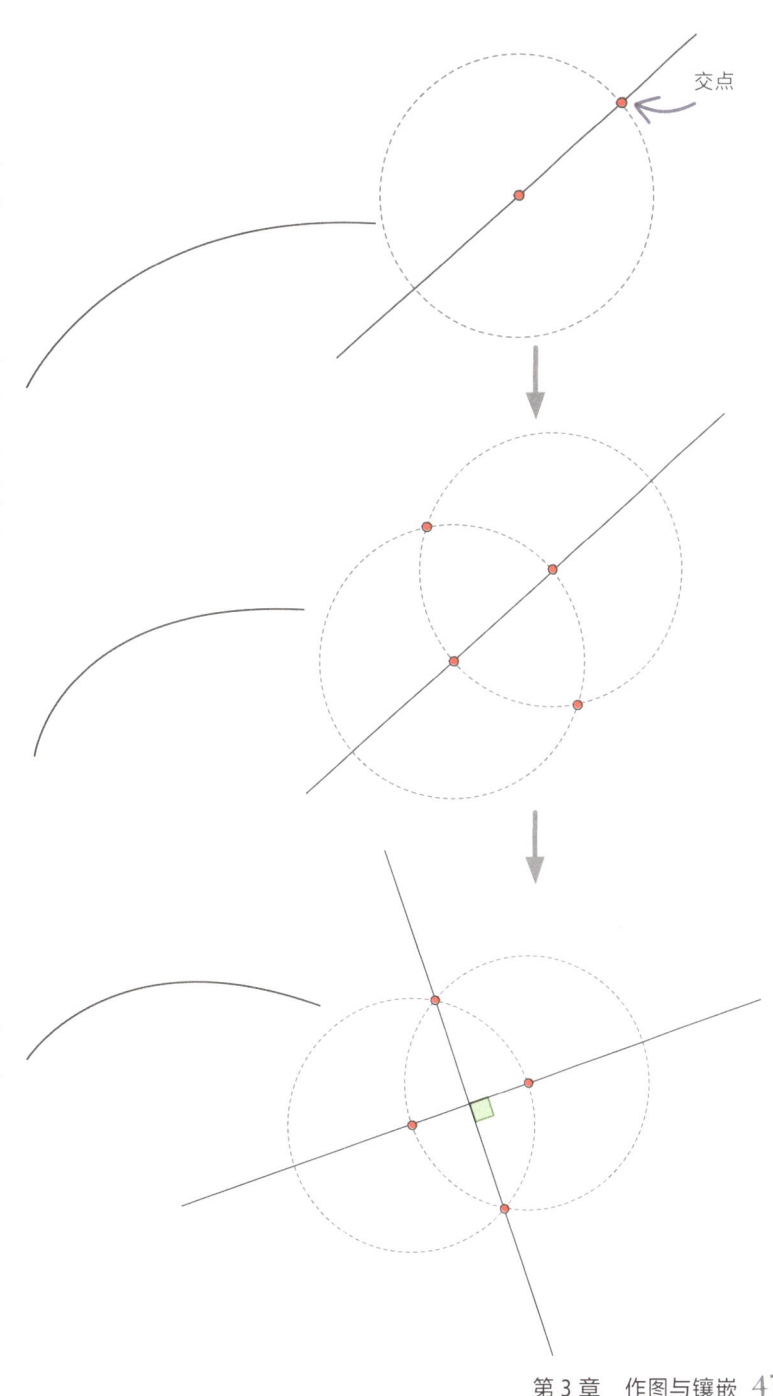

交点

第 3 章 作图与镶嵌

作一条线段的垂直平分线

你可以利用上页的方法来作一条线段的垂直平分线。线段 AB 的垂直平分线是一条与 AB 垂直并通过其中点（它将 AB 分成长度相等的两段）的直线。

要作垂直平分线，请按照上页的方法，用线段的两个端点分别作为两个圆的圆心。

作图时通常不需要画出完整的圆。你对两个对象的交点位置一般会有大致的了解，因此只需在大致正确的位置上画出圆的一小部分（弧），即可找到两个圆确切的交点。

作平行线

作平行线的一种方法，是先按照作垂线的前两个步骤进行，然后画出第三个圆，其半径等于前两个圆的半径，圆心位于第二个圆与直线的交点处（除第一个圆的圆心以外的交点）。标记第二个圆和第三个圆的交点，你将在直线两侧各得到一对点。分别用直线连接这两对点，即可得到两条与第一条线平行的线。

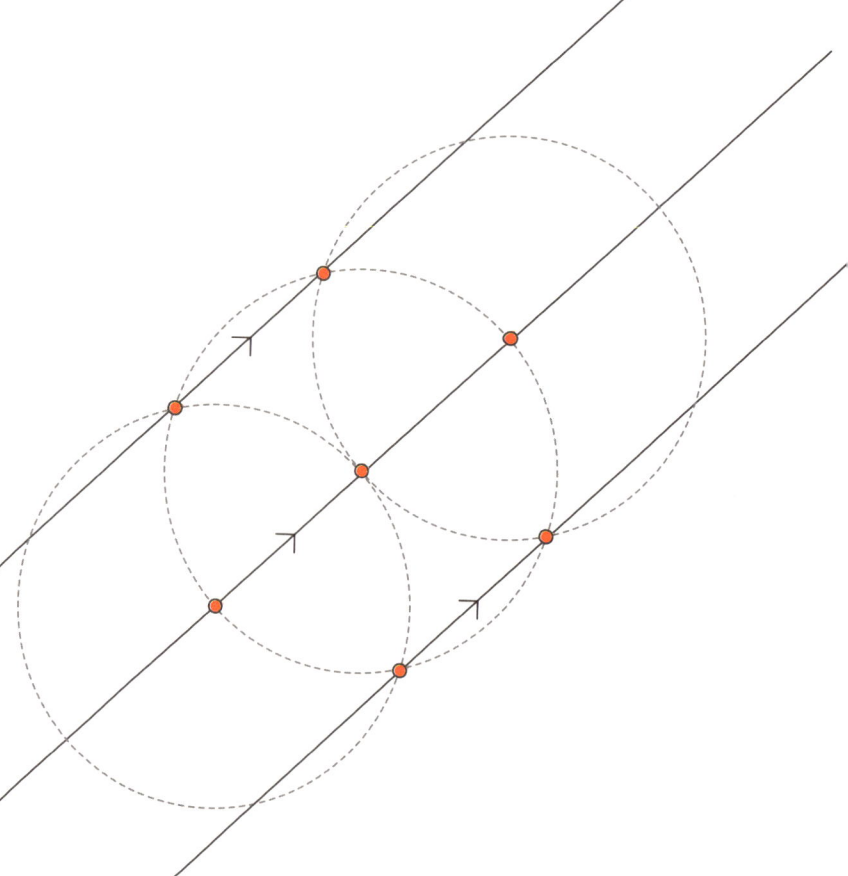

可构造多边形

许多正多边形可以仅用直尺和圆规作出，但这并不适用于所有正多边形。能以这种方式构造的正多边形叫作**可构造多边形**。要知道哪些多边形是可构造的，我们需要先了解两个概念：**2 的幂**和**费马素数**。

2 的幂

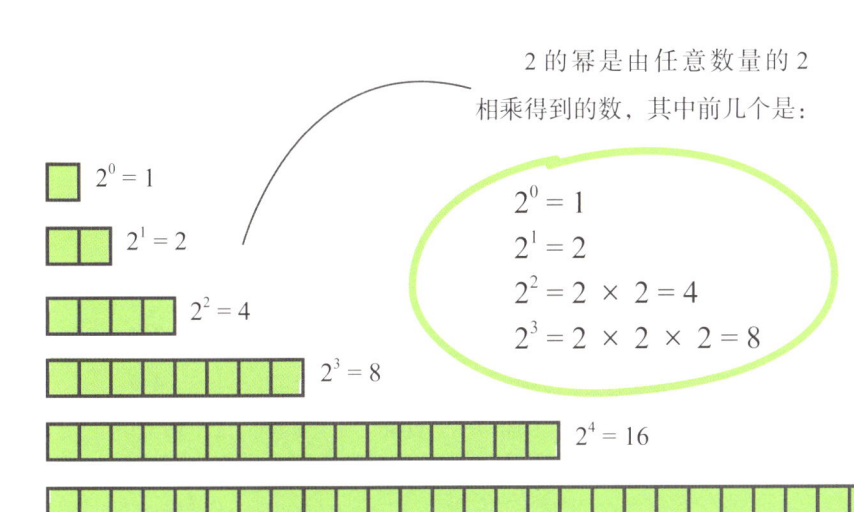

2 的幂是由任意数量的 2 相乘得到的数，其中前几个是：

幂中的上标称为指数，表示有多少个 2 相乘，因此 2^4（2 的 4 次方）表示 4 个 2 相乘。

$2^0 = 1$
$2^1 = 2$
$2^2 = 4$
$2^3 = 8$
$2^4 = 16$
$2^5 = 32$

$2^0 = 1$
$2^1 = 2$
$2^2 = 2 \times 2 = 4$
$2^3 = 2 \times 2 \times 2 = 8$

费马素数

素数是指除自身（和 1，因为所有数都能被 1 整除）外不能被其他数整除的数。前几个素数是 2、3、5、7、11，以此类推。

1	2	3	4	5	6	7	8	9	10
11	12	13	14	15	16	17	18	19	20
21	22	23	24	25	26	27	28	29	30
31	32	33	34	35	36	37	38	39	40
41	42	43	44	45	46	47	48	49	50
51	52	53	54	55	56	57	58	59	60
61	62	63	64	65	66	67	68	69	70
71	72	73	74	75	76	77	78	79	80
81	82	83	84	85	86	87	88	89	90
91	92	93	94	95	96	97	98	99	100

灰色背景的数都是素数

第 3 章　作图与镶嵌

费马素数是一个比 2 的某次幂大 1 的素数，其中 2 的幂指数本身也是 2 的幂。用数学符号表示，可以写成 $2^{2^m}+1$，其中 m 是任意正整数。第一个费马素数是 3，因为 $2^{2^0}+1=2^1+1=2+1=3$，而 3 是素数。已知的费马素数只有 5 个：3、5、17、257 和 65 537。对于所有尝试过的其他 m 值，$2^{2^m}+1$ 的结果都不是素数。

如果一个正多边形的边数是 2 的幂，或者是 2 的幂与任何一个费马素数的乘积，则这个正多边形是可构造的。也就是说，一个多边形可构造的前提是：

- 边数是 2 的幂；
- 或者边数是 2 的幂与 3、5、17、257 和 65 537 几个数的组合（不能重复使用这些数）的乘积。

	$2^0=1$	$2^1=2$	$2^2=4$	$2^3=8$	$2^4=16$	$2^5=32$	$2^6=64$
3	3	6	12	24	48	96	192
5	5	10	20	40	80	160	320
3 × 5 = 15	15	30	60	120	240	480	960
17	17	34	68	136	272	544	1 088
3 × 17 = 51	51	102	204	408	816	1 632	3 264
5 × 17 = 85	85	170	340	680	1 360	2 720	5 440
3 × 5 × 17 = 255	255	510	1 020	2 040	4 080	8 160	16 320

以上乘法表罗列了前几个 2 的幂与不同费马素数的乘积。3 在表中（因为 $3=3×2^0$），因此正三边形是可构造的。正四边形、正五边形和正六边形也是可构造的，正七边形（7 条边）则不可构造。构造一个正 16 320 边形的方法将非常复杂，而且结果很有可能与圆无法区分开来，但这在理论上是可能的。

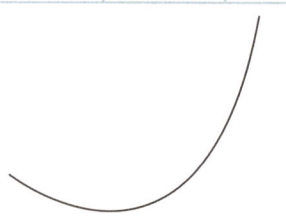

作一个等边三角形

以令一条线段为等边三角形的一条边开始，你可以通过画两个圆来构造等边三角形的另外两条边。前两步与作垂直平分线的方法类似。

步骤 1：从线段 AB 开始，以 A 为圆心、AB 为半径作一个圆，其圆周经过点 B。

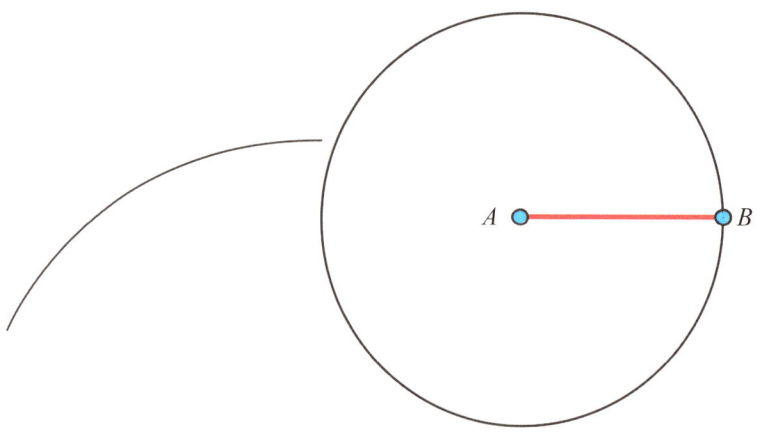

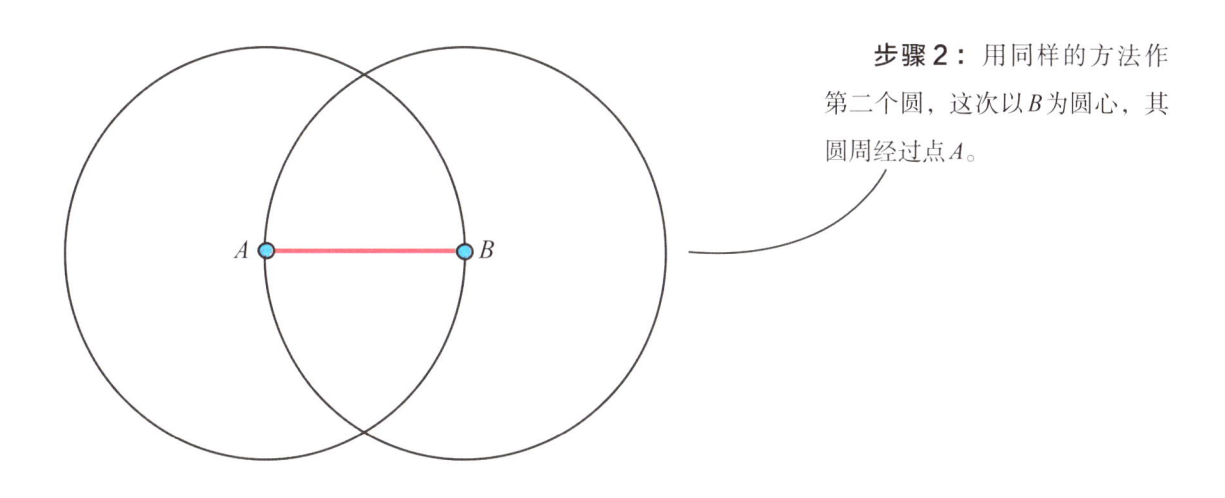

步骤 2： 用同样的方法作第二个圆，这次以 B 为圆心，其圆周经过点 A。

步骤 3： 标记两个圆的交点为点 C 和点 D。作线段 AC 和 BC，△ABC 就是一个等边三角形。（你可以选择使用点 D 而不是点 C 作为三角形的第三个顶点。）

你也可以通过这个过程作一个 60° 的角（因为等边三角形的内角是 60°）。事实上，任何可构造多边形的内角都可以用直尺和圆规来构造。

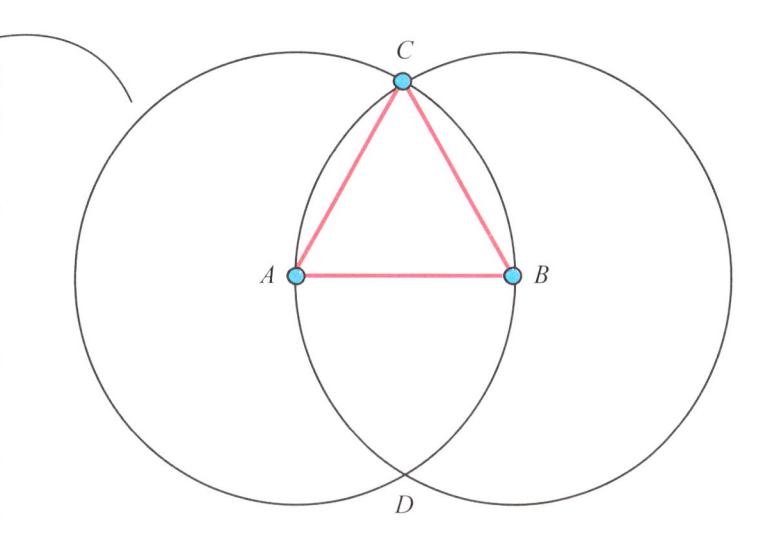

证明 △ABC 是等边三角形

利用以下步骤，证明 △ABC 确实为等边三角形：

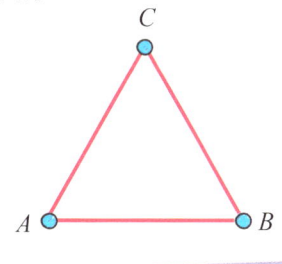

1. AB 是两个圆的半径。因此，这两个圆的大小必然相等，也就是说，这两个圆的一切半径等长。

2. AC 是第一个圆的半径，因为点 A 是圆心，而点 C 在圆周上。

3. 同理，BC 是第二个圆的半径。

4. AB、AC 和 BC 等长，所以，△ABC 必定为等边三角形。

第 3 章　作图与镶嵌

作一个正方形

要作一个正方形，你首先要知道如何作一条通过选定点的垂线。

步骤1：从B点开始延长线段AB。以B为中心、AB为半径作一个圆，其圆周经过点A。标记延长线与圆周的交点。

步骤2：点B是连接点A与步骤1中标记的交点的线段中点。利用前文中作垂直平分线的方法，作一条经过点B的垂线。将该垂线与步骤1中所作圆的一个交点标记为点C。线段BC构成了正方形的第二条边。

步骤3：利用同样的方法，作一条经过点A的垂线，并找到正方形的第四个顶点D。连接CD，得到正方形ABCD。

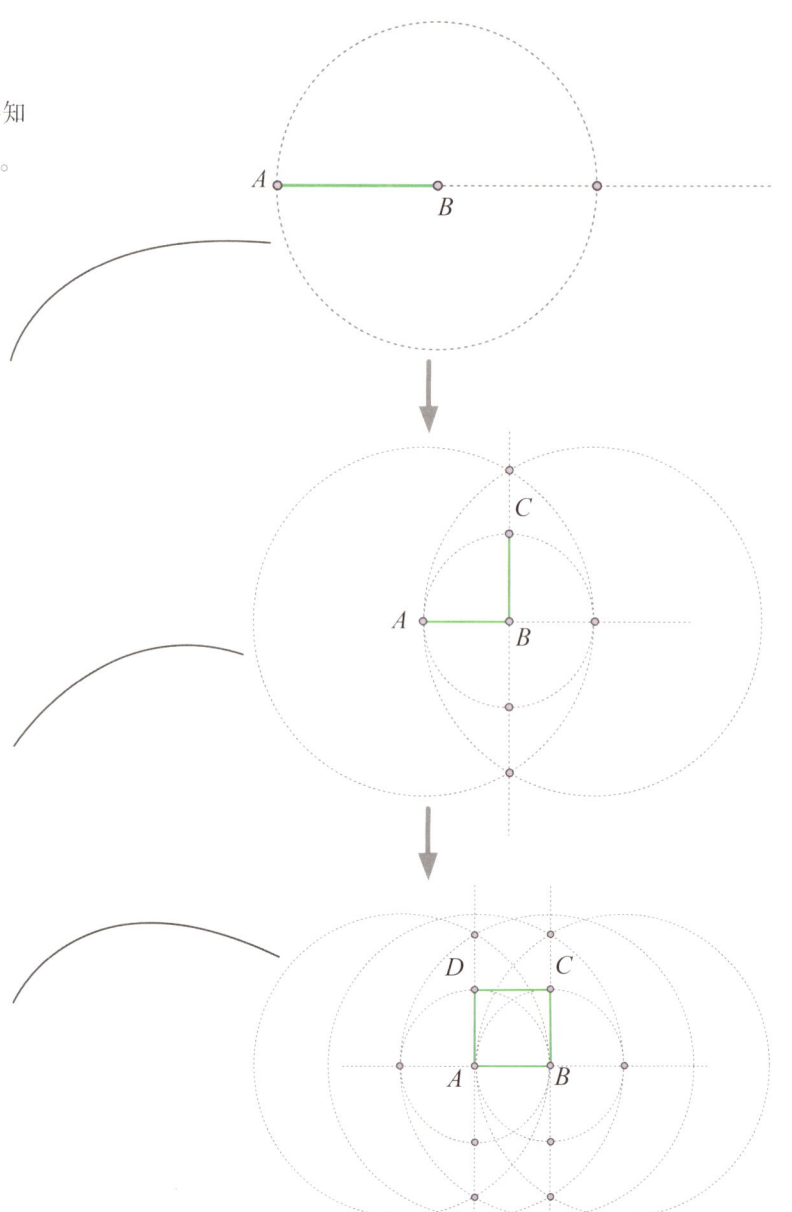

作有更多边的多边形

随着边数的增加，作图过程也会变得更加复杂。作一个正十七边形（17边形）需要在圆上标记17个等距的点，而仅仅为了找到前3个点，就必须构造出11个几何对象。

这种作图方法的一个问题是，只要步骤中有任何微小误差，就可能导致最终得到的形状与应有的形状存在很大差别，而且步骤越多，出现误差的可能性就越大。约翰·赫尔梅斯在1984年发表了一种构造65 537边形的方法，其手稿长达200页。

正十七边形前3个点的作图线

折纸作图

另一种几何作图的方法是折纸。这种方法利用日本的折纸艺术来精确构造几何对象，而其中一些对象无法使用尺规作图法来构造。

利用折纸作图，需要折叠出清晰的痕迹，这些折痕在特定点处相交。可以通过这些点的折叠找到其他点，直至找到构造所需对象的所有点。使用直尺和圆规可以平分一个角（将其分成两个大小相等的部分），但不能将其**三等分**（切成三个大小相等的部分）。然而，利用折纸可以做到这一点。

步骤1：在一张正方形纸上，折出一条通过一个角的折痕（l_1）。这便是角 θ，也就是我们想要将其三等分的角。

步骤2：折出一条与正方形纸的顶部平行的折痕（l_2，可以在任何位置上）。然后将正方形纸的底部向上折叠，让底边与这条折痕重合。展开纸张，l_3 便形成了。

步骤3：沿斜向折叠纸张，使角 θ 的顶点触及折痕 l_3，并且 l_2 与纸左侧边缘的交点触及 l_1。

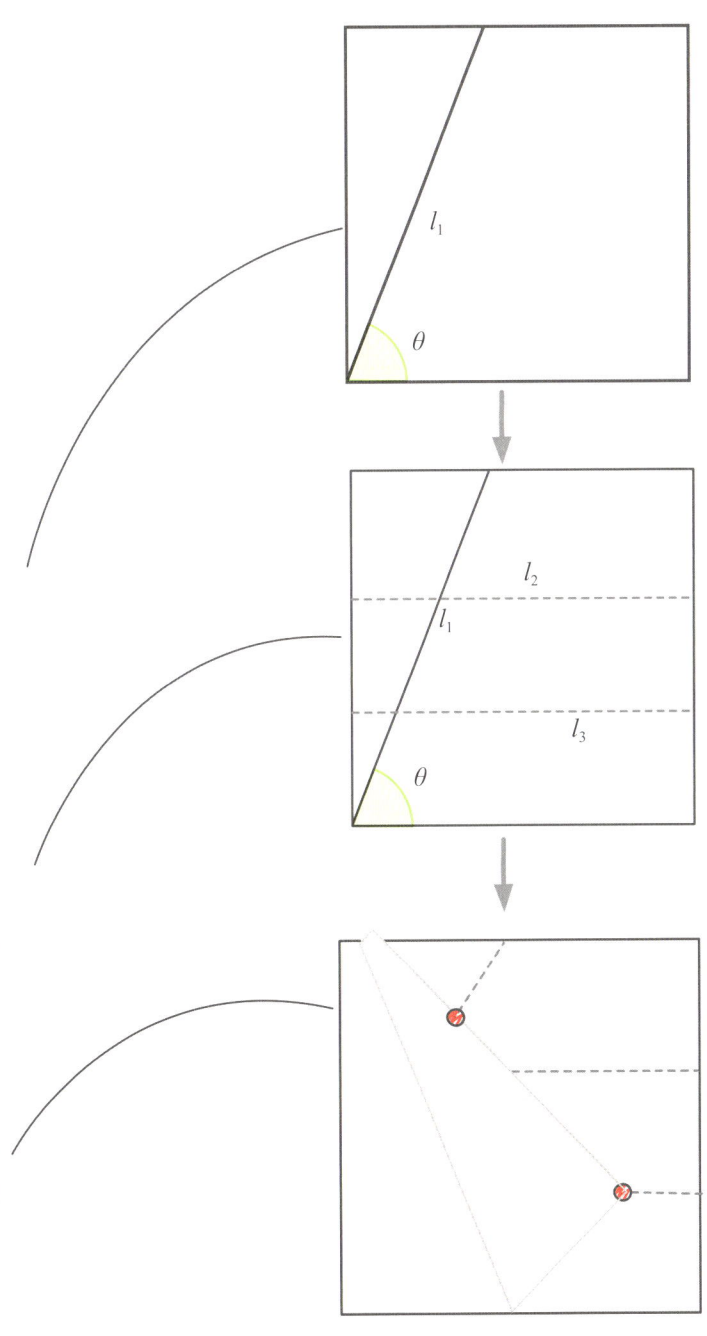

第 3 章 作图与镶嵌

步骤4：沿着位于对角线翻盖上的 l_3 部分重新折叠，形成 l_4。展开所有部分，然后沿着 l_4 重新折叠，使其延伸至纸张的角落。

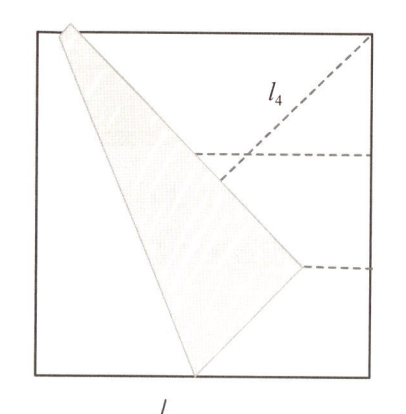

折线 l_4 和 l_5 将角 θ 三等分。

步骤5：将底边向上折叠至与 l_4 重合，形成 l_5。

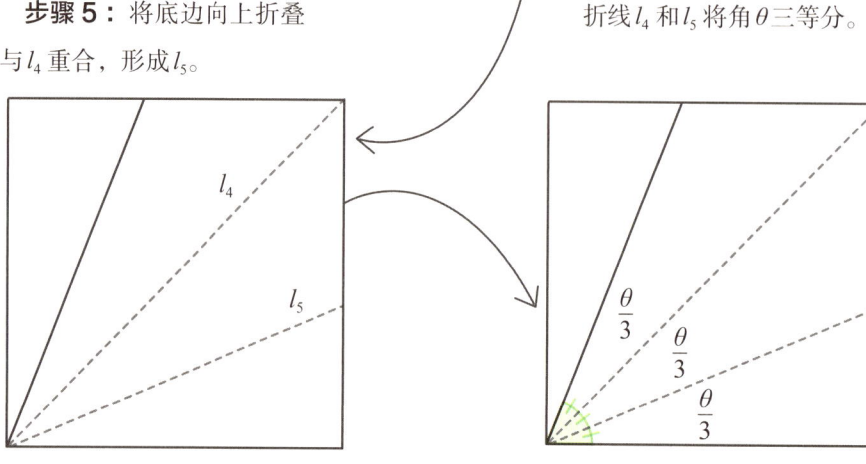

我们无法用直尺和圆规作出正七边形（7条边的正多边形）和正九边形（9条边的正多边形），但可以通过折纸法构造出它们。

遗憾的是，折纸法仍然无法构造出所有正多边形——只有当 n 是 2 的幂、3 的幂及不同的**皮尔庞特素数**的乘积时，n 边形才可以通过折纸法构造。皮尔庞特素数是指比 2 的幂乘 3 的幂大 1 的素数。因为 7 是皮尔庞特素数（$7 = 2^1 \times 3^1 + 1$），而 9 是 3 的幂（$9 = 3^2$），所以七边形和九边形都可以通过折纸构造。

藤田-贾斯汀公理（又称"藤田-羽鸟公理"）定义了 7 种可能的折叠类型。一切数学折纸作图都基于这些折叠类型实现。除一种外，其余每种折叠类型都等同于尺规作图。比如，折叠出一条通过两点的折痕等同于用直尺连接两点。最后一种折叠类型是将两个点 P_1 和 P_2 分别置于两条线 l_1 和 l_2 上，这让额外的作图成为可能。如图所示，沿着虚线折叠，令点 P_1 落在 l_1 上，点 P_2 落在 l_2 上。

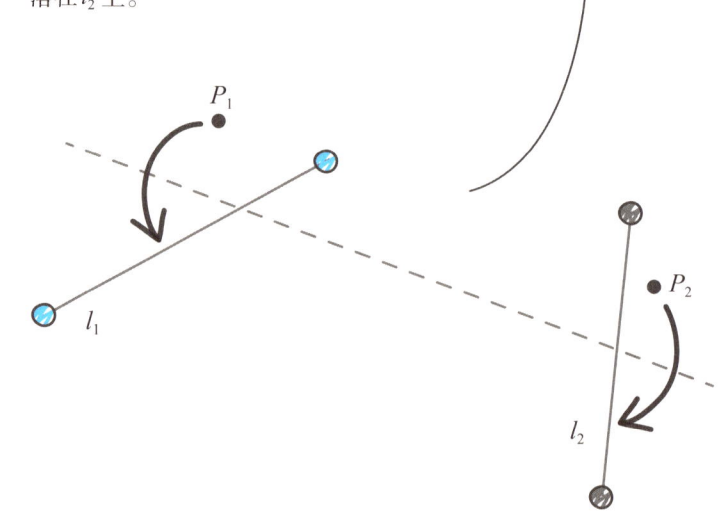

镶嵌

当两个形状紧密贴合且没有间隙时，我们称这两个形状相互镶嵌。某些形状或形状组合可以无缝覆盖无穷大的平面，这叫作铺砌平面。

在正多边形中，只有等边三角形、正方形和正六边形可以铺砌平面。这些铺砌叫作**正铺砌**：铺砌中使用的瓷砖是相同的正多边形，顶点处的角度排列在整个图案中也完全相同。

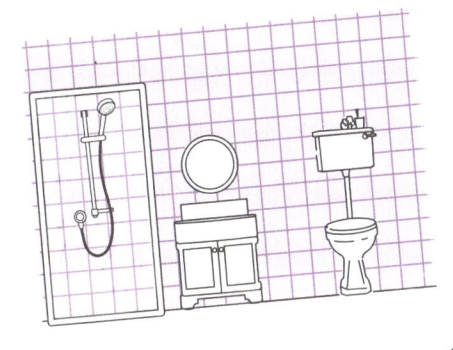

只要墙面足够大，这些图案就可以在任何方向上无限重复。

有许多不规则多边形也可以铺砌平面。一切四边形和三角形都有可能铺砌平面，这是因为它们的内角和符合条件。围绕一个点一周的角度总和为360°，因此，当尝试镶嵌多边形时，相交的角的度数之和必须为360°。

三角形的内角和为180°，因此总可以将6个角组合在一起，使其总和为360°。同样，四边形的内角和为360°，因此总可以将4个角组合在一起，使其总和为360°。

$$\delta + \varepsilon + \theta + \lambda = 360°$$

我们知道 $\alpha + \beta + \gamma = 180°$，因为它们是三角形的内角度数。所以，$\alpha + \beta + \gamma + \alpha + \beta + \gamma = 180° + 180° = 360°$。这适用于任何三角形。

第3章 作图与镶嵌

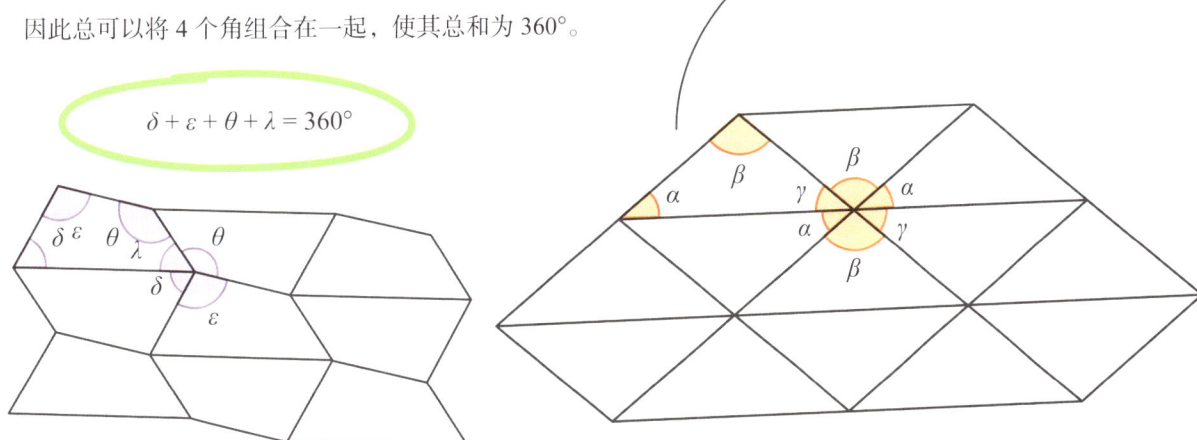

正五边形无法铺砌平面。因为其内角为108°，所以3个正五边形在一点相交时角度总和为324°，必定会留下间隙；而4个正五边形相交时角度总和为432°，必定会导致重叠。然而，有15种不规则五边形可以铺砌平面。其中一些类型已被发现多年（比如，人们发现一些18世纪的印度建筑中使用了一种叫作"开罗砖"的五边形砖进行铺砌），但最新的一种直至2015年才被发现。

让3个正五边形围绕一点排列会留下间隙，而4个则会重叠。

在开罗砖铺砌中，4个五边形组合成六边形。如图中右下角着色区域所示，成对的五边形瓷砖形成八边形，这些八边形也可以铺砌平面。

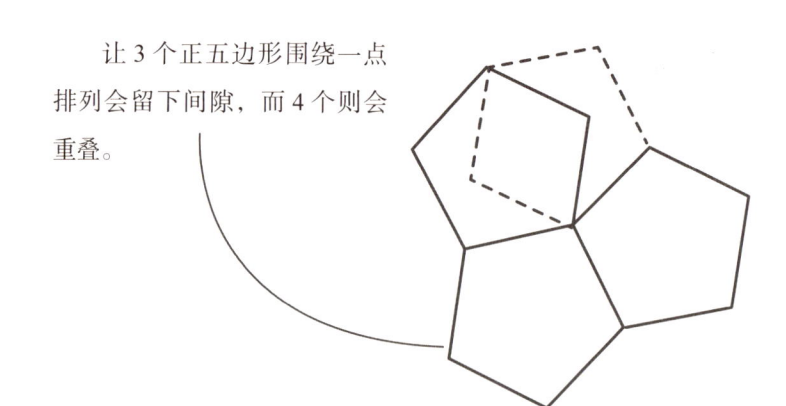

第15种（也是最后一种）可铺砌平面的五边形是由凯西·曼、珍妮弗·麦克劳德-曼和戴维·冯·德劳于2015年发现的。米夏埃尔·拉奥于2017年证明了不存在其他可以铺砌平面的五边形类型。

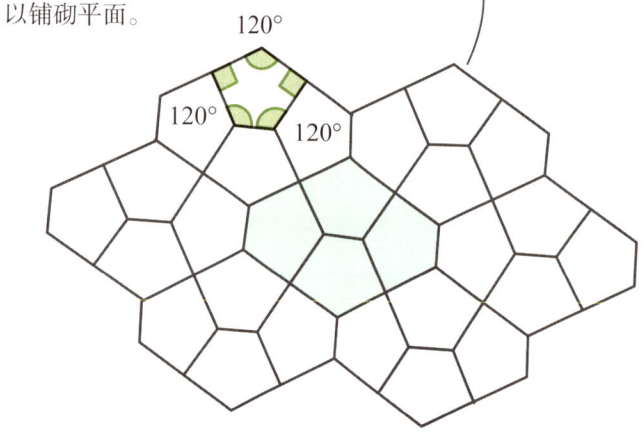

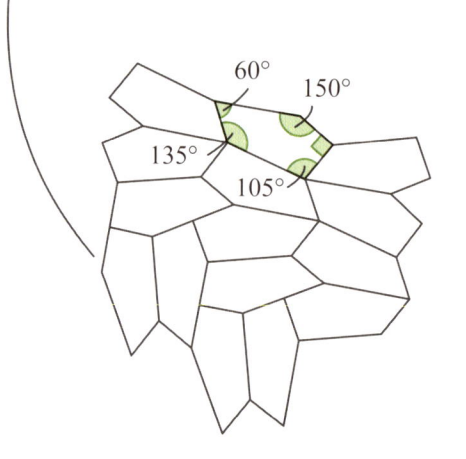

任何仅使用一种瓷砖的铺砌方式都叫作**单形铺砌**。在**半正铺砌**中则使用两种或更多种正多边形。有8种正多边形的组合可以产生半正铺砌。

正八边形和正方形可以组合成一种半正铺砌。正六边形、正方形和等边三角形则可以组合成另一种半正铺砌。

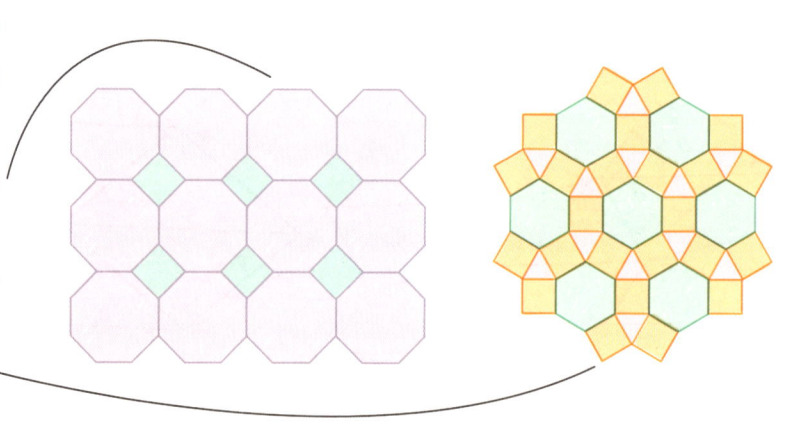

非周期性和非周期性铺砌

上一节中的所有铺砌图案都是周期性的，即它们都具有平移对称性（见第 132 页）。这意味着，我们可以滑动整个铺砌，使每块单独的瓷砖位于不同的位置，但整体铺砌看起来仍保持不变。非周期性铺砌则是指不具有平移对称性的铺砌。

在某些情况下，能够形成周期性铺砌的形状可以通过不同的方式组合成非周期性铺砌。一个直角边长为 1 和 2、斜边长为 $\sqrt{5}$ 的直角三角形，可以被分成 5 个具有相同边长的小三角形——这些小三角形与原三角形相似，而且彼此全等。这一过程可以无限重复，从而形成一种叫作"风车铺砌"的非周期性铺砌。这种三角形还可以形成径向铺砌或螺旋铺砌。

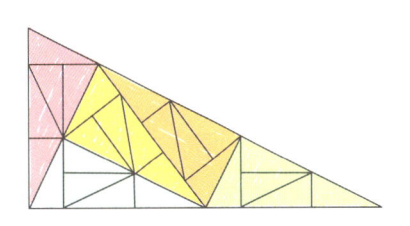

构造风车铺砌的前几步

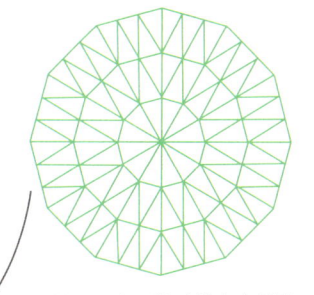

由等腰三角形构成的径向铺砌

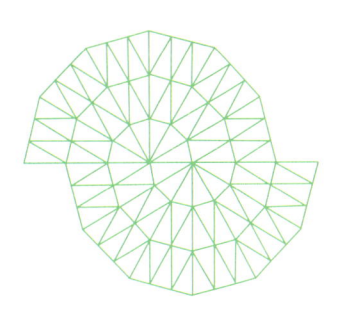

由等腰三角形构成的螺旋铺砌

非周期性瓷砖组是一组只能形成非周期性铺砌的形状，我们无法将它们组合成周期性铺砌。第一个非周期性瓷砖组是由罗伯特·伯杰首创的，其中包含 20 426 块瓷砖。它基于一种叫作"王浩瓷砖"的瓷砖类型，该类型由王浩于 1961 年提出。王浩瓷砖本质上是一个正方形，但其每条边通过颜色或凹凸形状进行编码。这些瓷砖不能翻转或旋转，只能以边匹配的方式组合（颜色匹配，或者凹凸形状匹配）。

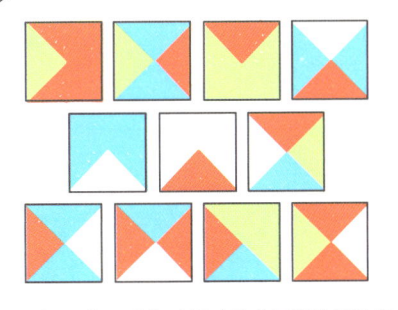

由 11 块王浩瓷砖组成的非周期性瓷砖组，边通过颜色编码（左）或凹凸形状编码（右）进行匹配

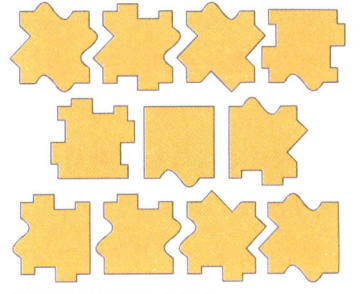

数学家一直在寻找更小的非周期性王浩瓷砖组，并于 2015 年发现了一种仅包含 11 块瓷砖的非周期性瓷砖组。他们已经证明，如果仅使用王浩瓷砖，这是最小的非周期性瓷砖组，但如果使用其他形状的瓷砖，则可能存在更小的非周期性瓷砖组。

第 3 章　作图与镶嵌

罗杰·彭罗斯发现了两对不同的瓷砖，叫作**彭罗斯瓷砖**，它们可以非周期性地铺砌平面。当我们使用其基本形式时，它们也可以形成周期性铺砌，因此并不是真正的非周期性瓷砖组。然而，与王浩瓷砖的情况类似，如果修改边，使其只与特定的边匹配，就可以强制它们进行非周期性铺砌。

彭罗斯风筝和飞镖瓷砖组可以进行周期性铺砌（左）或非周期性铺砌（右上）

2023 年，业余数学家戴维·史密斯发表论文，提出了一种**非周期性单形瓷砖**。这是一种可以铺砌平面但只能非周期性铺砌的单一形状。最初的版本是一种由多个筝形组成的多边形，因其形状与礼帽类似而被称作"**帽子瓷砖**"。事实上，戴维发现了一系列形状的瓷砖，其中每个形状都具有与帽子瓷砖相同的角度但边长不同，它们都是非周期性单形瓷砖。

帽子瓷砖由 8 个相同的筝形组成

在帽子瓷砖铺砌中，有些瓷砖需要使用其镜像（翻转），这被一些人定义为两种不同的瓷砖。同年晚些时候，人们发现了一种只能进行非周期性铺砌而且不需要翻转的帽子瓷砖版本。

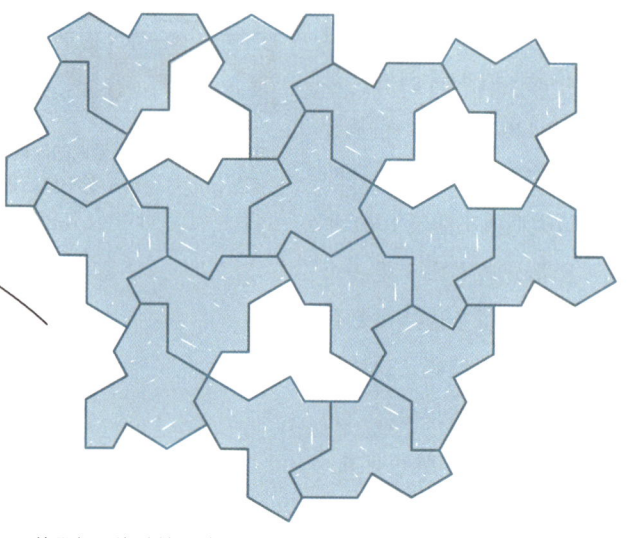

使用帽子瓷砖铺砌（白色瓷砖是阴影瓷砖的镜像）

帽子瓷砖有两种不同的边长，通过改变这两种边长的比例，可以形成五花八门的其他瓷砖。当边长相同时，会形成一种可进行周期性铺砌的瓷砖。但如果改变这种瓷砖的边，使其只能以特定方式组合（如王浩瓷砖和彭罗斯瓷砖的情况），它就会变成一种只能进行非周期性铺砌的单形瓷砖。数学家建议分别将交替的边向内或者向外弯曲，这样就会形成幽灵般的形状，**幽灵瓷砖**由此得名。

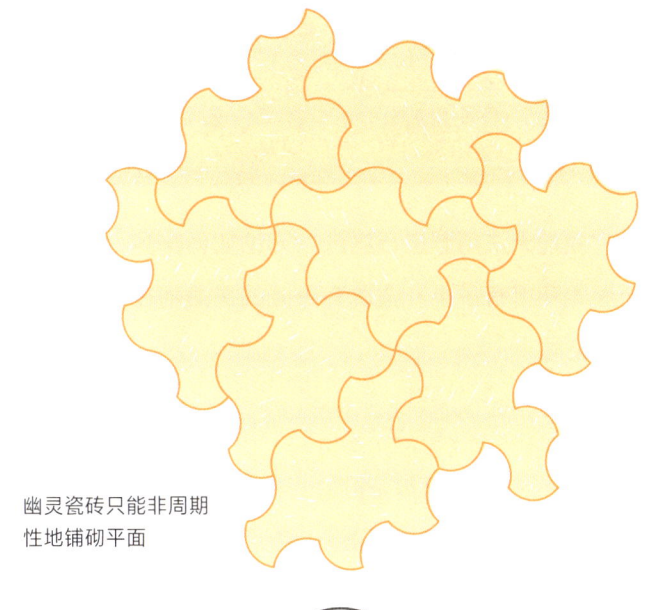

幽灵瓷砖只能非周期性地铺砌平面

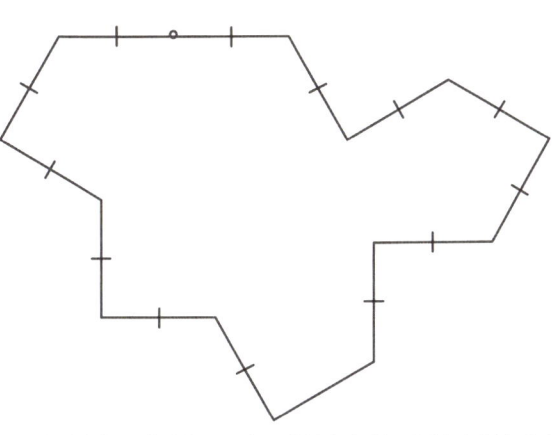

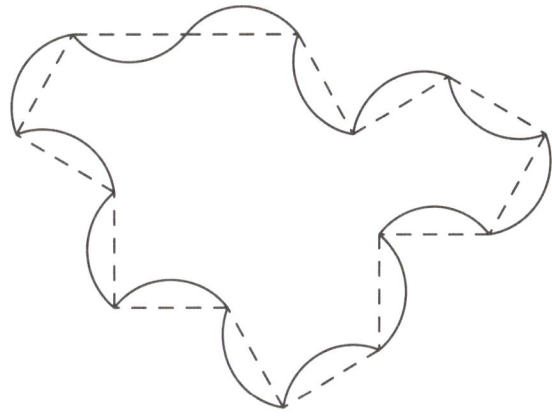

角度与帽子瓷砖相同，但所有边长相等，通过改变边形成了幽灵瓷砖

材料科学家一直在研究准晶体，即原子排列具有非周期性的物质。尽管这些实验仍处于早期阶段，但作为不粘、防刮的煎锅涂层和隔热材料的应用已显示出有前景的结果。

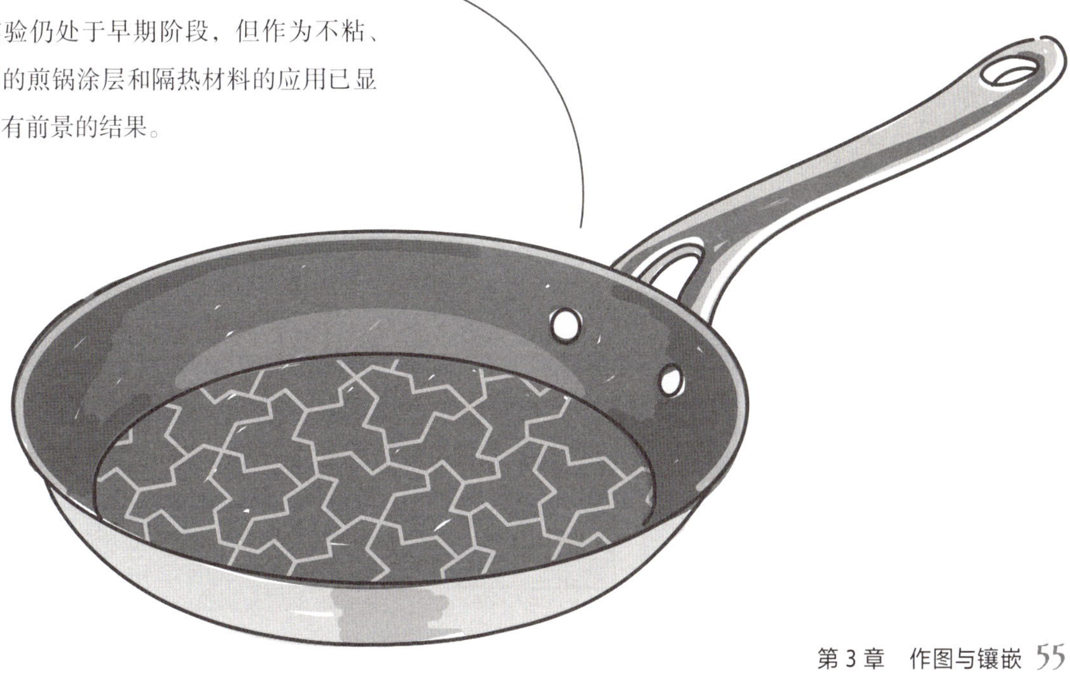

第 3 章　作图与镶嵌　55

圆填充

我们无法用圆进行镶嵌。无论如何排列，它们之间总会存在间隙。但我们可以让这些间隙变得有多小？圆填充研究的是如何在不重叠的情况下排列圆形，并尽可能地减少剩余空间。

圆的排列通常基于正多边形的镶嵌。比如，我们可以在正方形镶嵌的每个正方形中内切一个圆（就多边形内切圆而言，多边形的每条边都是圆的切线）。

最有效的圆填充（指留下最少剩余空间的排列）是基于正六边形的填充，其**堆积密度**为 0.907。

填充给定数量的圆的最有效方式可能会让你感到吃惊。一个值得思考的问题是："给定数量的相同圆可以放入的最小正方形是什么样的？" 6 个或更少的圆可以相当整齐地排列在能容纳它们的最小正方形中，每个圆通过接触其他圆或正方形的边来固定位置。

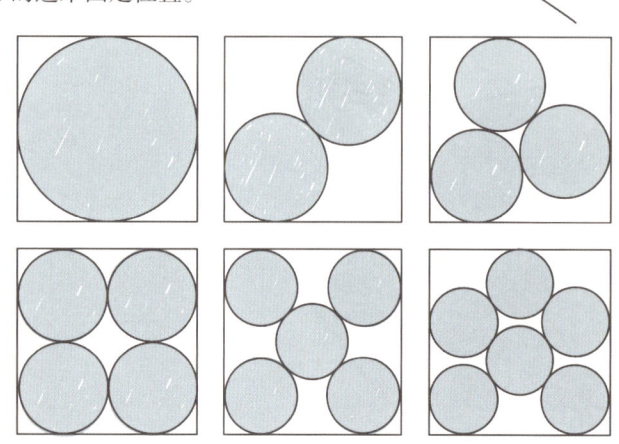

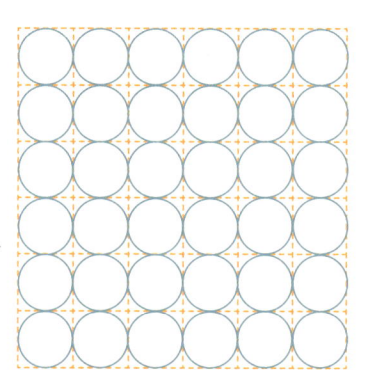

圆填充的堆积密度是圆占据的面积与整个空间面积的比率。如果每个圆的半径为 1，则包围它的正方形的边长为 2。因此，由正方形网格生成的圆填充的堆积密度为：

$$\frac{\text{圆形面积}}{\text{正方形面积}} = \frac{\pi \times 1^2}{2^2}$$

$$= \frac{\pi}{4} \approx 0.785$$

然而，对于正方形中的 7 个圆，其中有 1 个是自由的——它可以在一定的空间范围内移动。

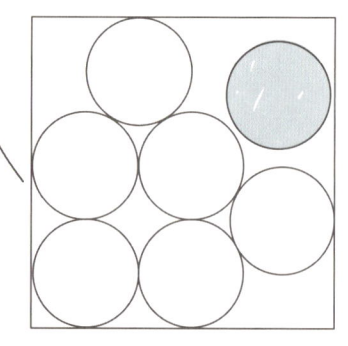

白色的圆决定了正方形的大小，涂色的圆可以自由移动

正方形填充

即便使用可以镶嵌的形状，想要将给定数量的形状排列在特定形状中，镶嵌也不总是最有效的方式。最佳堆积是留下最少剩余空间的排列方式。

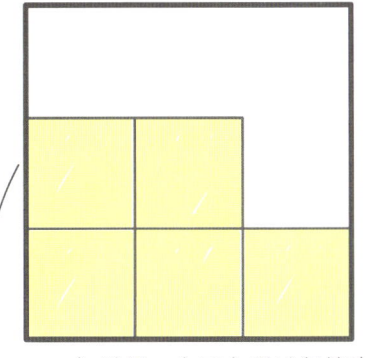

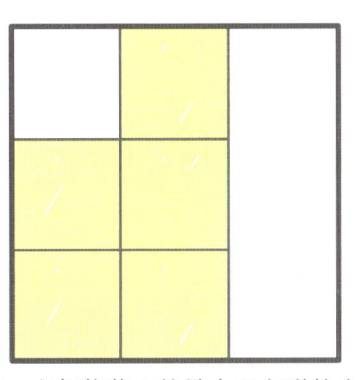

如果用 5 个正方形进行镶嵌，它们能装入的最小正方形的边长至少是原正方形边长的 3 倍，还留下了能再装入 4 个正方形的空间。这太浪费空间了！

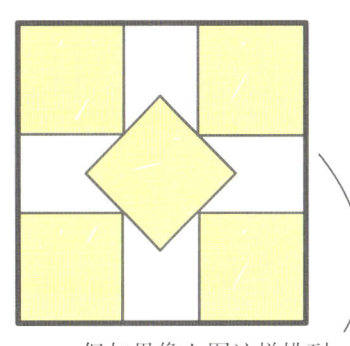

但如果像上图这样排列，它们就可以装入一个边长仅为内正方形边长 2.71 倍的外正方形。

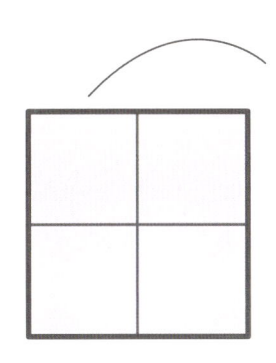

4 个相同正方形能装入的最小正方形的边长是原正方形边长的 2 倍。它们可以无缝排列，没有剩余空间。

对于 11 个正方形，目前已知的最佳堆积看起来相当混乱！外正方形的边长是小正方形边长的 3.88 倍。目前尚未证明这是 11 个正方形的最小可能堆积空间——这是数学家仍在研究的问题。

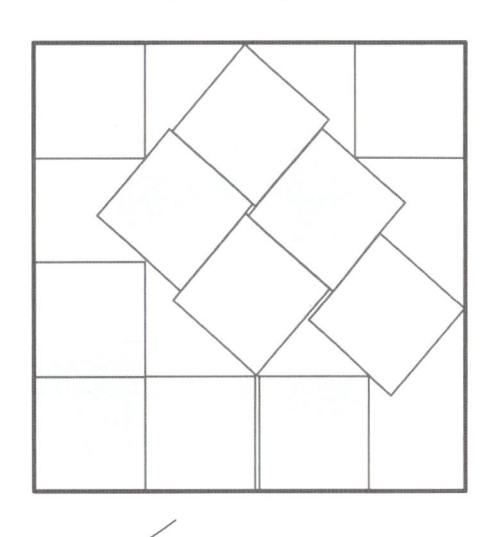

类似的结果也出现在将正方形装入可能的最小圆形或等边三角形的填充问题中。在某些情况下，最佳堆积是整齐有序的；而在其他情况下，它混乱得令人不安！

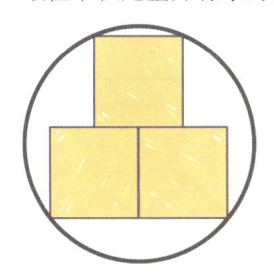

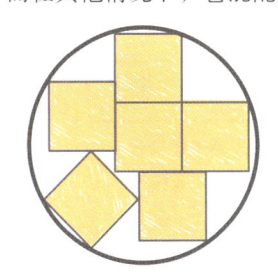

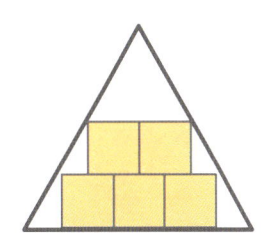

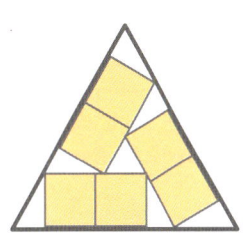

第 3 章 作图与镶嵌 57

回顾

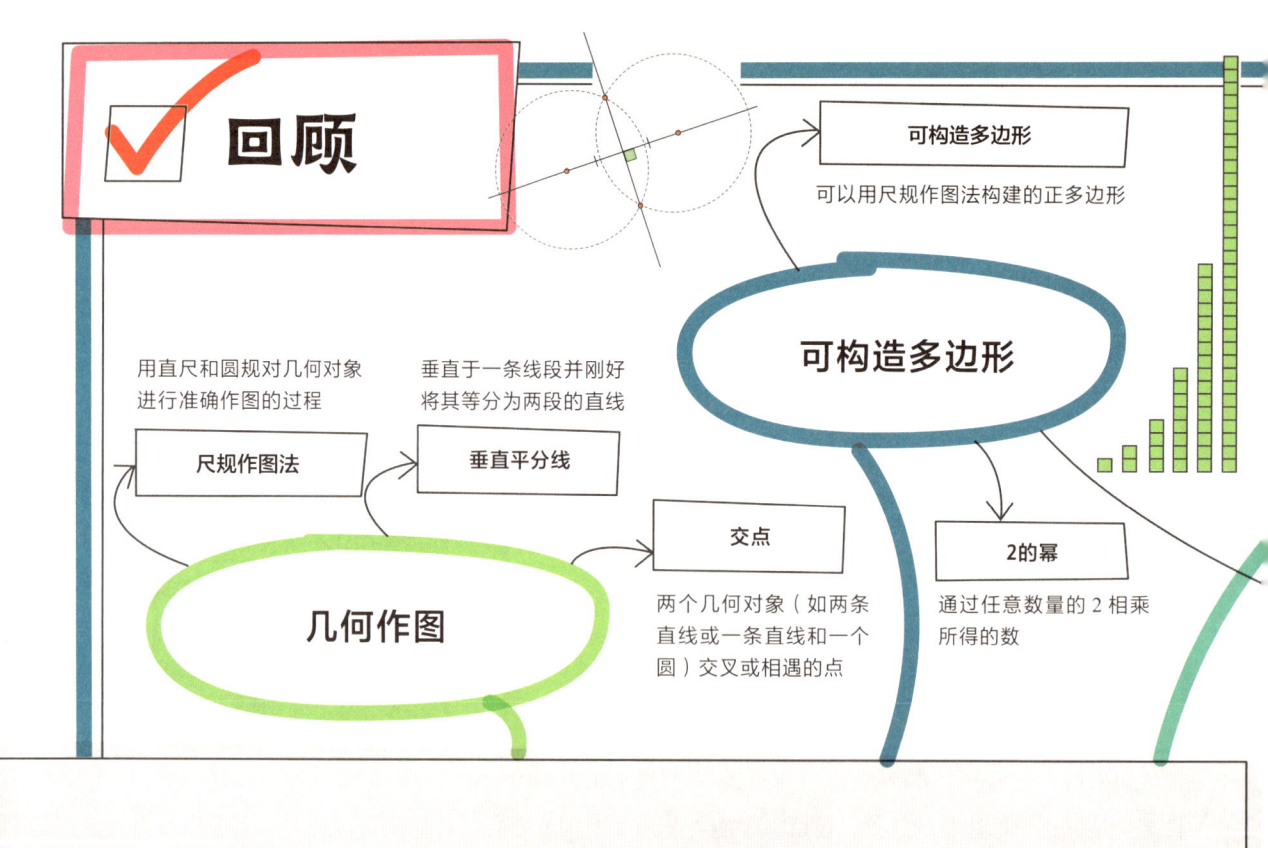

作图与镶嵌

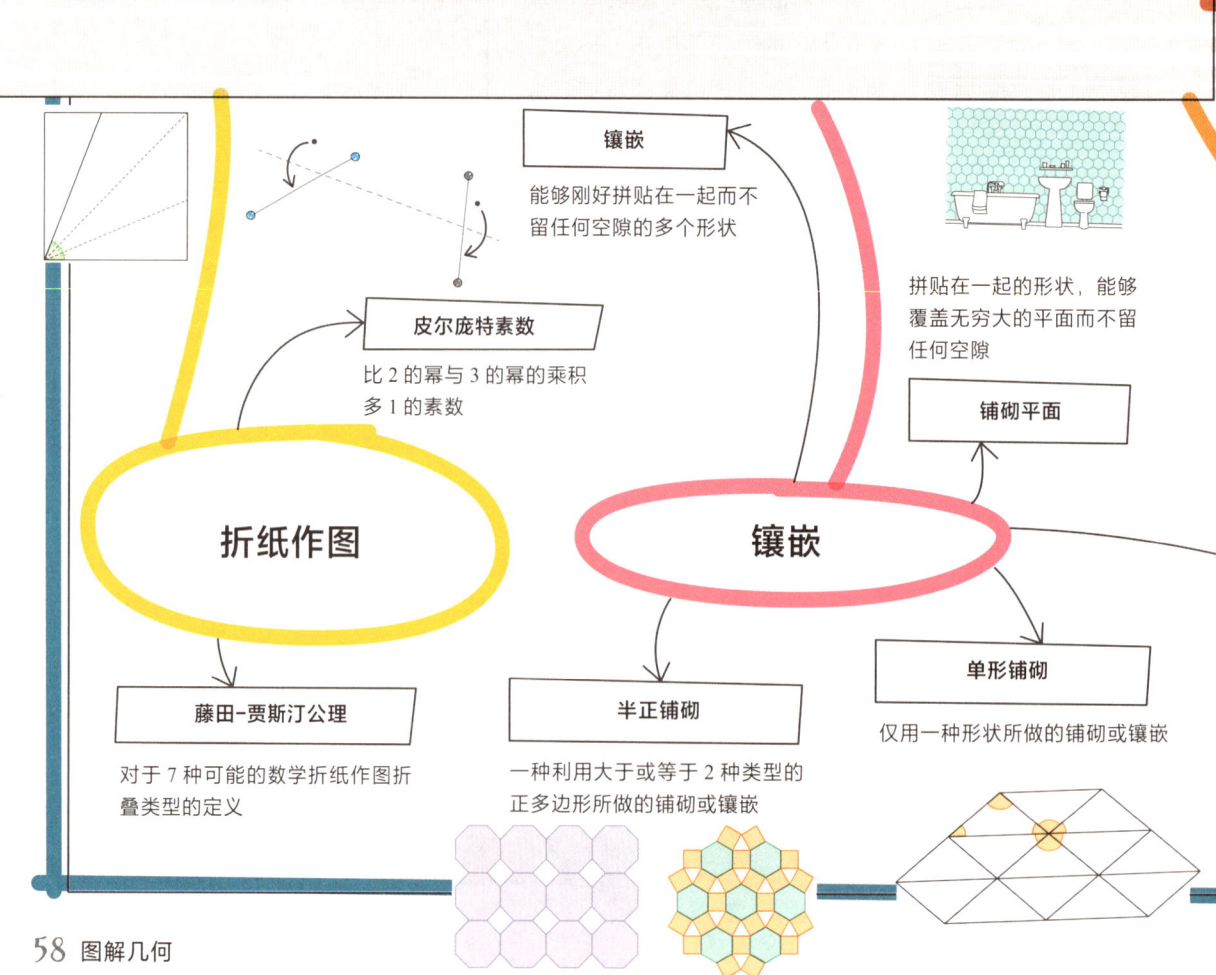

尺规作图法 — 用直尺和圆规对几何对象进行准确作图的过程

垂直平分线 — 垂直于一条线段并刚好将其等分为两段的直线

交点 — 两个几何对象（如两条直线或一条直线和一个圆）交叉或相遇的点

几何作图

可构造多边形

可构造多边形 — 可以用尺规作图法构建的正多边形

2的幂 — 通过任意数量的 2 相乘所得的数

折纸作图

皮尔庞特素数 — 比 2 的幂与 3 的幂的乘积多 1 的素数

藤田-贾斯汀公理 — 对于 7 种可能的数学折纸作图折叠类型的定义

镶嵌

镶嵌 — 能够刚好拼贴在一起而不留任何空隙的多个形状

铺砌平面 — 拼贴在一起的形状，能够覆盖无穷大的平面而不留任何空隙

半正铺砌 — 一种利用大于或等于 2 种类型的正多边形所做的铺砌或镶嵌

单形铺砌 — 仅用一种形状所做的铺砌或镶嵌

如果一种铺砌具有平移对称性，则我们可以滑动整个铺砌，使每一块瓷砖位于不同的位置，但作为铺砌的整体看上去并未改变

不具有平移对称性的铺砌方式

非周期性铺砌

周期性铺砌

具有平移对称性的铺砌方式

平移对称性

非周期性与非周期性铺砌

非周期性单形瓷砖

只能构成一种非周期性铺砌的单个形状

费马素数

比2的某次幂多1的素数，其幂指数本身也是2的幂

非周期性瓷砖组

一组只能形成非周期性铺砌而无法将其组合成周期性铺砌的形状

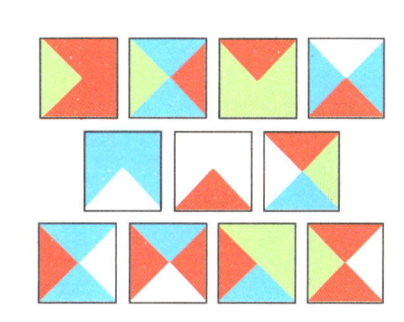

圆填充

圆填充

对于如何排列圆，使其不重叠并尽量减少剩余空间的研究

空间内占用面积与总面积之间的比率

堆积密度

正方形填充

正铺砌

利用某种正多边形构造的铺砌；只有等边三角形、正方形和正六边形是能够构成这种铺砌的正多边形

最佳堆积

令未填充空间最小的填充方式

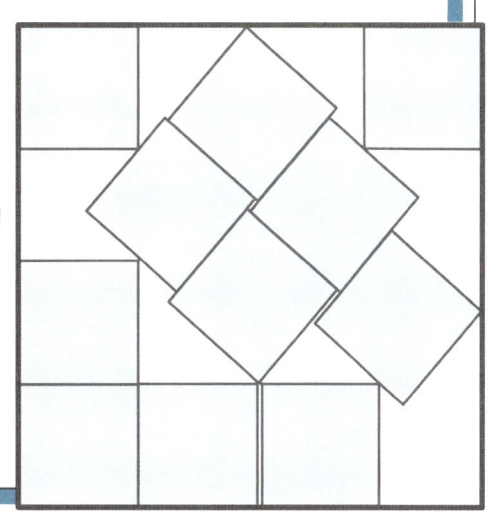

第 3 章 作图与镶嵌 59

第 4 章

三维形体

我们生活在一个三维世界中，本章的几何学知识可以帮助我们理解这个世界。你将了解三维形体——它们有直边的也有曲面的，并看到它们之间的关系及其组合方式。你将学习如何用二维方式表示三维形体，包括构建可用于构造它们的展开图。

　　你将看到这些形体的截面和阴影，它们揭示了三维形体中隐藏的一些令人惊讶的特性。最后，你将进入第四维甚至更高维度，探索那些我们只能凭空想象的形状。

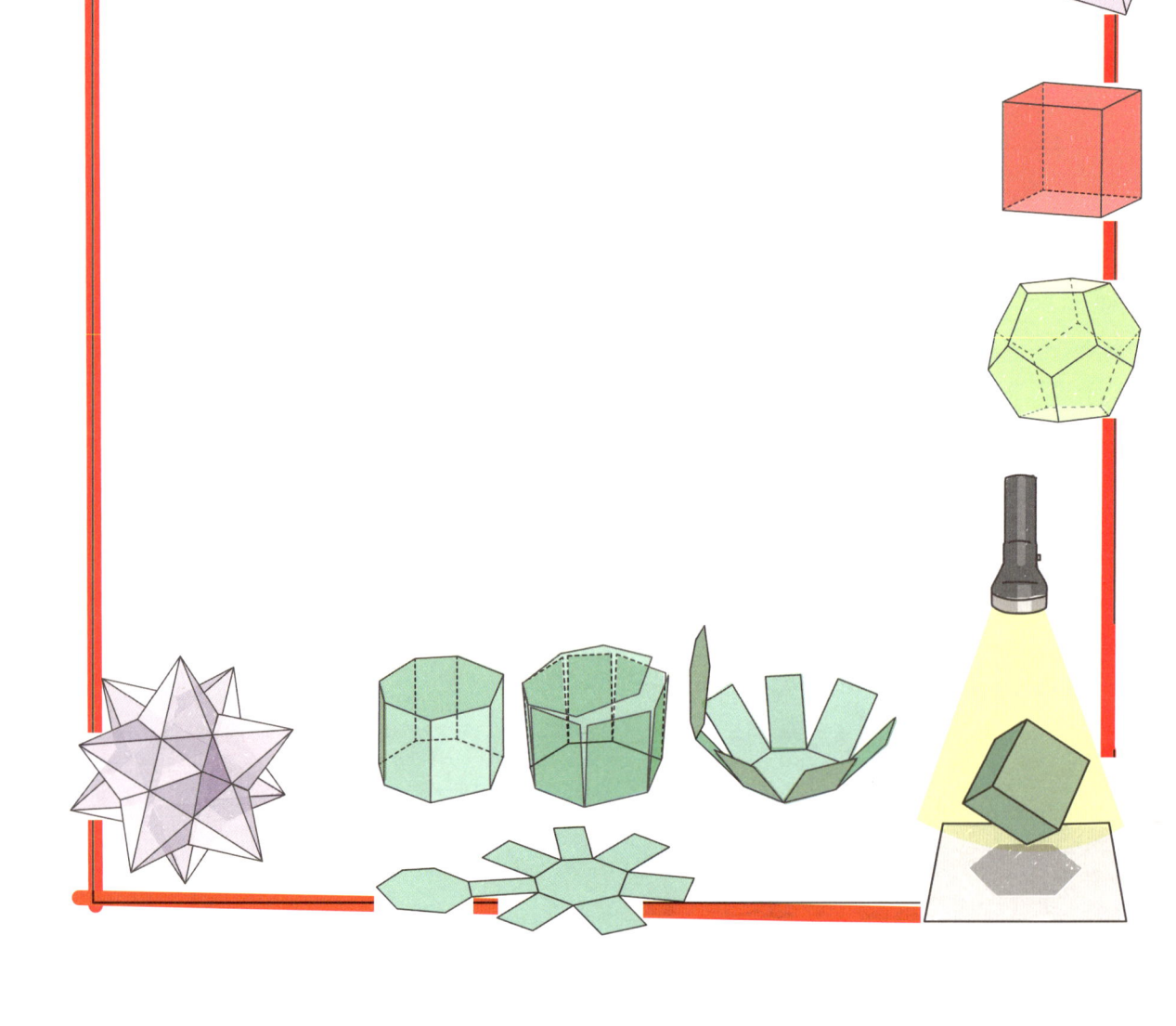

多面体

多面体是多边形的三维等价物。它们是由平面组成的立体形状，其中所有的面都是多边形。多面体（polyhedron）一词源自希腊语，其中"poly"意为"多"，"hedron"意为"基"或"座"。

多面体有**顶点**、**棱**和**面**。面是组成多面体的多边形，棱是多边形的边，顶点是多边形的角的顶点。

柏拉图立体

正多面体的所有面都是相同的正多边形，每个顶点周围的所有面的排列方式也都相同。这意味着，无论你观察哪个顶点，周围面的情况都是相同的。比如，四面体的每个顶点周围都有3个等边三角形。这样的形体仅有5种，它们通常叫作柏拉图立体。

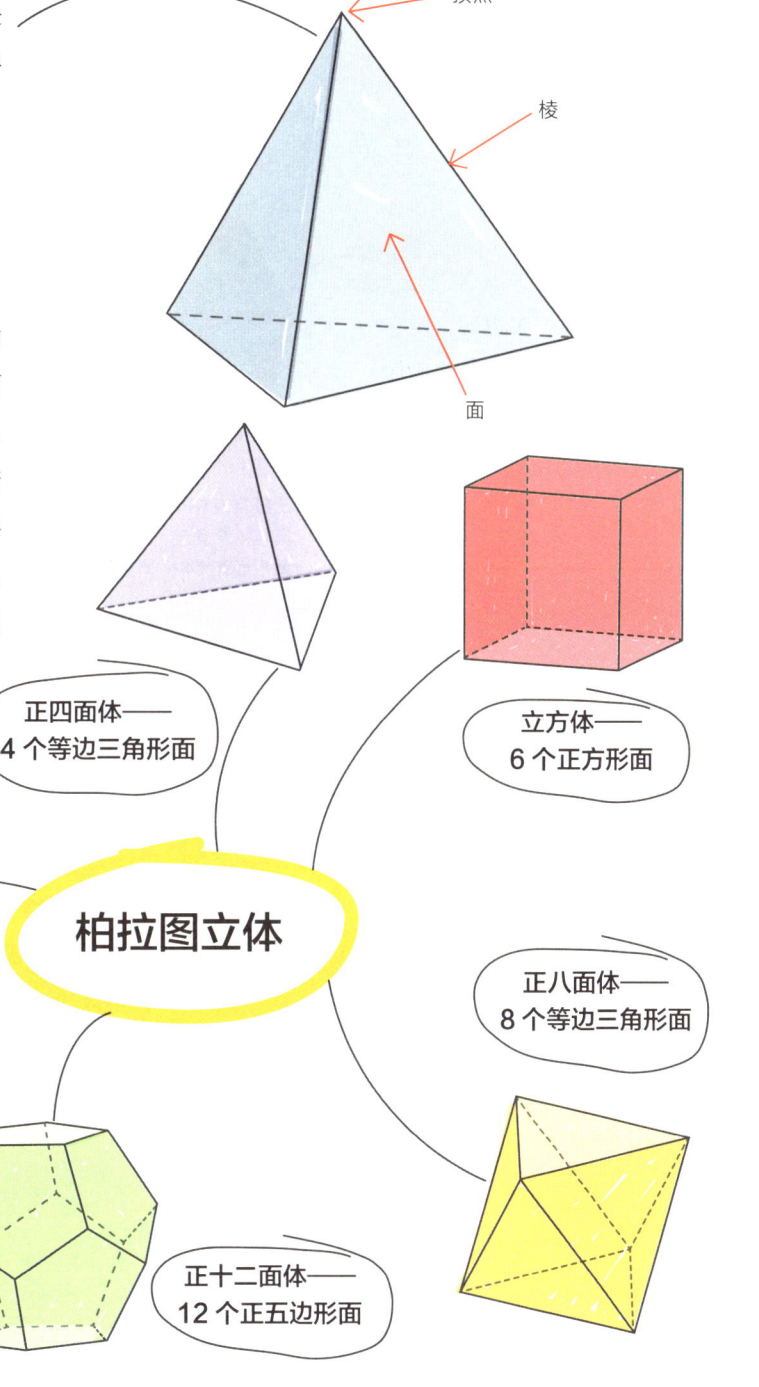

顶点

棱

面

柏拉图立体

正四面体——
4个等边三角形面

立方体——
6个正方形面

正二十面体——
20个等边三角形面

正八面体——
8个等边三角形面

正十二面体——
12个正五边形面

第4章 三维形体

对偶多面体

每个多面体都有一个**对偶多面体**，即通过交换面和顶点所扮演的角色来构造的另一个多面体，由此面变为顶点，顶点变为面。如果面是规则的，就可以通过将每个面的中心作为顶点，然后连接这些新顶点来构造对偶多面体。这些新的棱将为原始多面体的每个顶点创建一个面。

柏拉图立体形成对偶配对：立方体和正八面体互为对偶，正十二面体和正二十面体也互为对偶，正四面体是其自身的对偶。

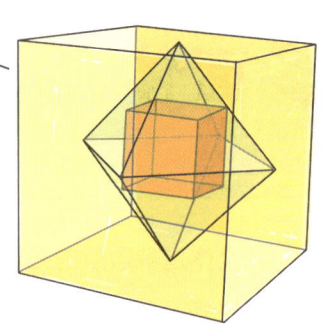

正八面体和立方体互为对偶多面体

正四面体的对偶也是正四面体

正十二面体和正二十面体互为对偶

半正多面体

所有面都是正多边形，但它们又不完全相同，这样的多面体叫作**半正多面体**。

有 13 种**阿基米德立体**。这些三维形状的面都是正多边形，但未必都是相同的正多边形。比如，"扭棱立方体"（snub cube）的面既有三角形也有正方形。与柏拉图立体一样，阿基米德立体在每个顶点周围的面以相同方式排列。比如，扭棱立方体的每个顶点周围有 4 个等边三角形和 1 个正方形。

可能存在第 14 种阿基米德立体，但还有一些争议。伪菱形截半八面体由正方形和等边三角形组成，每个顶点处有 3 个正方形和 1 个三角形——这看起来没问题！

但由于伪菱形截半八面体的顶部相对于底部是扭曲的，它并不完全满足"全局等距"的条件，即每个顶点周围的多边形排列方式相同。

扭棱立方体是一种阿基米德立体，具有 6 个正方形面、32 个等边三角形面和 24 个顶点

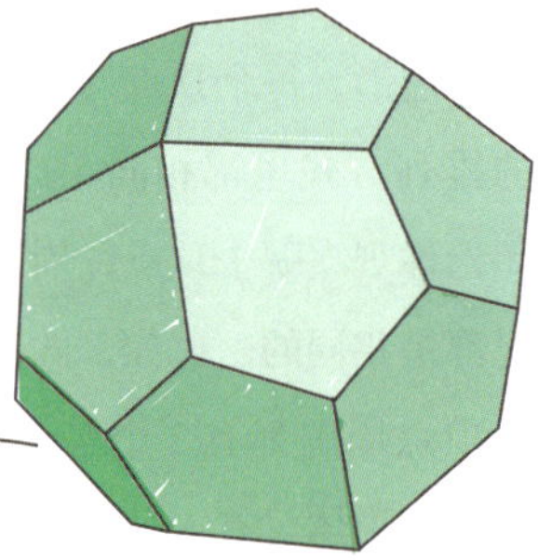

阿基米德立体的对偶多面体叫作**卡塔蓝立体**，它们的面不一定是正多边形。

扭棱立方体的对偶是五角二十四面体，它具有 24 个全同（但不规则）的五边形面，其中每个面对应于扭棱立方体的一个顶点；它还有 38 个顶点，其中每个顶点对应于扭棱立方体的一个面

全局等距是一个微妙的条件，本质上意味着如果你选择形状上的任意两个顶点，可以通过旋转形状使其看起来不变，但第一个顶点占据第二个顶点原来的位置。在伪菱形截半八面体中，某些顶点对可以实现这一点，但并非所有顶点对都能满足。

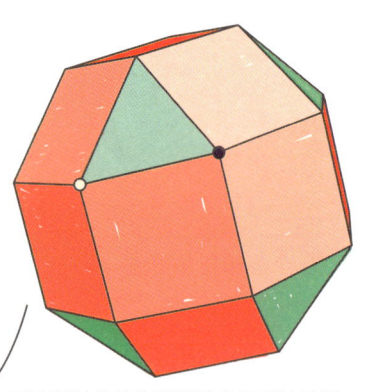

无法通过旋转伪菱形截半八面体使其形状看起来不变，并将黑色顶点的位置移动到白色顶点当前所在的位置

是否将伪菱形截半八面体视为阿基米德立体,实际上取决于你如何定义阿基米德立体。如果你认为全局等距是定义中的重要条件,则伪菱形截半八面体只能黯然退出阿基米德立体的行列。但在某些情况下,将其纳入阿基米德立体的范畴可能是合理的。比如,如果存在一个适用于所有公认的阿基米德立体和伪菱形截半八面体但不适用于其他多面体的概念,那么我们应该将其包括在阿基米德立体的范围内。与数学中的许多概念一样,定义不明确或未明确会导致混乱和争论。

如果伪菱形截半八面体无法进入阿基米德立体家族,它绝对可以成为**约翰逊立体**家族的一员。约翰逊立体是那些所有的面都是正多边形的多面体,共有 92 种。任何既不是正多面体也不是半正多面体的多面体都叫作**不规则多面体**。

拉长的五角旋转双冠是一种约翰逊立体,由正方形、等边三角形和正五边形围成

拉长的双四角锥由 16 个全等的等边三角形围成,但它不是柏拉图立体,因为某些顶点的周围有 5 个三角形,而其他顶点的周围有 4 个三角形

其他多面体

金字塔是一种多面体,具有一个基底(可以是任何多边形),基底的每条边连接一个三角形,因此,金字塔是一种规则的四棱锥体(见第 72 页)。这些三角形在一个顶点处相交。

棱锥通常以其基底的形状命名,因此具有正方形基底的叫作正四棱锥;具有五边形基底的叫作五棱锥,以此类推。埃及和墨西哥的著名金字塔都是正四棱锥。棱锥的面数比其基底的边数多一个,除基底外,其他所有面都是三角形。

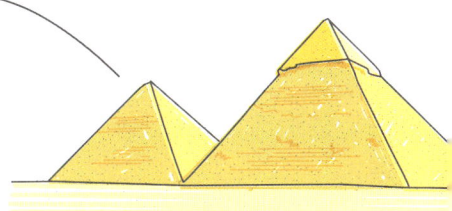

长方体有 6 个矩形面,彼此垂直连接。立方体是长方体的规则形式,因为立方体的所有面都是正方形。我们用长方体形状的砖块建造房屋,并用长方体形状的盒子填满橱柜。平行六面体是一种扭曲的长方体,具有 6 个平行四边形面。

棱柱有两个平行的面(基底),它们是相同的多边形。矩形面连接基底的对应边,因此长方体是具有矩形基底的棱柱。棱柱始终具有与基底平行的均匀截面。也就是说,如果你平行于基底切割棱柱,切割面的形状始终与基底相同。

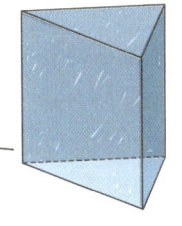

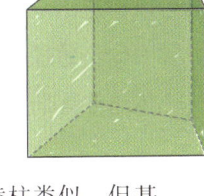

反棱柱与棱柱类似,但基底不是通过矩形面连接,而是通过交错的三角形面连接。

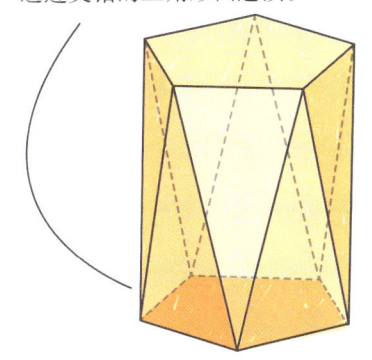

第 4 章 三维形体 65

凸多面体

如果多面体的所有面都向外突出，则它是凸多面体；否则就是非凸多面体。更专业性的定义是：连接凸多面体表面上任意两点的线段完全位于多面体内部。

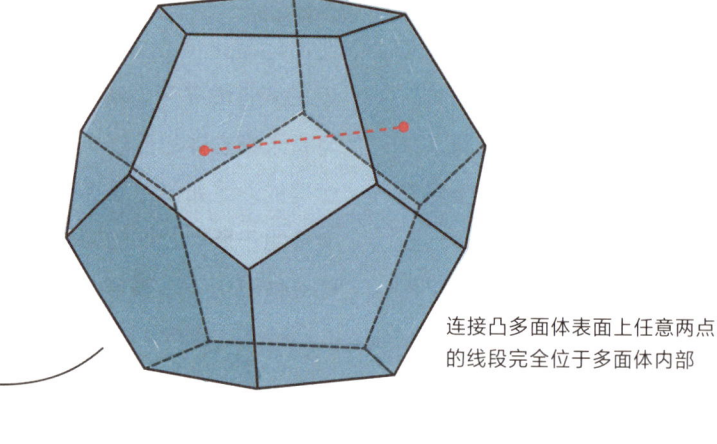

连接凸多面体表面上任意两点的线段完全位于多面体内部

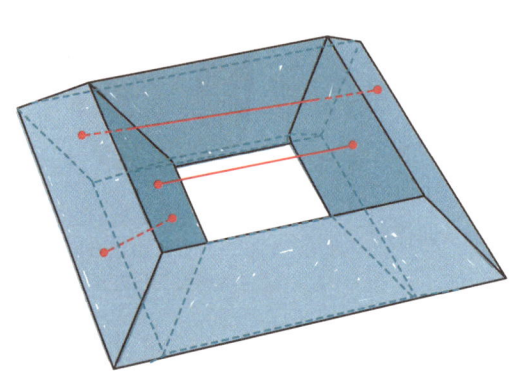

连接非凸多面体表面上任意两点的线段可能完全位于多面体内部，可能完全位于多面体外部，也可能部分位于多面体内部而部分位于其外部

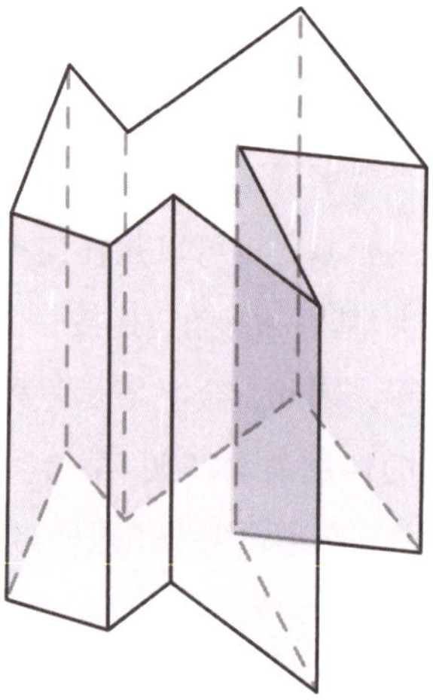

星形化就是延伸多面体的边或面直至形成一个新的多面体的过程。通过这种方法，可以构造出许多美丽而复杂的多面体。通过星形化形成的多面体通常是非凸多面体。

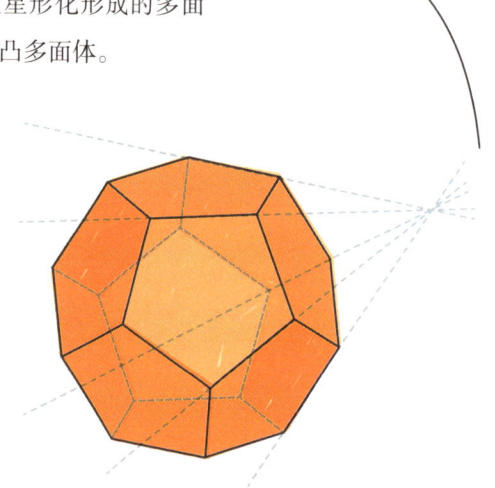

如果棱柱（或反棱柱）的基底多边形是非凸的，则生成的棱柱（或反棱柱）也是非凸的

通过延伸十二面体的边，可以在延伸边相交处创建新的顶点。对所有的边重复此过程，即可生成一个星形十二面体

66 图解几何

欧拉示性数

多面体的**欧拉示性数**来源于一个与顶点数（V）、棱数（E）和面数（F）相关的公式。

$$\text{欧拉示性数} = V - E + F$$

一切凸多面体的欧拉示性数均为 2。在形体上添加一个洞会使其欧拉示性数减少 2。欧拉示性数还与曲面的曲率（见第 153 页）相关。

	顶点	棱	面	欧拉示性数
	4	6	4	2
	20	30	12	2
	18	27	11	2
	16	32	16	0

第 4 章 三维形体

展开图

展开图是可以折叠成三维形体（立体形状）的二维图形。我们可以折叠展开图，然后用胶带或胶水沿边缘黏合，制成多面体的三维模型。

要绘制多面体的展开图，你需要在想象中沿着多面体的棱一条接一条地剪开，直到能够平铺图形。这个过程叫作**展开**。你必须仔细选择要剪开的棱：如果剪开一个面周围所有的棱，那个面就会从立体中"脱落"，不会成为展开图的一部分；但如果你没有在每个顶点周围至少剪开一条棱，该顶点周围的面就无法平铺。

不过，即使遵循这些规则，也不能保证展开图是有效的。在某些情况下，一些面会在多面体展开时重叠，这意味着无法将这种展开画面绘制成可用于构造多面体的展开图。

四面体有 4 个三角形面，因此其展开图由 4 个连接在一起的三角形组成。有几种方法可以做到这一点，但并非所有方法都能真正折叠成四面体。

这两幅展开图都可以折叠成一个四面体

这个展开图无法折叠成四面体

如果展开图折叠后这些边重合，两个面将重叠在一起

如果展开图折叠后这些边重合，那么其他边将无法连接

68　图解几何

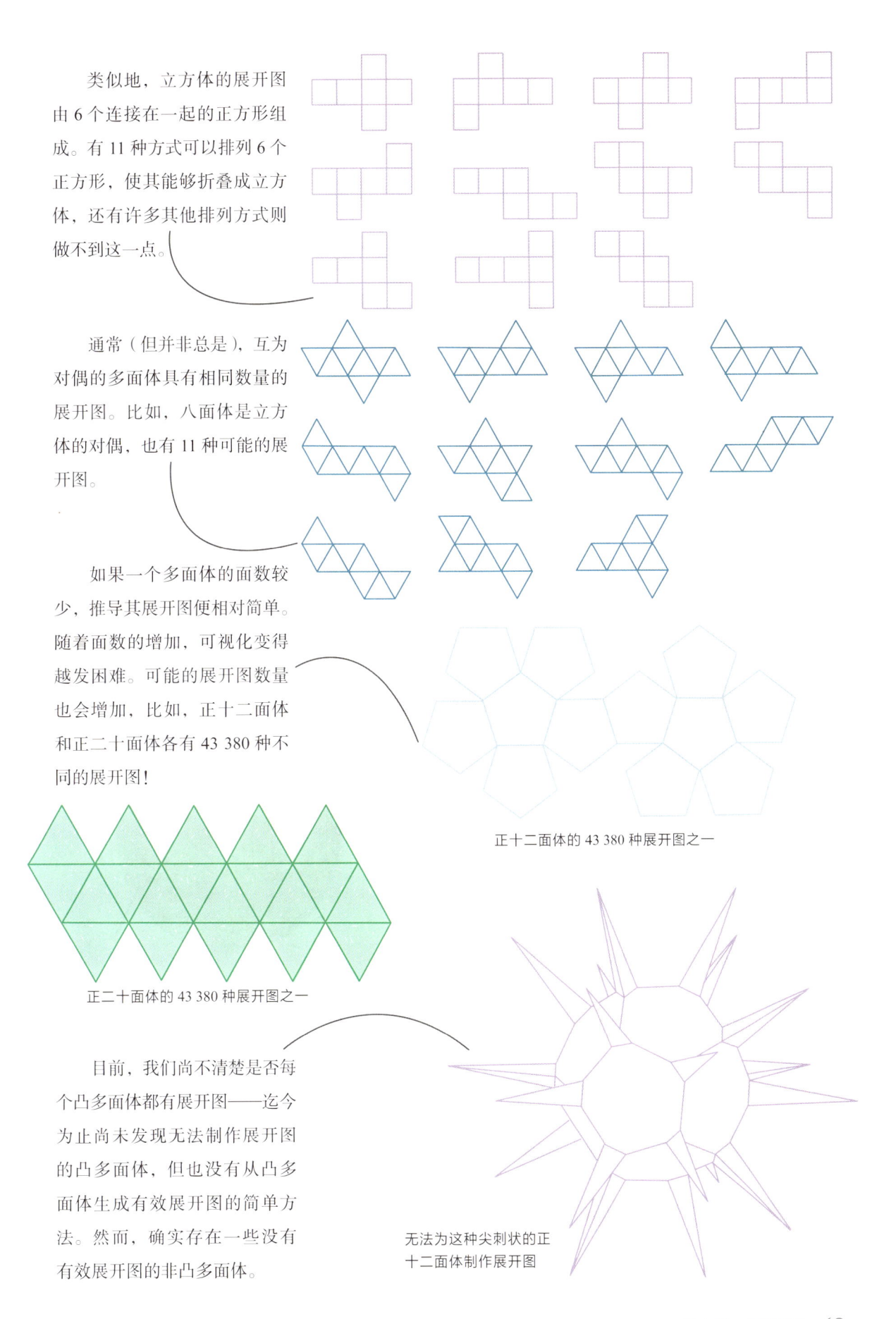

类似地，立方体的展开图由 6 个连接在一起的正方形组成。有 11 种方式可以排列 6 个正方形，使其能够折叠成立方体，还有许多其他排列方式则做不到这一点。

通常（但并非总是），互为对偶的多面体具有相同数量的展开图。比如，八面体是立方体的对偶，也有 11 种可能的展开图。

如果一个多面体的面数较少，推导其展开图便相对简单。随着面数的增加，可视化变得越发困难。可能的展开图数量也会增加，比如，正十二面体和正二十面体各有 43 380 种不同的展开图！

正十二面体的 43 380 种展开图之一

正二十面体的 43 380 种展开图之一

目前，我们尚不清楚是否每个凸多面体都有展开图——迄今为止尚未发现无法制作展开图的凸多面体，但也没有从凸多面体生成有效展开图的简单方法。然而，确实存在一些没有有效展开图的非凸多面体。

无法为这种尖刺状的正十二面体制作展开图

第 4 章　三维形体

球体

球体是圆的三维等价物，是由所有与球心距离相同的点构成的三维形体。我们熟悉的橙子、网球等物品的形状是球体，我们居住的星球也是球体。

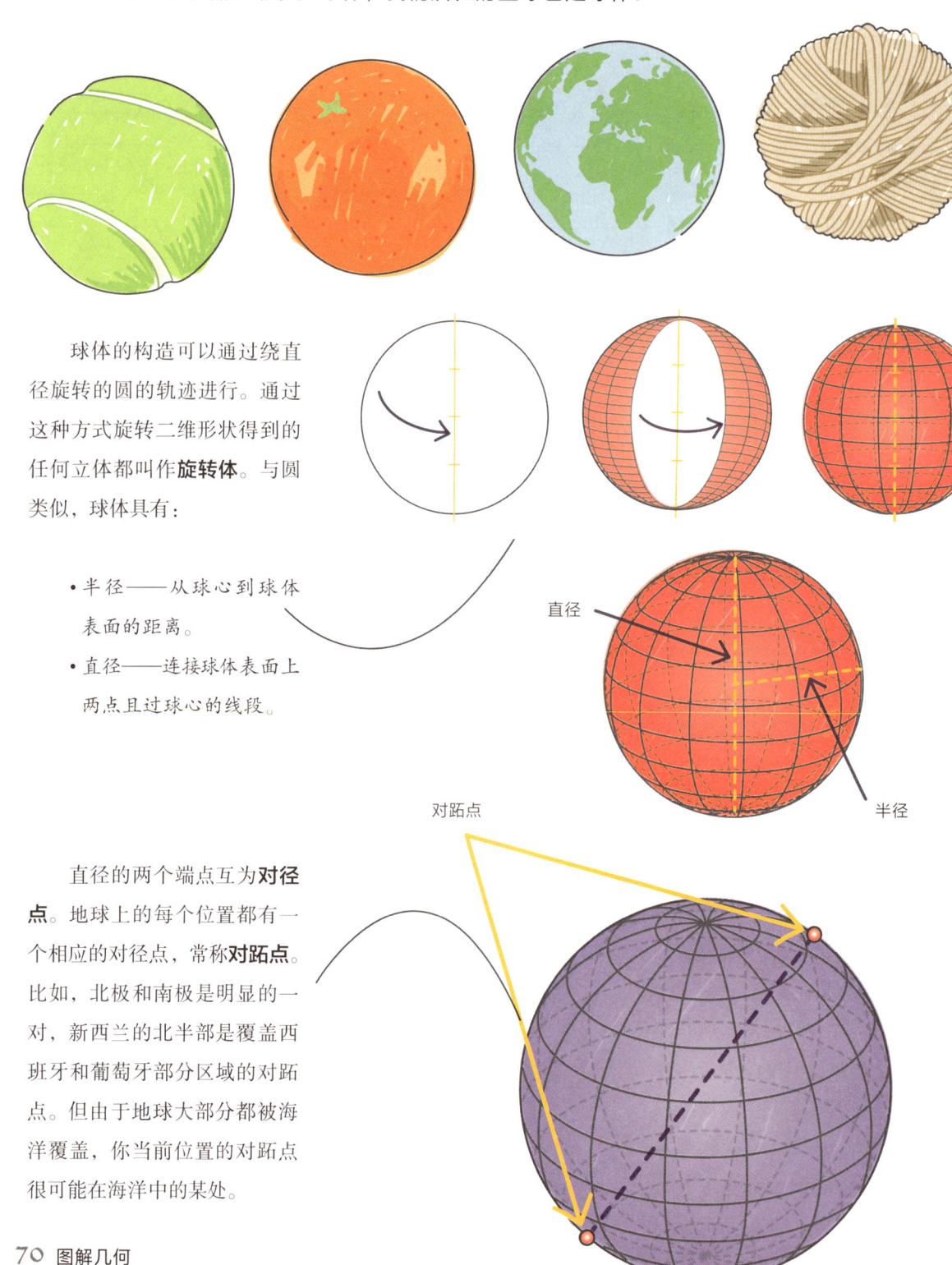

球体的构造可以通过绕直径旋转的圆的轨迹进行。通过这种方式旋转二维形状得到的任何立体都叫作**旋转体**。与圆类似，球体具有：

- 半径——从球心到球体表面的距离。
- 直径——连接球体表面上两点且过球心的线段。

直径

半径

直径的两个端点互为**对径点**。地球上的每个位置都有一个相应的对径点，常称**对跖点**。比如，北极和南极是明显的一对，新西兰的北半部是覆盖西班牙和葡萄牙部分区域的对跖点。但由于地球大部分都被海洋覆盖，你当前位置的对跖点很可能在海洋中的某处。

对跖点

绕球体一周并经过一对对跖点的圆叫作**大圆**。之所以叫作大圆，是因为它是球体上可以画出的最大的圆。在地球上，赤道是一个大圆，格林尼治子午线也是，此外还有无限多个其他大圆。一对对跖点有无穷多个经过它们的大圆。球体上任何一对非对跖点都恰好有一个大圆经过它们。

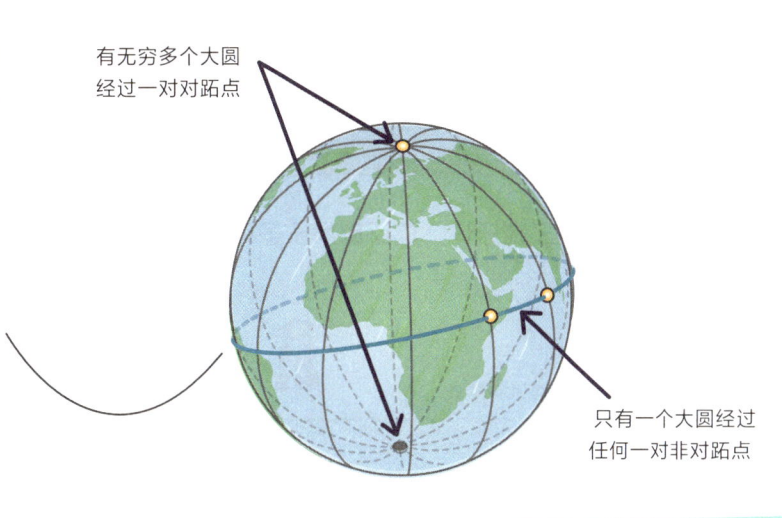

有无穷多个大圆经过一对对跖点

只有一个大圆经过任何一对非对跖点

如果沿着大圆切割球体，切口就会穿过球心，截面（见第 77 页）是一个半径等于球体半径的圆——这也是可能切出的最大截面。以这种方式切割球体会将其分为两个相等的部分，叫作**半球**。如果在球体的其他位置切割，你仍然会得到一个圆，但其大小取决于截面与球心之间的距离。离球心越远，得到的圆越小。

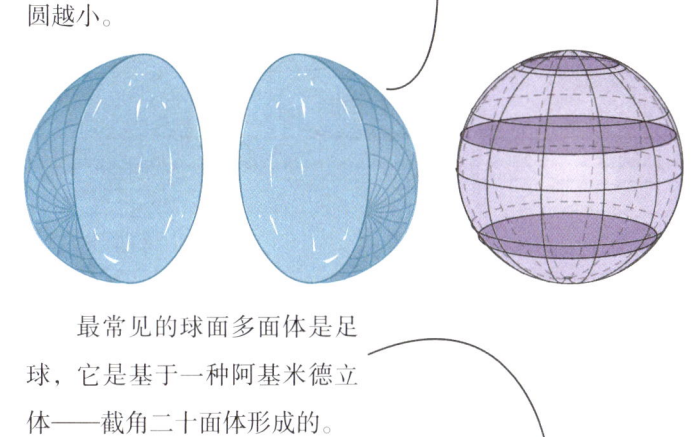

任何正多面体或半正多面体都有一个经过其所有顶点的球体。可以通过在多面体的每条棱连接的一对顶点之间绘制**大圆弧**（大圆的一部分）来构造**球面多面体**。

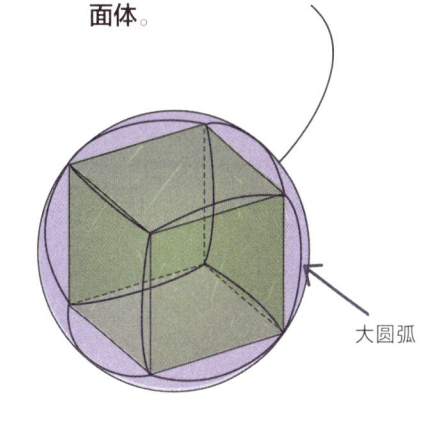

大圆弧

最常见的球面多面体是足球，它是基于一种阿基米德立体——截角二十面体形成的。

有一些球面多面体并不对应于多面体。比如，可以绘制多个经过同一对对跖点的大圆，以此将球体划分为不同区域——但由于只有两个顶点，无法将它们连接起来形成多面体。这类球面多面体叫作环形多面体，常见于沙滩球的设计。

第 4 章　三维形体　71

锥体和圆柱

圆锥和圆柱是三维形体，广泛应用于多种日常物品的设计，比如路锥、冰激凌蛋筒和罐头等。

锥体是一种具有平坦底部的三维形体。从底部开始，它逐渐平滑地收缩成一个点，叫作**顶点**。**直圆锥**可能是你最熟悉的类型，它有一个圆形底面，而且顶点直接位于底面中心的上方。然而，圆锥的顶点可能不在中心上方，锥体的底面也可能是椭圆或任何其他曲线形状。顶点不在中心上方的圆锥叫作**斜圆锥**。

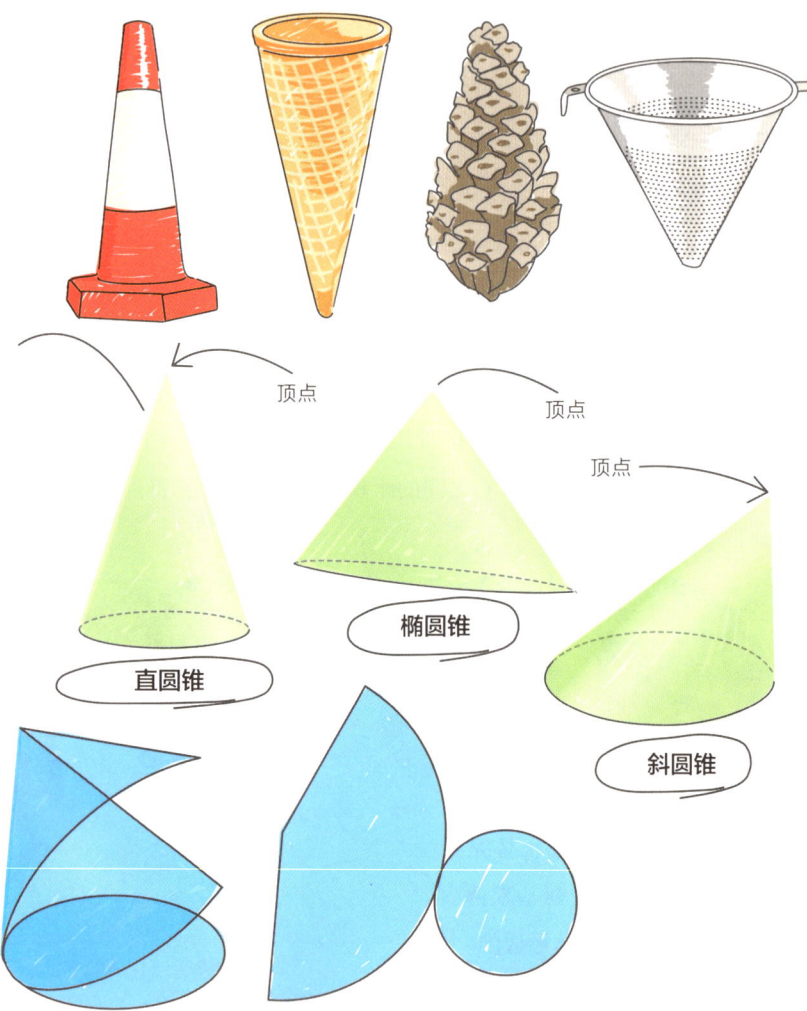

锥体有一个平面（底面）和一个曲面。直圆锥的曲面是圆的一部分，你可以通过绘制圆形底部和一个更大的圆的一部分来绘制圆锥的展开图，这两个圆周相切。

圆柱有两个平行的端面，并通过垂直于端面的曲面连接，因此它有两个平面和一个曲面。在直圆柱中，一个端面位于另一个端面的正上方；在斜圆柱中，两个端面相互错开。

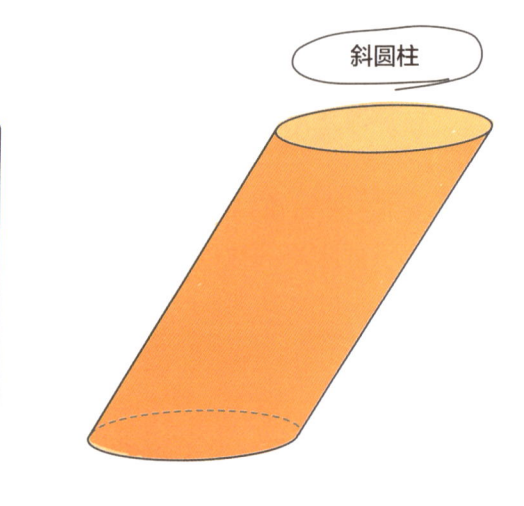

72 图解几何

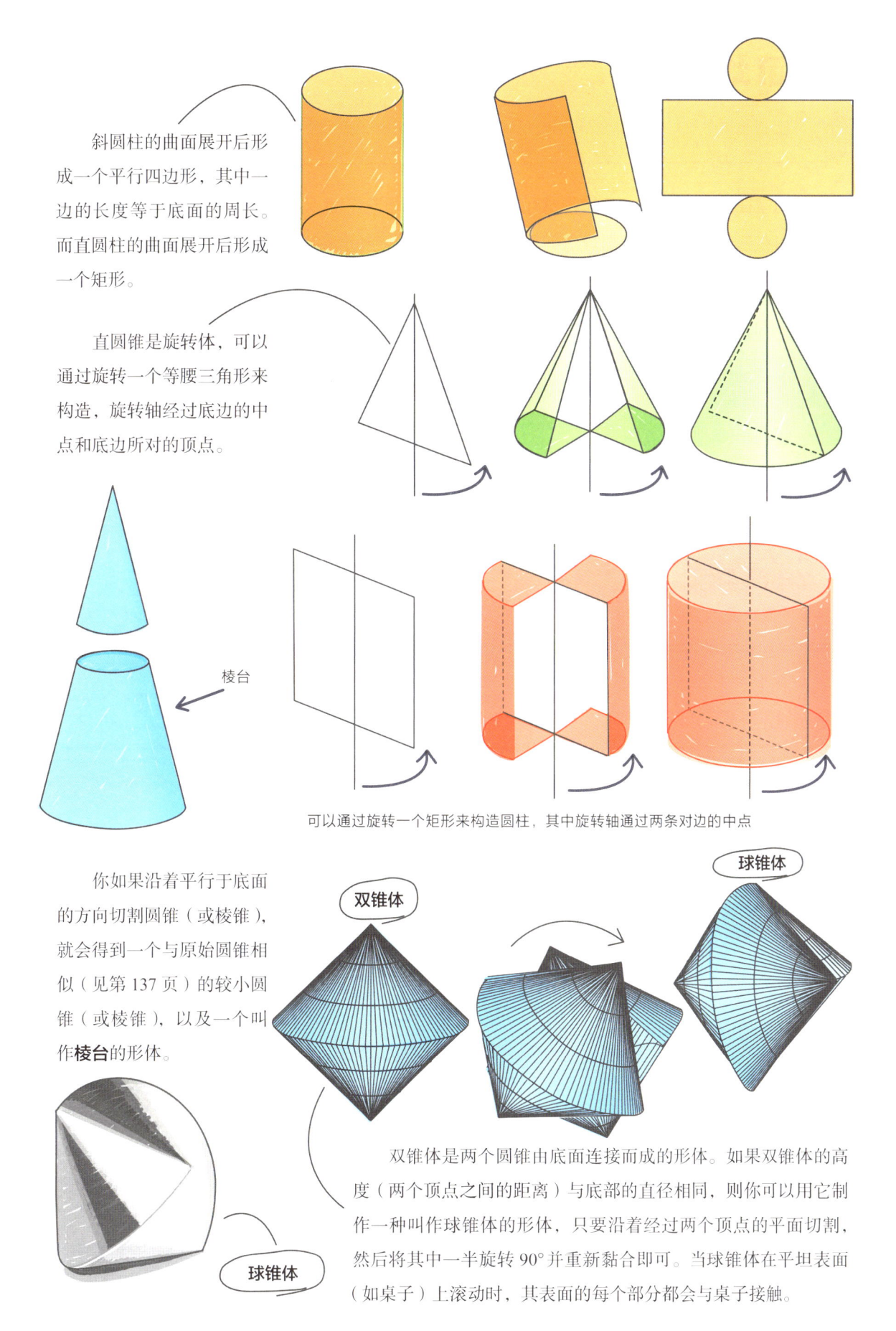

斜圆柱的曲面展开后形成一个平行四边形，其中一边的长度等于底面的周长。而直圆柱的曲面展开后形成一个矩形。

直圆锥是旋转体，可以通过旋转一个等腰三角形来构造，旋转轴经过底边的中点和底边所对的顶点。

棱台

可以通过旋转一个矩形来构造圆柱，其中旋转轴通过两条对边的中点

你如果沿着平行于底面的方向切割圆锥（或棱锥），就会得到一个与原始圆锥相似（见第 137 页）的较小圆锥（或棱锥），以及一个叫作**棱台**的形体。

双锥体

球锥体

球锥体

双锥体是两个圆锥由底面连接而成的形体。如果双锥体的高度（两个顶点之间的距离）与底部的直径相同，则你可以用它制作一种叫作球锥体的形体，只要沿着经过两个顶点的平面切割，然后将其中一半旋转 90° 并重新黏合即可。当球锥体在平坦表面（如桌子）上滚动时，其表面的每个部分都会与桌子接触。

第 4 章 三维形体 73

空间填充

我们曾在第 3 章看到，二维形状可以通过镶嵌来填充平面，并且彼此之间不留任何间隙。当在三维空间内考虑同样的问题时，我们称其为空间填充。

空间填充意味着用三维形体镶嵌，以填充三维空间（可能是无穷大的），并且彼此之间不留间隙。只有一种正多面体是可空间填充的，即立方体。而立方体是长方体和平行六面体的特例，这两种多面体也是可空间填充的。

立方体和长方体都是可空间填充的

任何底部可以镶嵌的棱柱都是可空间填充的，比如等边三角形棱柱和正六边形棱柱。还有两种半正多面体是可空间填充的，即截角八面体和双棱柱。

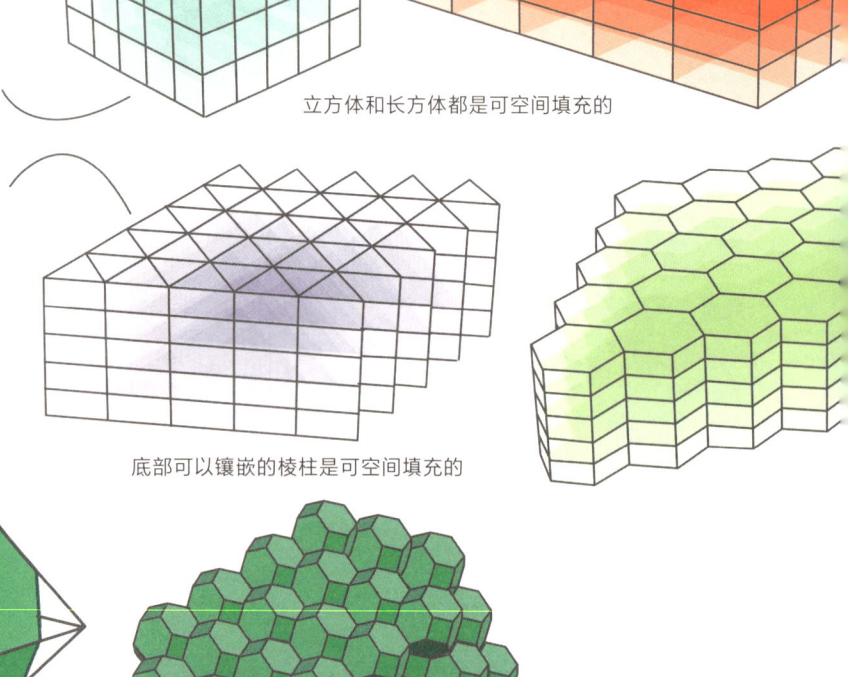

底部可以镶嵌的棱柱是可空间填充的

截角八面体是一种阿基米德立体（见第 64 页），可以通过从八面体的每个顶点切去一个棱锥来构造

双棱柱是一种约翰逊立体（见第 65 页），可以通过将两个底面为等边三角形、侧面为正方形的棱柱垂直连接来构造

74 图解几何

有许多不规则的可填充空间多面体。其中最令人惊讶的多面体之一，或许是被称为**埃舍尔立体**的形体，它通过对菱形十二面体进行星形化（见第 66 页）构造而成。这种看起来复杂的星形立体可以整齐地拼接在一起，每个顶点处有 6 个立体相接。

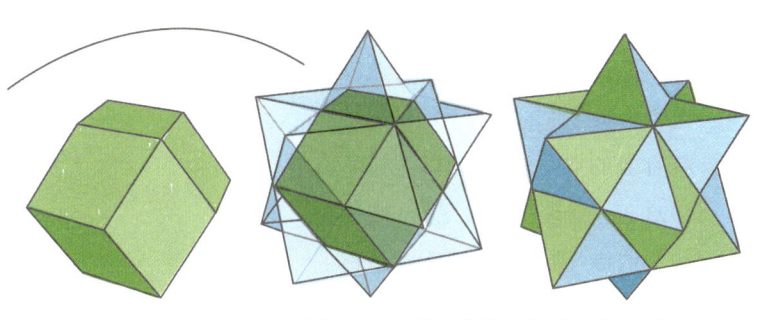

菱形十二面体有 12 个相同的菱形面，通过延伸其边直至相交便形成了埃舍尔立体

埃舍尔立体是一种流行的拼图：它可以被切割成 6 个相同的部分，当以正确的方式组合时，这些部分会相互锁定。但很少有人知道，如果拥有多个这样的拼图，就可以继续将它们组合在一起，形成更大的拼图。

与二维铺砌类似，你可以用两种或多种多面体的组合来填充空间。一个与此相关的有趣问题是：什么是以相同体积的物体填充空间的最有效方式？

这里的"最有效"，意味着填充空间的物体的总表面积（见第 98 页）尽可能地小。比如，如果这些形状是用纸制成的，这将是用尽可能少的纸制作多面体来填充给定空间的方式。而"体积"指每个多面体占据的空间大小（见第 96 页）。

这些概念可以应用于对肥皂泡形成过程的研究。最有效的单一形状是球体，因此，如果你吹一个单独的泡泡，它自然会形成一个球体（只要没有气流使其变形）。然而，如果你通过吸管向肥皂水中吹气来让水槽中填满泡泡，则这些泡泡会相互连接，并且中间没有空隙。球体不能空间填充，所以这些泡泡不可能是球体。

第 4 章　三维形体

在很长的时间里，人们认为基于截角八面体（经过修改以包含略微弯曲的边缘）的结构是最有效的空间填充立体。然而，1993年，物理学家丹尼斯·威尔和罗伯特·费伦发现了现在被称为"威尔-费伦结构"的结构。

这种结构由两种体积相等的形体组成：一种是不规则的十二面体，另一种是被称为截角六方偏方面体的形体，它有2个六边形面和12个五边形面。尽管尚未得到证明，但人们认为这种形体组合实现了可能的最小表面积。

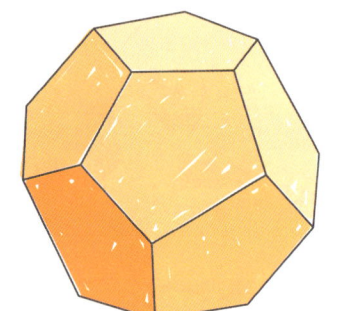

下次你将水槽填满泡泡时，看能否发现这些形体

尽管球体无法空间填充，但数学家对**球体填充**很感兴趣，也就是球体在空间内的排列方式（类似于二维平面的圆填充，见第56页）。最有效的球体填充以最有效的圆填充为基础。

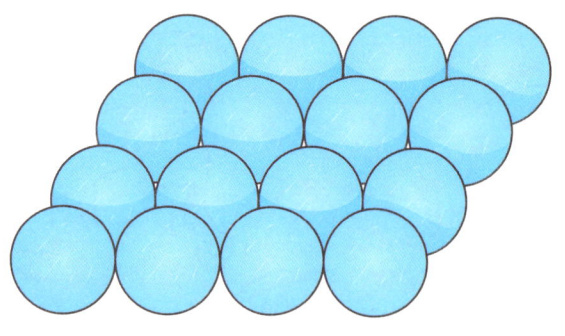

第一层：
按照第56页的最有效圆填充方式排列第一层球体，使其中心形成六边形网格。

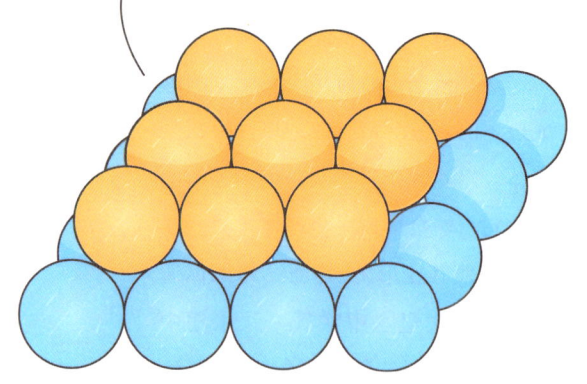

第二层：
在第一层三个球体相接的间隙处放置一个球体，这将形成与第一层相似但错开的第二层。重复这一过程，继续填充球体。

76　图解几何

截面

当切割一个三维形体时,你会得到两个形体,其中每个形体都有一个源自切面的新面。这个面就是形体的截面。截面形状取决于你切割的位置和角度,有些切割可能会产生令人惊讶的结果。

我们曾在第 71 页看到,球体的任何截面都是圆,其大小取决于截面与球心之间的距离。球体是唯一一种无论怎样切割都会得到同种形状截面的形体。

你如果沿着平行于立方体表面的一个面横切,就会得到一个正方形;但沿着其他方位的面切割,你会得到三角形或六边形的截面,包括以 45° 夹角穿过顶面并过顶面两条邻边中点连线切割而得到的正六边形

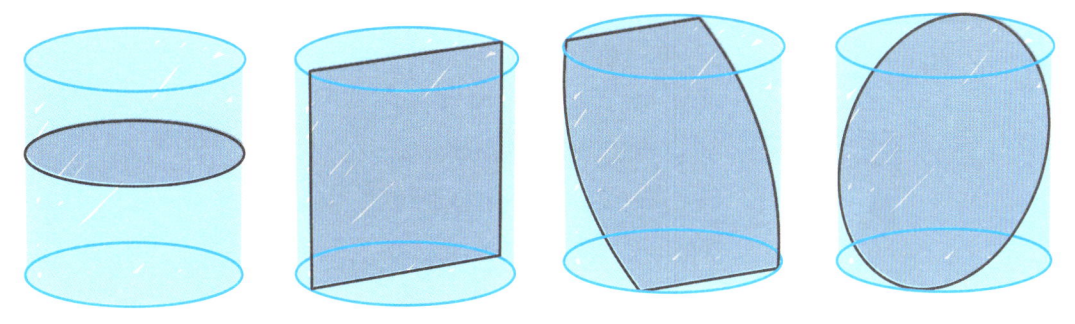

如果平行于底面切割棱柱和圆柱体,那么它们的截面形状是恒定的(永远不变);如果垂直于底面切割,则会得到矩形截面;以其他角度切割会得到不同形状的截面

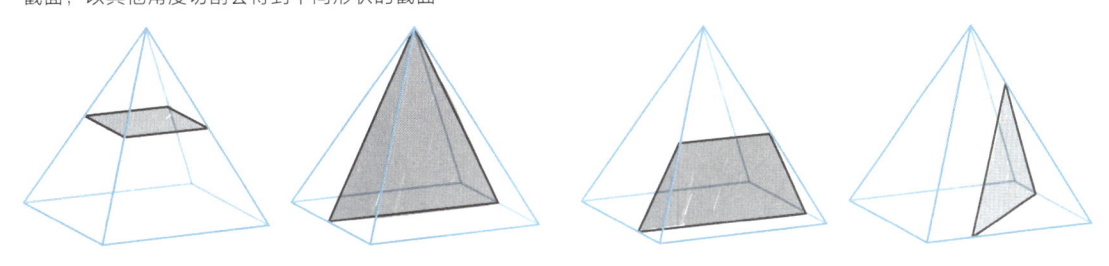

平行于底面切割一个金字塔形体,截面的形状永远与底面相似,而沿着其他方位切割的截面则会有不同的形状

第 4 章 三维形体

圆锥截面

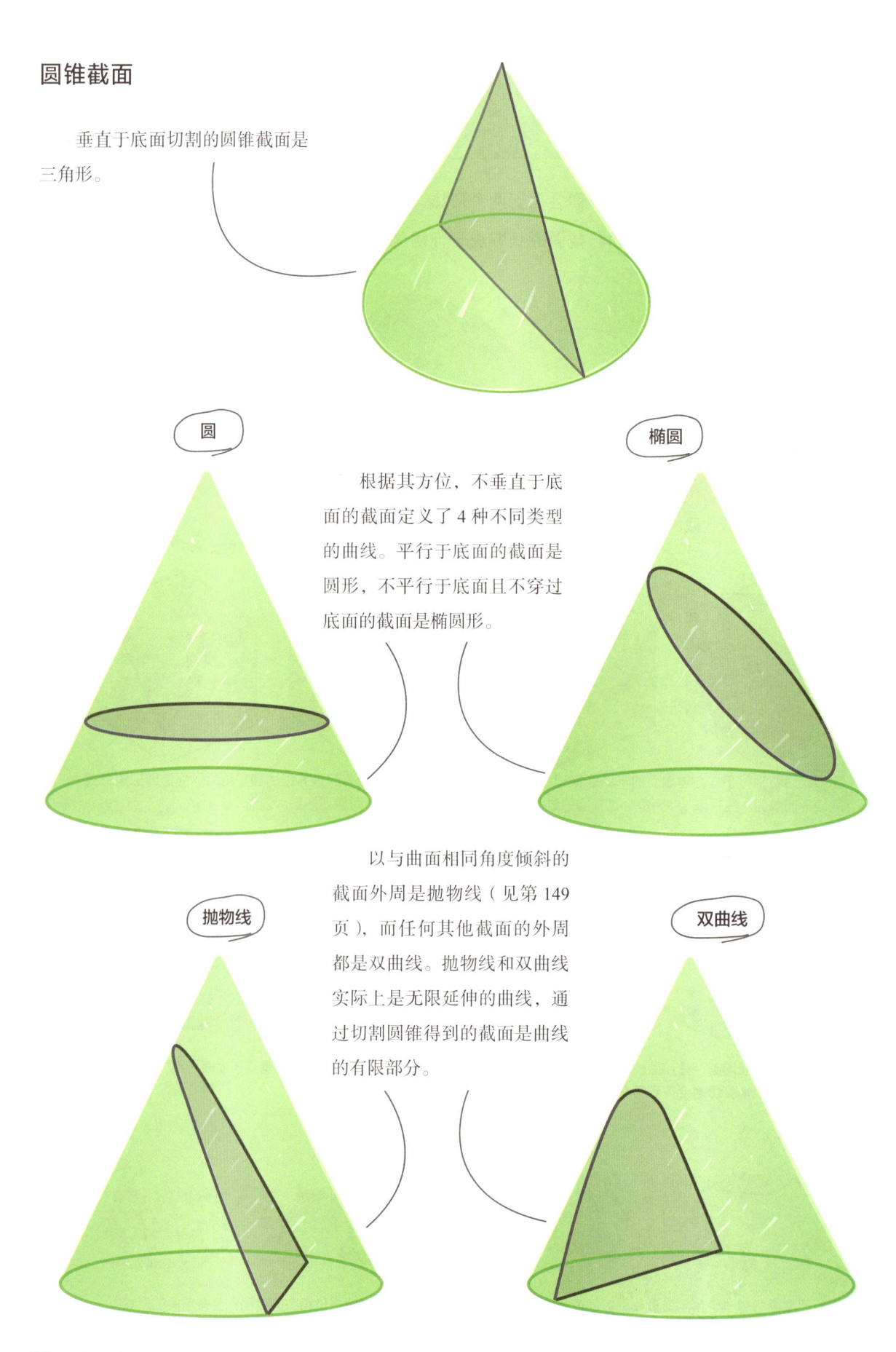

垂直于底面切割的圆锥截面是三角形。

圆

椭圆

根据其方位，不垂直于底面的截面定义了 4 种不同类型的曲线。平行于底面的截面是圆形，不平行于底面且不穿过底面的截面是椭圆形。

以与曲面相同角度倾斜的截面外周是抛物线（见第 149 页），而任何其他截面的外周都是双曲线。抛物线和双曲线实际上是无限延伸的曲线，通过切割圆锥得到的截面是曲线的有限部分。

抛物线

双曲线

投影和阴影

小时候，你可能用手电筒和双手在墙上玩出了影子的图案。墙上的影子是两只手的投影，即三维物体的二维视图。

投影是将三维物体映射于平面（一个平坦的表面）的一种方式。你可以将投影想象为物体在特定方向的光源照射下，在平面上投射的影子。投影会随着物体和光源相对于平面的角度变化而变化。

正投影是由垂直于平面的光源产生的。接下来的几页显示的这些投影都是正投影。

一个底面平行于投影平面的方形金字塔，其投影形状与底面相同。在其他角度下，它可以产生三角形、四边形和五边形的投影。

立方体可以产生正方形、其他矩形和六边形的投影。

你可以通过观察物体在特定方向上的截面来确定投影的形状。这里显示的正四面体的三个平行截面产生的投影，就像将三个矩形堆在一起形成的一个平面形状。

如果投影考虑所有可能的截面，则间隙将被填充，形成一个正方形的投影。

第 4 章 三维形体

正投影通常用于正射投影绘图，其中并排显示物体的主视图（从前向后的投影）、左视图和俯视图。这些视图为制造商提供了有用的示意图，但三个投影不一定能够提供确定立体形状的足够信息。比如，以特定角度放置的正四面体将从正面、侧面和上方产生正方形的投影，这与立方体的情况相同。

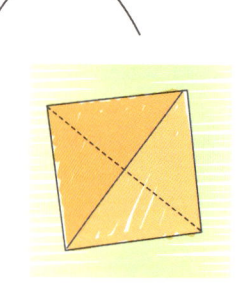

从一条棱的正上方观察，正四面体的投影是正方形

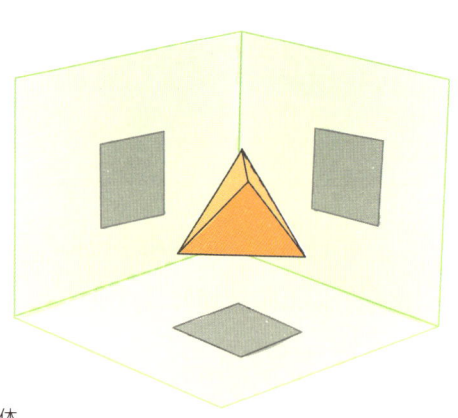

斯坦梅茨立体是由两个底面半径相等的圆柱以直角相交，并去除重叠部分（交集）以外的所有部分所形成的形体。这一形体从正面和侧面看具有圆形投影，从顶部看则具有正方形投影。

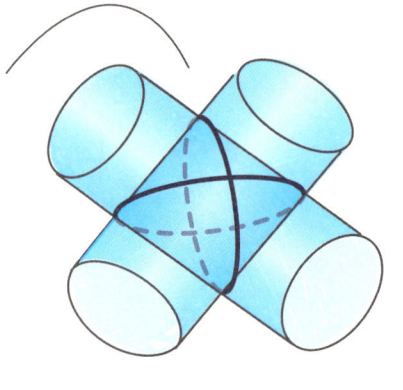

你如果将三个底面半径相等的圆柱以直角相交，就会得到这样一个形体：从它的正面、侧面和顶部看的投影都是圆——与球体完全相同。

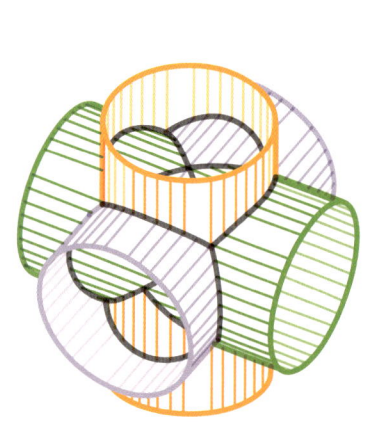

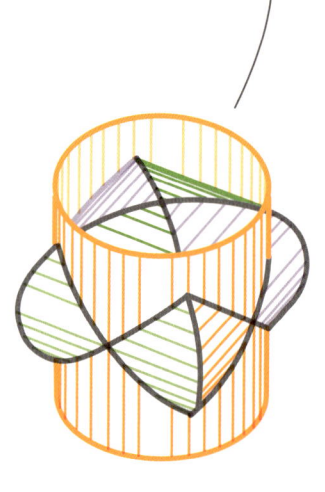

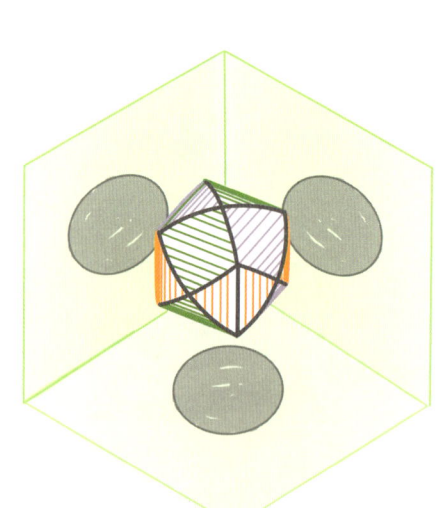

80 图解几何

你可以利用类似的想法来构造各种形体，它们能够生成极为不同的正交投影。比如，你可以让一个形体从侧面投射出正方形、从正面投射出三角形、从顶部投射出圆形。这将为经典的婴儿形状分类玩具带来全新的变化！

正投影可用于揭示三维形体一些令人惊讶的特性。比如，如果你有两个大小相同的立方体，你可以在其中一个立方体上挖一个洞，足以让另一个立方体穿过。

为了理解这为什么能实现，我们可以思考一下其投影。立方体的最小投影是一个等同于其中一面的正方形，完全可以轻松地放到它的最大投影（一个六边形）之内。这意味着，你如果从最大投影的角度俯视立方体，就可以挖出一个等同于立方体一面的洞，从而让整个立方体能穿过这个洞，甚至留有余地。也就是说，这个洞可以做得足以让一个大小为原始立方体 1.06 倍的立方体通过。

同样的技巧也适用于其他柏拉图立体（见第 63 页）及许多其他凸多面体，尽管在某些情况下，一个投影让形体通过时留下的空间余量极小，比如正四面体就是如此。没有人知道这一技巧能否适用于一切凸多面体，但目前还没有发现任何不适用的情况！

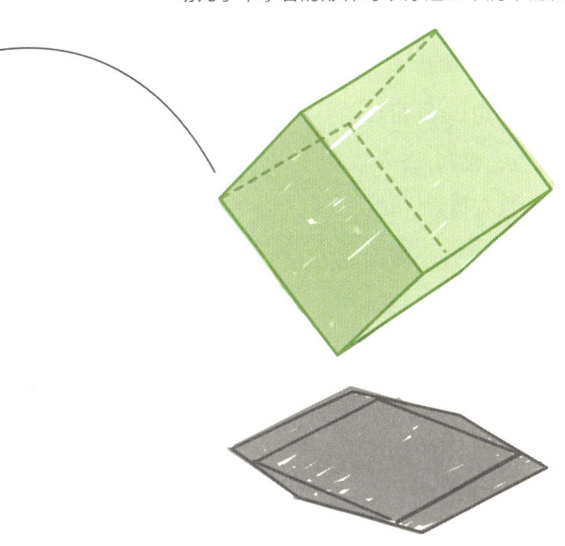

幼儿手中拿着的形体可以穿过三个洞中的任何一个

从这个角度看，立方体的一面完全可以放在其影子内

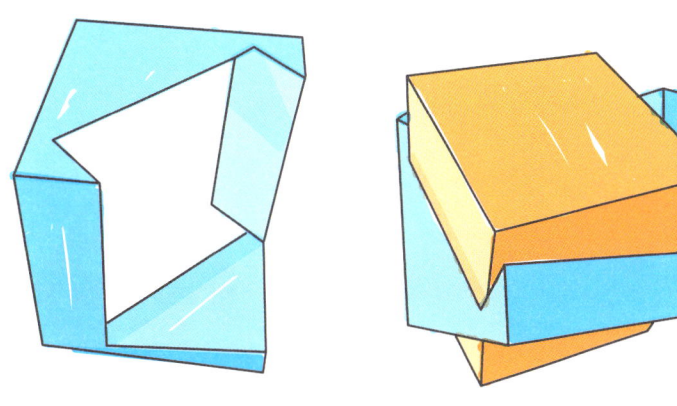

以正确的角度在立方体上切一个方形洞，可以形成一个足够大的空隙，足以让另一个同样大小的立方体通过，甚至还有余量

第 4 章 三维形体 81

超越三维

在我们的物理世界中有三个维度，可以将其视为三个方向——上/下、左/右和前/后。我们很难想象更多的维度，因为需要有一个与所有其他三个方向成直角的方向，而它在我们的物理世界中是不存在的。不过，这并不妨碍数学家思考存在于四维或更高维度空间的形体。

多胞体

在四维空间中，等价于多面体的是**多胞体**。多边形（二维）具有顶点和边；多面体（三维）具有顶点、棱和面；而多胞体（四维）具有顶点、棱、面和**胞**，每个胞都是一个多面体。进入更高维度的空间后，这种结构在 n 维中的通用名称是 n- **多胞体**。

超四面体是四面体的四维版本，由 5 个四面体组成。为了理解它，我们可以从观察一个四面体如何由等边三角形构成开始。

在等边三角形中，每个顶点与其他两个顶点之间的距离相等（我们称这个距离为 d）。

为了构建一个四面体，我们添加第 4 个顶点，它与所有三个现有顶点之间的距离相等，都是 d。在二维中无法做到这一点，我们必须上升到第三个维度才能实现。（我们可以通过在二维中绘制顶点之间的连接来表示它，但图像中的棱长并不全都相等。）

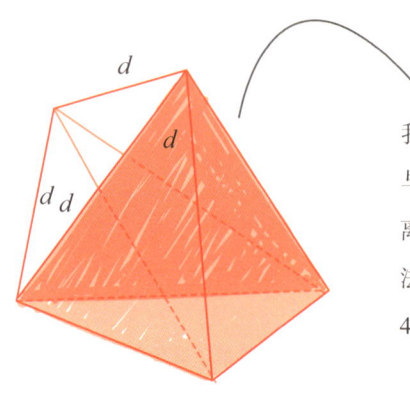

为了构造一个超四面体，我们需要添加第 5 个顶点，它与四面体中所有 4 个顶点的距离都是 d。但我们在三维中无法做到这一点，必须上升到第 4 个维度。

82　图解几何

每 5 个顶点中的 4 个顶点的不同组合，都会形成一个不同的四面体。有 5 种方法可以做到这一点。四维的超四面体由 5 个四面体组成，因此它也叫作五胞体。

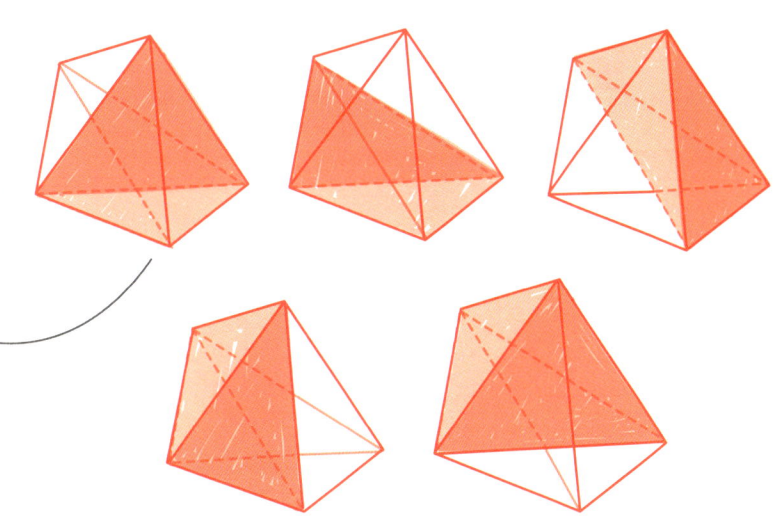

这个过程可以继续进行下去：为了得到一个五维四面体，我们添加第 6 个顶点，它与超四面体中所有 5 个顶点的距离都是 d，以此类推。

在四维世界中有 6 个正多胞体，每个对应于一个柏拉图立体（见第 63 页，共 5 种），还有一个"额外"的多胞体叫作多八面体。在一切更高的维度中，只有三个正多胞体。

超球体

超球体是球体的四维版本。我们已经看到，圆是由二维平面上与圆心距离相等的所有点组成的，而球体是由三维空间中与球心距离相等的所有点组成的。超球体是将这个想法扩展到四维的结果，我们可以继续扩展到 n 维，得到一个 **n- 球体**。

正如我们可以通过考虑其投影和截面在二维空间中表示三维物体一样，我们也可以在三维空间内表示四维物体。球体由圆形截面构成，逐渐变大，然后逐渐变小。因此，超球体必然由球状截面构成，这些截面也会逐渐变大，然后逐渐变小。

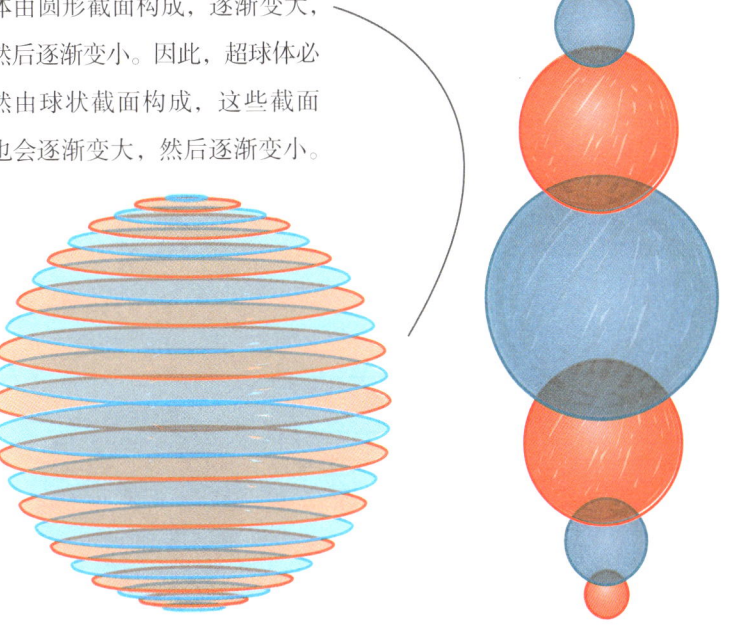

第 4 章　三维形体　83

回顾

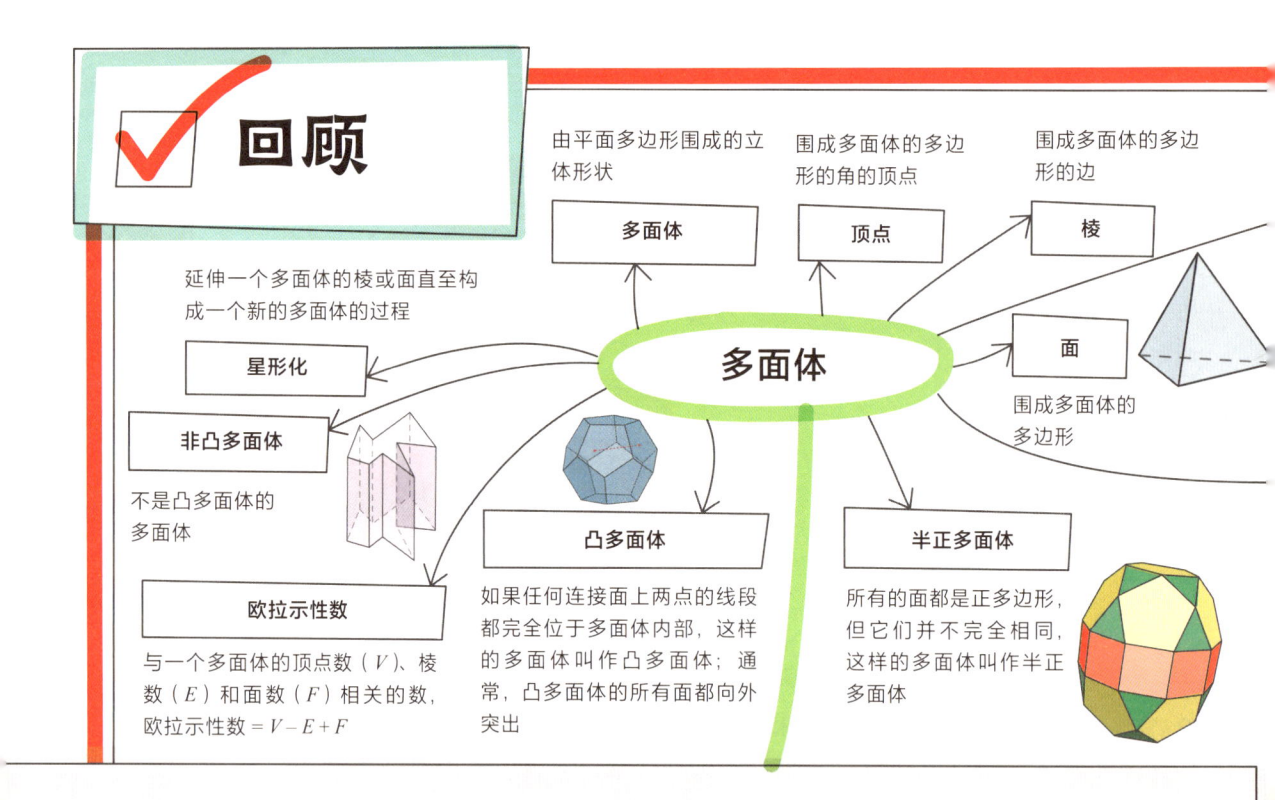

三维形体

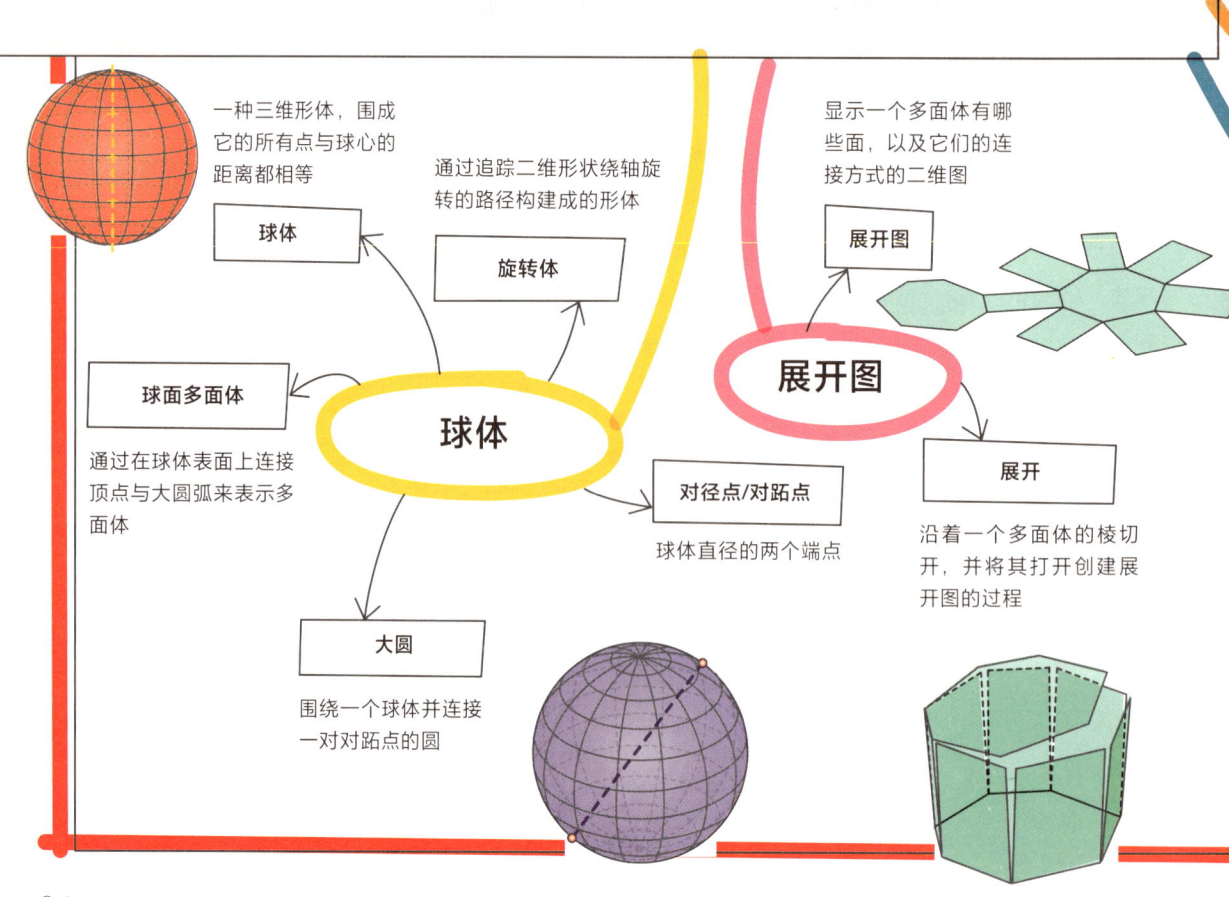

多面体

多面体：由平面多边形围成的立体形状

顶点：围成多面体的多边形的角的顶点

棱：围成多面体的多边形的边

面：围成多面体的多边形

星形化：延伸一个多面体的棱或面直至构成一个新的多面体的过程

非凸多面体：不是凸多面体的多面体

欧拉示性数：与一个多面体的顶点数（V）、棱数（E）和面数（F）相关的数，欧拉示性数 $= V - E + F$

凸多面体：如果任何连接面上两点的线段都完全位于多面体内部，这样的多面体叫作凸多面体；通常，凸多面体的所有面都向外突出

半正多面体：所有的面都是正多边形，但它们并不完全相同，这样的多面体叫作半正多面体

球体

球体：一种三维形体，围成它的所有点与球心的距离都相等

旋转体：通过追踪二维形状绕轴旋转的路径构建成的形体

球面多面体：通过在球体表面上连接顶点与大圆弧来表示多面体

对径点/对跖点：球体直径的两个端点

大圆：围绕一个球体并连接一对对跖点的圆

展开图

展开图：显示一个多面体有哪些面，以及它们的连接方式的二维图

展开：沿着一个多面体的棱切开，并将其打开创建展开图的过程

84　图解几何

正多面体

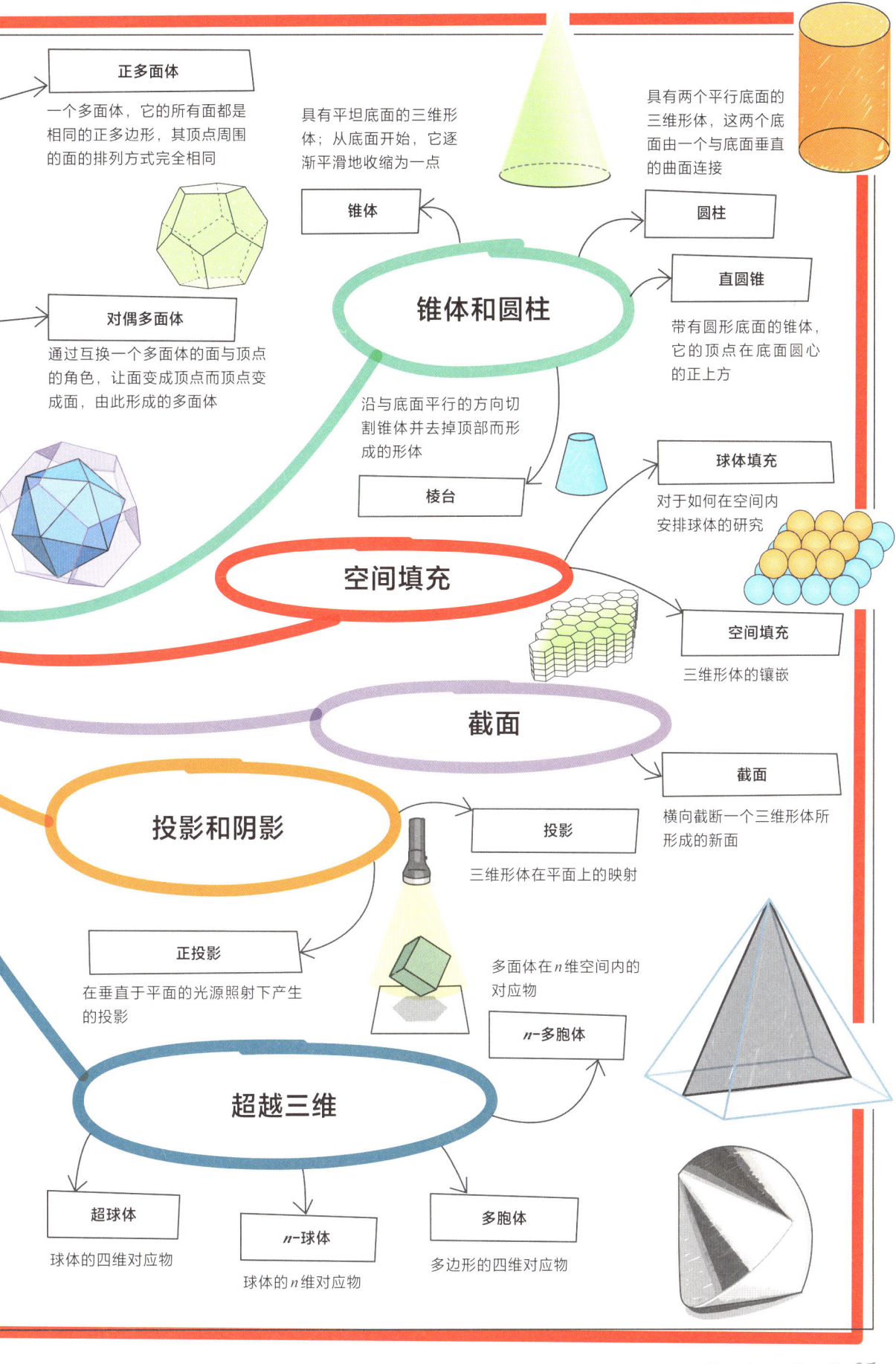

一个多面体，它的所有面都是相同的正多边形，其顶点周围的面的排列方式完全相同

对偶多面体

通过互换一个多面体的面与顶点的角色，让面变成顶点而顶点变成面，由此形成的多面体

锥体和圆柱

锥体：具有平坦底面的三维形体；从底面开始，它逐渐平滑地收缩为一点

圆柱：具有两个平行底面的三维形体，这两个底面由一个与底面垂直的曲面连接

直圆锥：带有圆形底面的锥体，它的顶点在底面圆心的正上方

棱台：沿与底面平行的方向切割锥体并去掉顶部而形成的形体

空间填充

球体填充：对于如何在空间内安排球体的研究

空间填充：三维形体的镶嵌

截面

截面：横向截断一个三维形体所形成的新面

投影和阴影

投影：三维形体在平面上的映射

正投影：在垂直于平面的光源照射下产生的投影

超越三维

n-多胞体：多面体在 n 维空间内的对应物

超球体：球体的四维对应物

n-球体：球体的 n 维对应物

多胞体：多边形的四维对应物

第 4 章 三维形体 85

第 5 章

测量

测量可以告诉我们某个对象相关属性的数值，这些属性包括它的大小及它占据的空间。测量对于我们理解世界至关重要：从服装到航天器的制造，都需要精确的测量来确定所需材料的多少。

形体的长度、面积、体积和角度都是相关联的，对于许多形体，公式能够告诉我们如何用其他值计算某个值。在数学研究的世界中，有许多与面积、体积相关的有趣问题。

长度

长度是对线段有多长的测量，它可以告诉我们两个端点之间的距离有多远。通过测量长度，我们能够得知多边形和多面体的边和棱有多长。测量了长度之后，我们就可以计算其他属性，比如面积和体积。

单位是测量的标准化度量，其他相同类型的测量可以与它做对比。对于纯粹的几何构造，我们通常不指定任何长度单位，并且默认所有标出的长度都有着相同的单位。因此，一个边长为3、4、5的三角形可能非常小，或者非常大，或者介于二者之间。

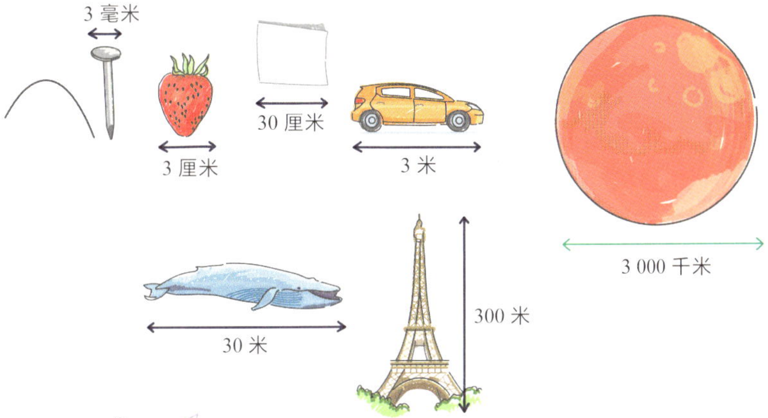

在现实世界的构建中，掌握标准化的测量单位非常重要，它们可以确保建筑物和产品的构造按正确的尺寸完成。长度的标准单位是米（m），1 米可以换算为 100 厘米（cm）或 1 000 毫米（mm）。千米（km）用于测量更大的长度，1 千米等于 1 000 米。

3 毫米

3 厘米

30 厘米

3 米

30 米

300 米

3 000 千米

周长 = $2\pi r$

将圆周展开成一条线段，它可能比你想象的要长！

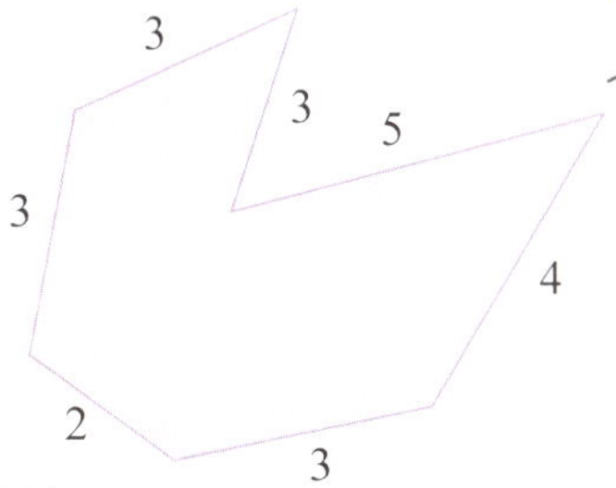

周长 = 3 + 3 + 3 + 5 + 4 + 3 + 2 = 23

对于不规则多边形，将它的各边长度相加即可得到它的周长

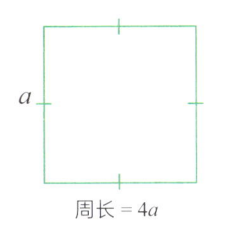

某个形状的**周长**是其所有边的长度总和。周长相当于你沿着形状走一圈所经过的距离。对圆来说，周长等同于把圆周展开为一条线段时的长度。

周长 = $4a$

周长 = $6b$

周长 = $10c$

对于正多边形，我们可以用边长乘边数来计算周长

第 5 章 测量

面积

面积是对二维形状所占据空间大小的测量。

我们在第 2 章中看到，要计算正方形的面积，需要将边长与自身相乘（或者说边长的平方）。我们通过调整三角形面积的公式得出了这一点，但还有另一种思考方式，即将每条边划分为单位长度（不管你选择使用哪个单位），并绘制连接这些划分点的网格。这将大正方形划分成许多较小的正方形，每个小正方形的边长为 1 个单位。

如果大正方形的边长为 a 个单位，就会有 a^2 个小正方形，这与我们之前看到的正方形面积公式相同。因此，面积是以**平方单位**来测量的。

我们已经在第 2 章中学习了如何利用公式计算圆和一些多边形的面积。如果我们不知道某个特定形状的面积公式，可以利用方格法估算其面积。

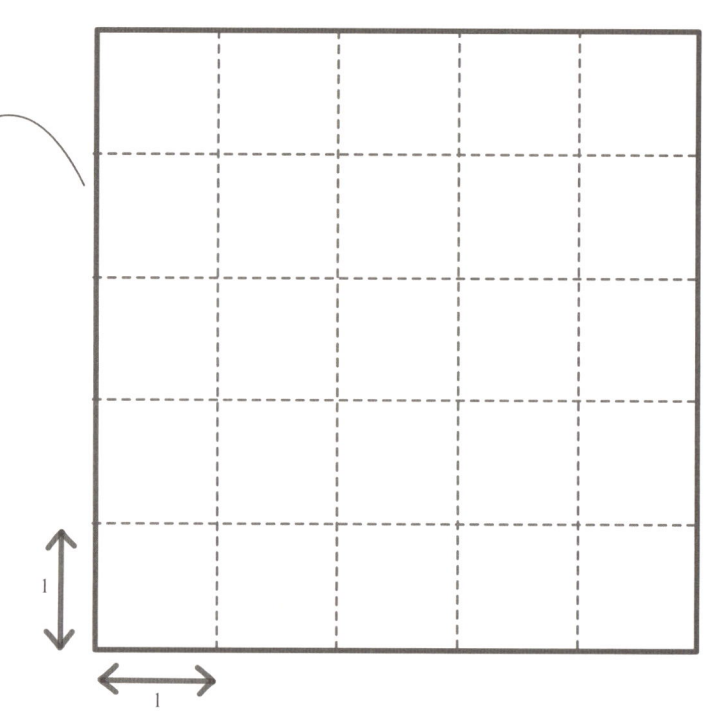

图中是一个 5 行 5 列的正方形网格，每个正方形的面积为 1 个平方单位，因此总面积为 5 × 5 = 25 个平方单位。

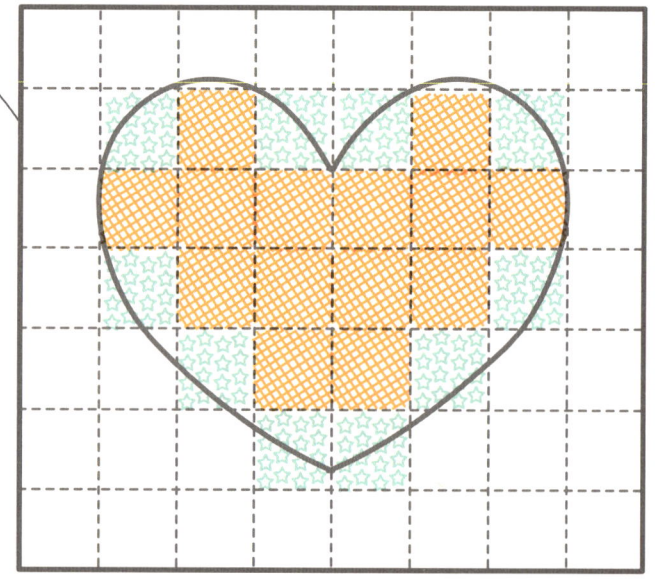

图中有 14 个正方形完全或大部分位于心形内部，我们用交叉线阴影标示。有 10 个正方形大约有一半位于心形内部，我们用星号阴影标示。由此，其总面积约为 $14 + \frac{10}{2} = 19$ 个平方单位。

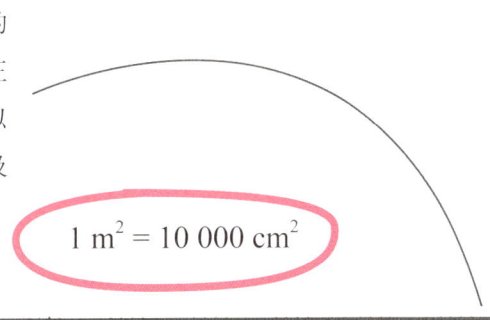

如果我们的长度单位是米，面积单位就是平方米，写作 m²。1 平方米是边长为 1 米的正方形的面积。将边长为 1 米的正方形划分成边长为 1 厘米的小正方形，将得到 100 行 100 列的小正方形网格，因此 1 m² = 10 000 cm²。以此类推可得 1 m² = 1 000 000 mm²，以及 1 km² = 1 000 000 m²。

1 m² = 10 000 cm²

注意：非实际尺寸

100 厘米 / 1 米

1 米

100 厘米

"平方化" 多边形

对于任何多边形，你可以用直尺和圆规作一个与它面积相等的正方形。

步骤 1：从一个边长分别为 x 和 y 的矩形开始，以一个顶点为中心画一个圆，其半径为矩形短边的长度。延长长边，使之与圆周相交。这将生成一条长度为 $x + y$ 的线段（图中以绿色粗线标示）。

步骤 2：找到新线段的中点（通过作垂直平分线，详见第 44 页），并将其作为新圆的中心，以 $\frac{x+y}{2}$ 为半径作新圆。

步骤 3：延长矩形的短边与新圆相交。这将生成一条新的线段，图中以绿色粗线标示。这条新线段的两个端点与步骤 2 中得到的中点一起，构成一个直角三角形的三个顶点。我们可以利用这一事实计算线段的长度：

- 斜边的长度为 $\frac{x+y}{2}$（因为它是步骤 2 中所作圆的半径）。
- 最短边的长度为 $\frac{x+y}{2} - y$。
- 利用勾股定理并整理公式，可以得出新线段的长度为 $\sqrt{xy}$。

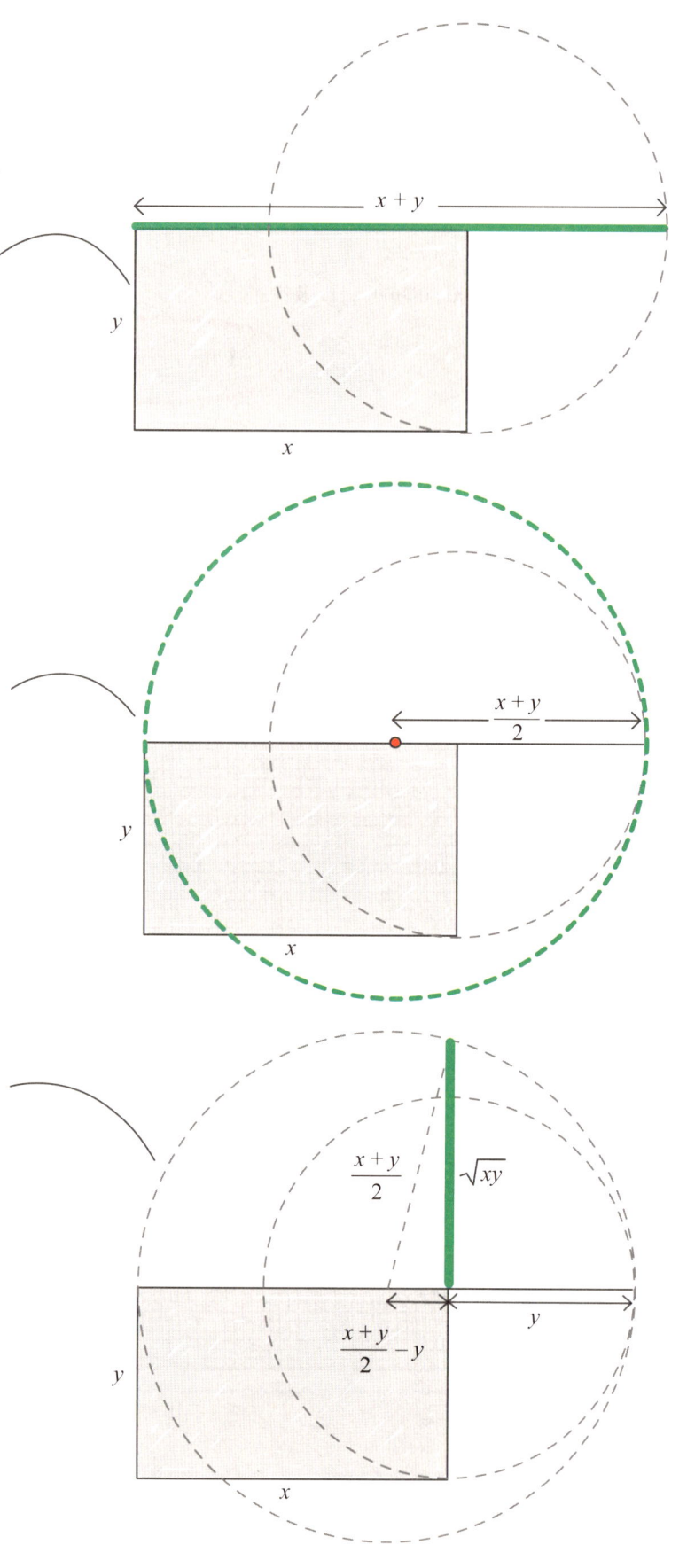

步骤 4：以步骤 3 中生成的线段为一边作一个正方形。正方形的面积为 $(\sqrt{xy})^2 = xy$，等于原矩形的面积。

类似的过程可用于构建与任意多边形面积相等的正方形。在许多个世纪里，数学家一直想知道是否可以对圆进行同样的操作，这就是"化圆为方"这一说法的来源。直到 1882 年，才有人最终证明，无法用尺规作图法构造一个面积和给定圆相同的正方形。

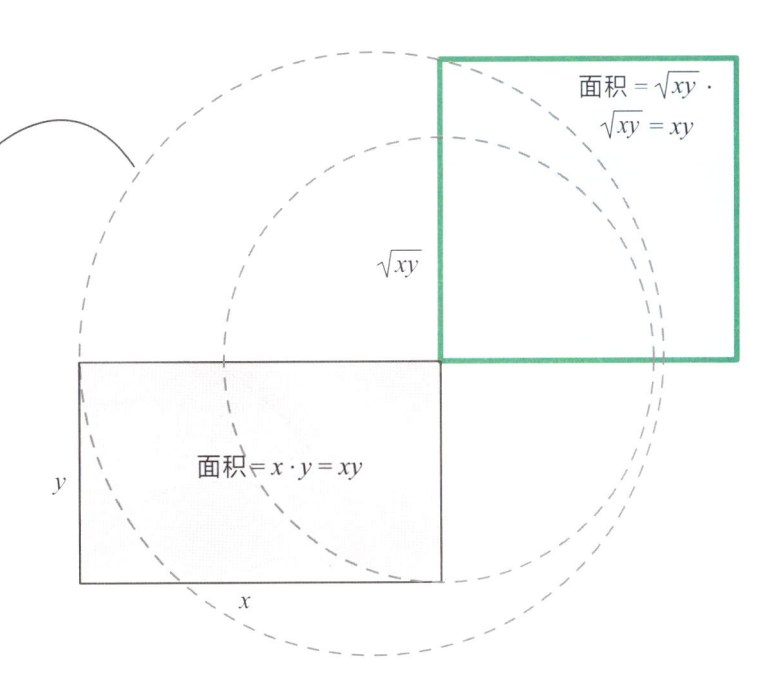

面积 = $\sqrt{xy} \cdot \sqrt{xy} = xy$

$\sqrt{xy}$

面积 = $x \cdot y = xy$

等面积分割

想将一个形状分割成面积相等的较小形状，你可以找到一些显而易见的方法，但也有一些不太明显的方法。比如，任何经过正方形中心的直线都会将其分割成面积相等的两部分。

这里的每个正方形都被分割成两个面积相等的形状

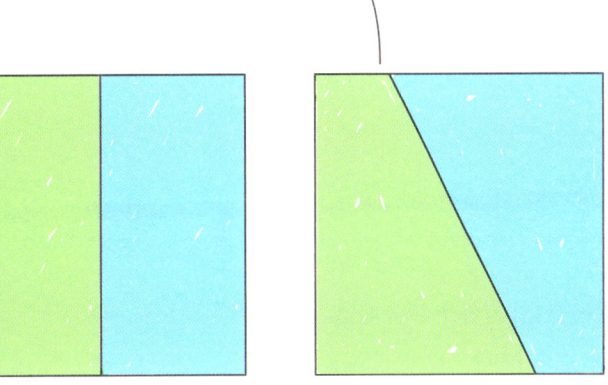

你也可以将整个正方形分割成小正方形网格，并沿着小正方形的边缘选择一条路径，使其两侧的小正方形数量相等。你甚至可以用曲线将正方形等分成两部分。一种方法是在经过对边中点的直线两侧绘制两个半圆，这样生成的曲线路径可以将正方形等分成两部分。

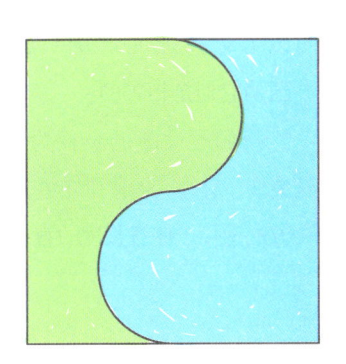

第 5 章 测量 93

你还可以利用类似的技巧，将一个圆分割为两个或更多个面积相等的形状。要将圆分割成 n 个面积相等的形状，首先要将直径分成 n 条等长的线段。然后在直径的一侧绘制一系列半圆，每个半圆都经过直径的一个端点和其中一个分割点。接着在直径的另一侧做同样的事，但这次半圆经过的是直径的另一个端点。这些半圆连接起来，将圆分割成 n 个形状，每个形状的面积相等。

圆分割出的各个部分看起来并不完全相同，也就是说，它们并不全等（见第 135 页）。我们如何知道它们的面积相等呢？我们知道圆的面积公式，可以用来计算各个部分的面积，并证明它们是相等的。

我们假设圆的直径为 10，这更便于计算。但你要知道，这种方法适用于任意长度的直径。

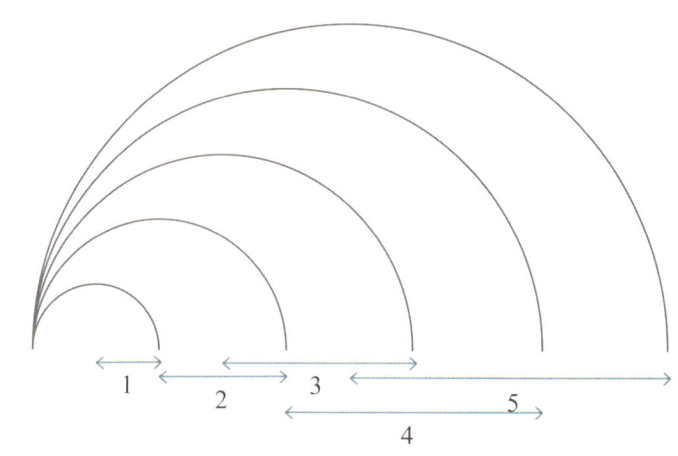

最小的半圆半径为 1，下一个半径为 2，以此类推……最大的半圆半径为 5

94 图解几何

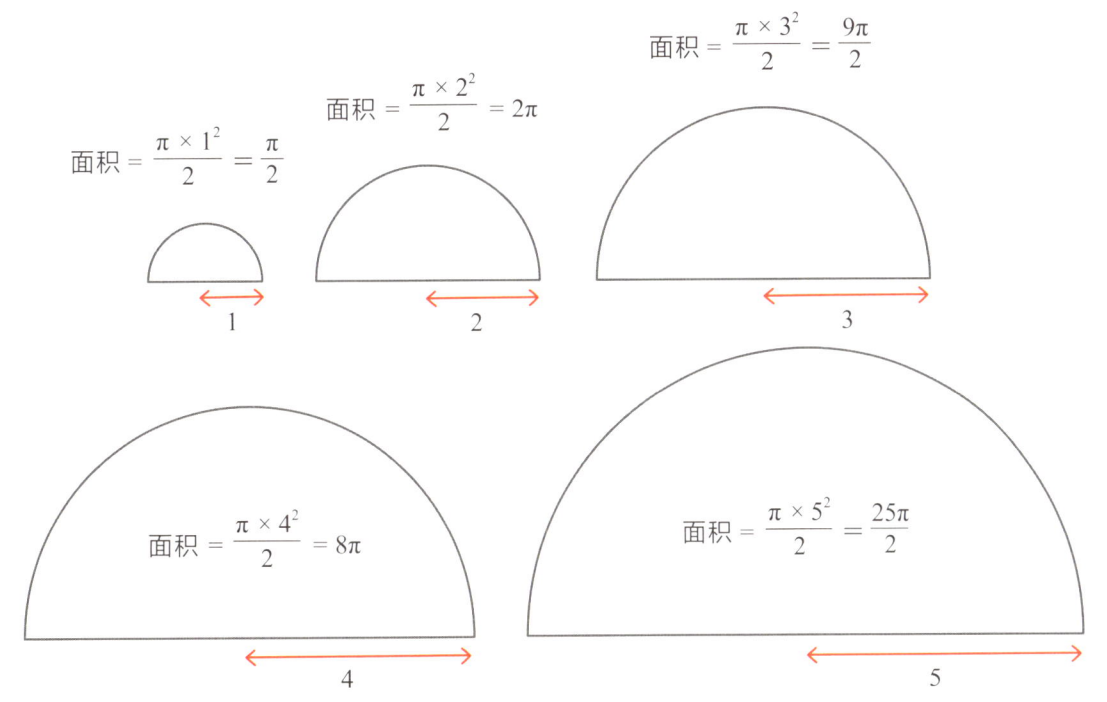

$$面积 = \frac{\pi \times 1^2}{2} = \frac{\pi}{2}$$

$$面积 = \frac{\pi \times 2^2}{2} = 2\pi$$

$$面积 = \frac{\pi \times 3^2}{2} = \frac{9\pi}{2}$$

$$面积 = \frac{\pi \times 4^2}{2} = 8\pi$$

$$面积 = \frac{\pi \times 5^2}{2} = \frac{25\pi}{2}$$

我们可以利用半径来计算每个半圆的面积

在分割后的圆中，顶部由两个区域组成。一个是从最大的半圆中减去次大的半圆，另一个是最小的半圆。因此，该部分的面积为：

$$\frac{25\pi}{2} - 8\pi + \frac{\pi}{2} = 5\pi$$

经过类似的计算过程，可得下一部分的面积为：

$$\left(8\pi - \frac{9\pi}{2}\right) + \left(2\pi - \frac{\pi}{2}\right) = 5\pi$$

以此类推，我们可以证明，圆分割出的每个部分的面积都是 5π。我们可以通过将它们全部相加来验证这一点——它们的总和为 25π，这与半径为 5 的圆的面积相等。

我们如果想证明这种方法适用于直径为任意长度的圆，可以假设直径为 $2n$，并遵循类似的过程，证明每个部分的面积为 $n\pi$。

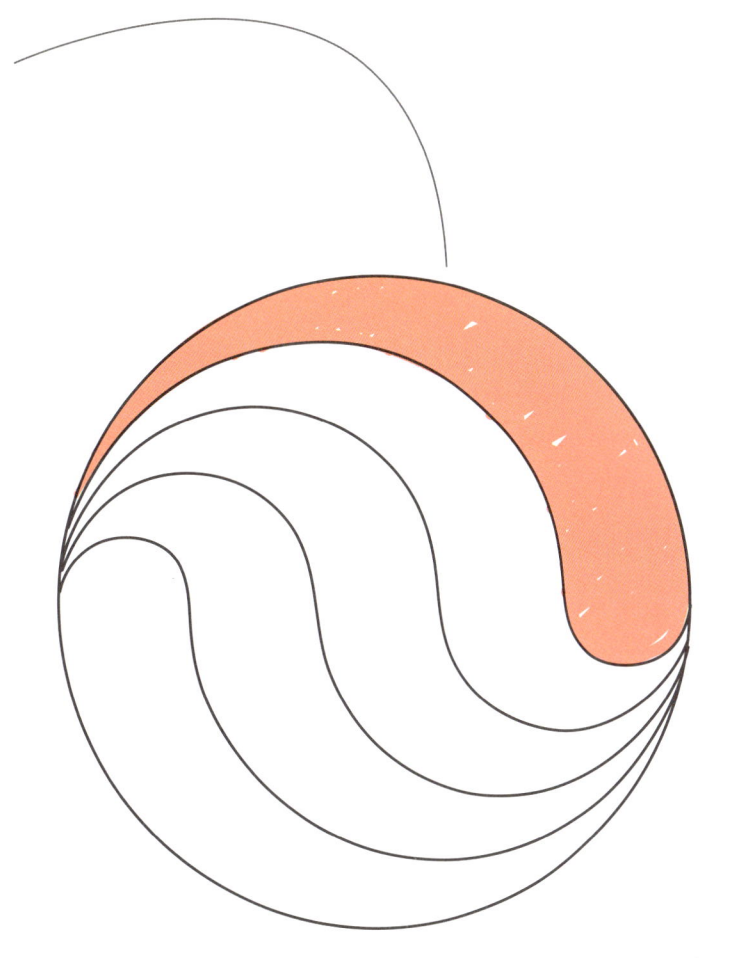

第 5 章　测量　95

体积和表面积

对于三维物体，我们可以测量其体积和表面积。体积衡量物体占据空间的大小，而表面积衡量其所有面（表面）的总面积。

体积

正如我们将正方形划分成单位正方形来计算其面积一样，我们也可以将立方体划分成**单位立方体**，即边长为 1 个单位的立方体，来计算其体积。如果立方体的边长为 a 个单位，则会有 a 层，每层都有 a 行和 a 列，因此立方体的体积为：

$$V = a^3$$

这个立方体的棱长为 3 个单位，因此其体积为 $3^3 = 27$ 个立方单位。

体积的单位是立方米，写作 m^3。1 立方米是一个棱长为 1 米的立方体。将其划分成棱长为 1 厘米的小立方体，将得到 $100 \times 100 \times 100 = 1\,000\,000$ 个小立方体，因此 $1\,m^3 = 1\,000\,000\,cm^3$。以此类推可得 $1\,m^3 = 1\,000\,000\,000\,mm^3$，以及 $1\,km^3 = 1\,000\,000\,000\,m^3$。

$1\,m^3 = 1\,000\,000\,cm^3$

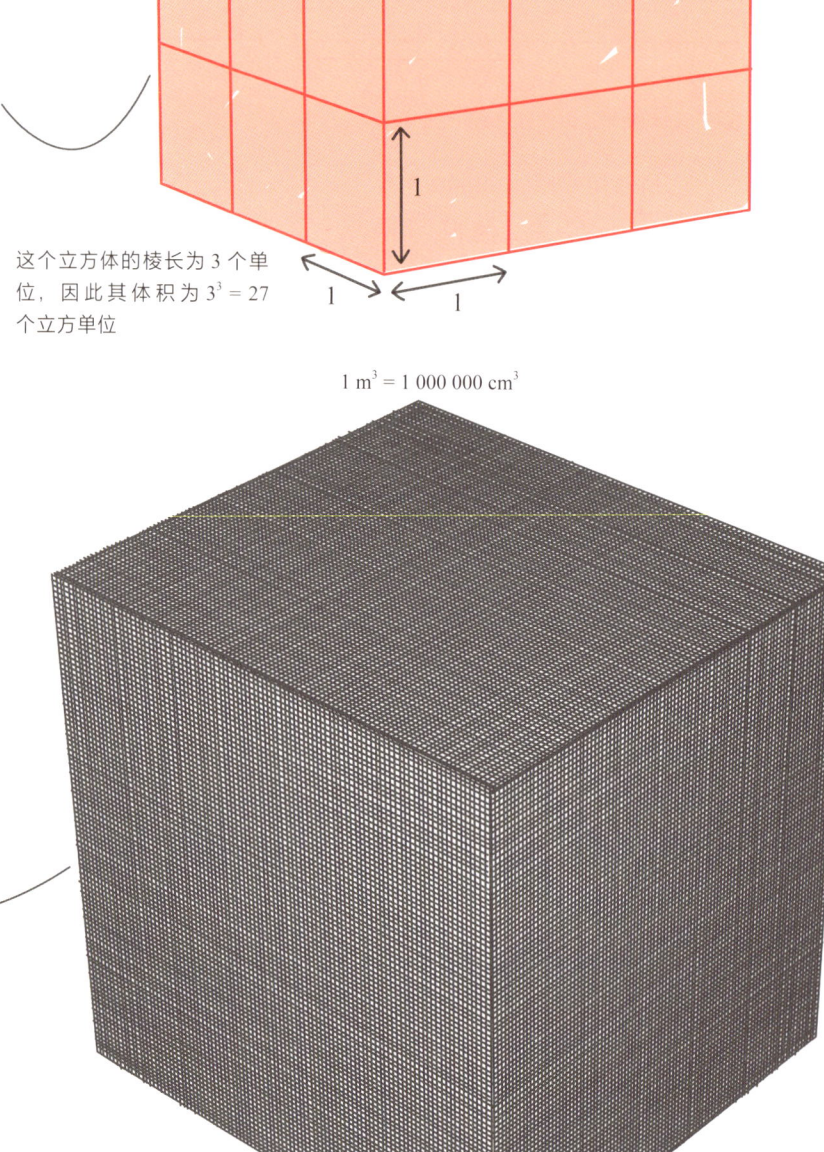

体积公式

可以将一个长方体分割成单位立方体来计算其体积。以下长方体的棱长分别为 3、4 和 5 个单位，因此 $V = 3 \times 4 \times 5 = 60$ 个立方单位。

边长为 a、b 和 c 的长方体的体积为：

$$V = a \times b \times c$$

体积 = $3 \times 5 \times 4 = 60$ 个立方单位

对于任何棱柱，可以通过底面积乘高来计算体积。你可能需要先使用面积公式计算出底面积。底面积为 S、高为 h 的棱柱或圆柱的体积为：

$$V = Sh$$

金字塔的高度是从其顶点到底部的垂直距离。底面积为 A、高为 h 的金字塔或圆锥的体积为：

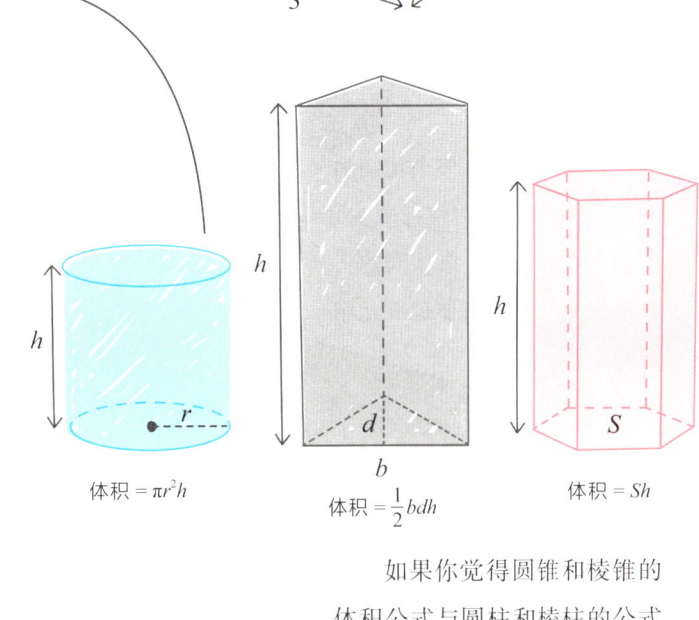

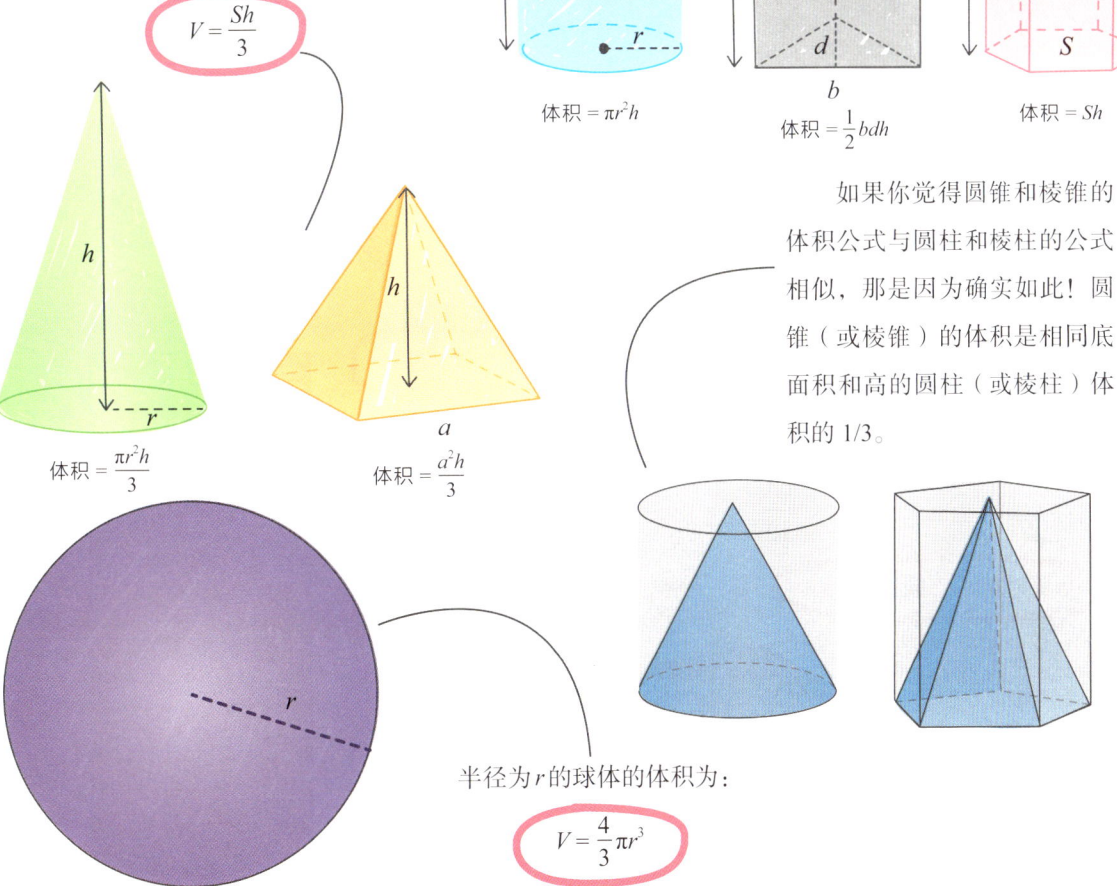

$$V = \frac{Sh}{3}$$

体积 = $\pi r^2 h$

体积 = $\frac{1}{2} bdh$

体积 = Sh

如果你觉得圆锥和棱锥的体积公式与圆柱和棱柱的公式相似，那是因为确实如此！圆锥（或棱锥）的体积是相同底面积和高的圆柱（或棱柱）体积的 1/3。

体积 = $\frac{\pi r^2 h}{3}$

体积 = $\frac{a^2 h}{3}$

半径为 r 的球体的体积为：

$$V = \frac{4}{3} \pi r^3$$

体积 = $\frac{4}{3} \pi r^3$

表面积

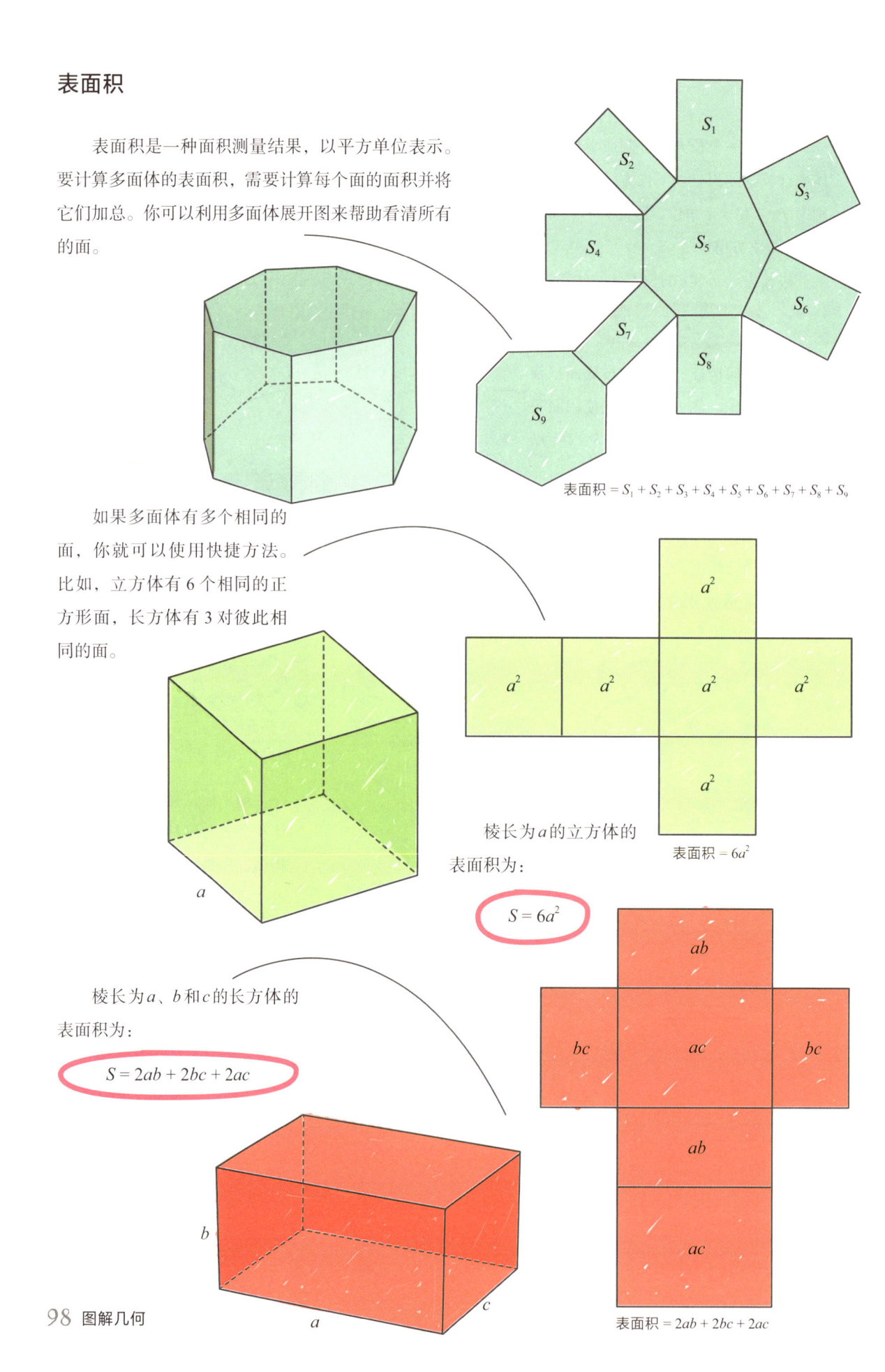

表面积是一种面积测量结果，以平方单位表示。要计算多面体的表面积，需要计算每个面的面积并将它们加总。你可以利用多面体展开图来帮助看清所有的面。

表面积 = $S_1 + S_2 + S_3 + S_4 + S_5 + S_6 + S_7 + S_8 + S_9$

如果多面体有多个相同的面，你就可以使用快捷方法。比如，立方体有 6 个相同的正方形面，长方体有 3 对彼此相同的面。

棱长为 a 的立方体的表面积为：

$S = 6a^2$

表面积 = $6a^2$

棱长为 a、b 和 c 的长方体的表面积为：

$S = 2ab + 2bc + 2ac$

表面积 = $2ab + 2bc + 2ac$

98 图解几何

圆柱有两个圆形底面和一个曲面，曲面展开后形成一个矩形（如果是斜圆柱，则是平行四边形）。这个矩形的长正好等于圆形底面的周长，即 $2\pi r$。

底面半径为 r、高为 h 的圆柱的表面积为：

$$S = 2\pi r^2 + 2\pi rh$$

底面半径为 r、斜高为 l 的直圆锥的表面积为：

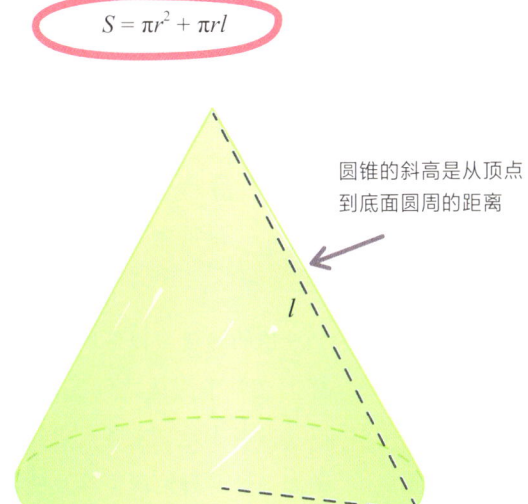

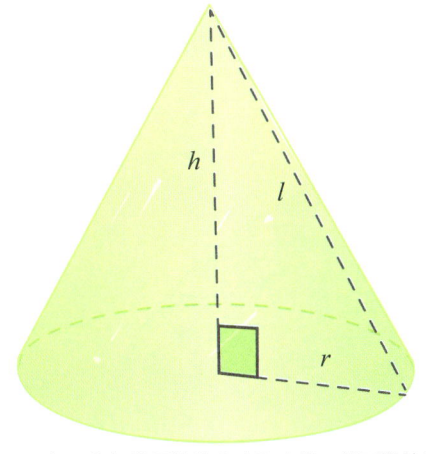

$$S = \pi r^2 + \pi rl$$

圆锥的斜高是从顶点到底面圆周的距离

如果你知道圆锥的高度和半径，就可以使用勾股定理计算斜高：

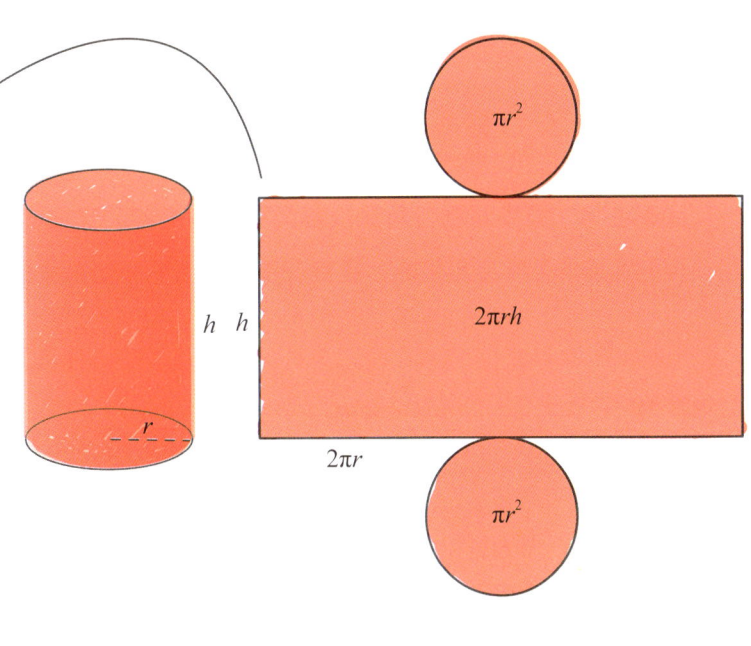

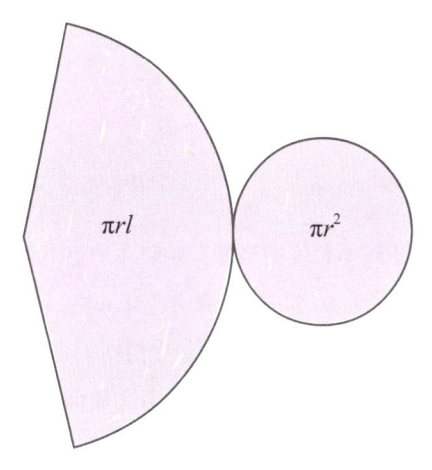

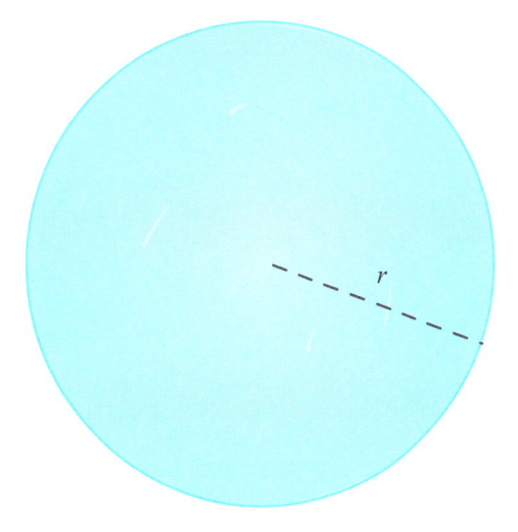

$$l = \sqrt{h^2 + r^2}$$

半径为 r 的球体的表面积 $= 4\pi r^2$

第5章 测量

角度测量

我们在第 1 章中看到，角是以度为单位测量的。这在日常生活中是一种有用的度量，但对纯粹的数学应用来说，还有一种单位可以简化角的测量。

1 度是周角的 $\frac{1}{360}$，因此周角有 360°。这很有用，因为 360 可以被许多不同的数整除，因此许多角分成几等份后都是整数度——平角（周角的 1/2）是 180°，直角（周角的 1/4）是 90°，以此类推。在钟表上，分针每分钟旋转 $\frac{1}{60}$ 个周角，即 6°；而时针每小时旋转 $\frac{1}{12}$ 个周角，即 30°。

对于较小角度的测量，人们在历史上将 1 度划分成弧分和弧秒，1 度等于 60 弧分，1 弧分等于 60 弧秒。75 度 52 分 8 秒的测量值写作 75°52′8″，这是导航中使用的格式。

自计算机出现以来，这种用法变得不那么常见，现在我们通常使用十进制度数。75°52′8″写成十进制度数就是 75.869°（保留三位小数）。

1 度已经很小了，所以我们可能很难想象为什么要进行更小的划分。

角的测量可以帮助我们计算天文学中天体之间的距离，以及导航中地球上各点之间的距离。这两种情况下涉及的距离都非常大，以至于角度测量的微小差异会对我们的距离计算产生巨大的影响。

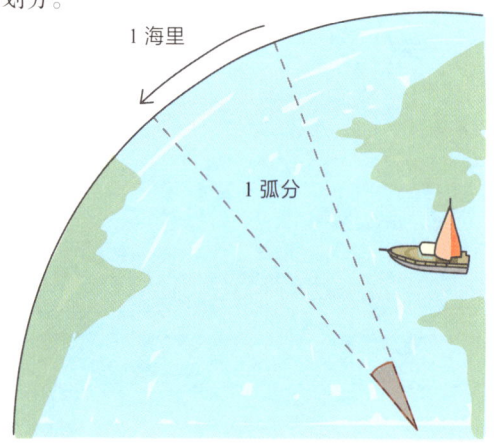

在导航中，沿经线（见第 115 页）1 弧分的角度定义了地球表面上 1 海里的距离，相当于 1 852 米

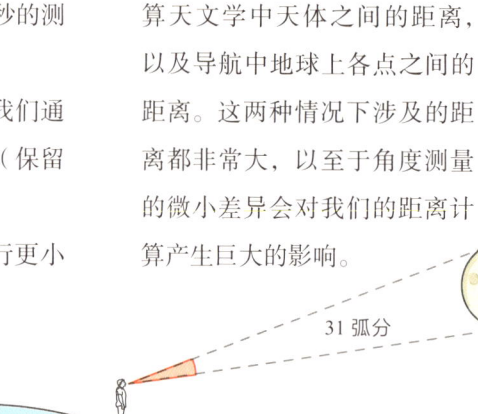

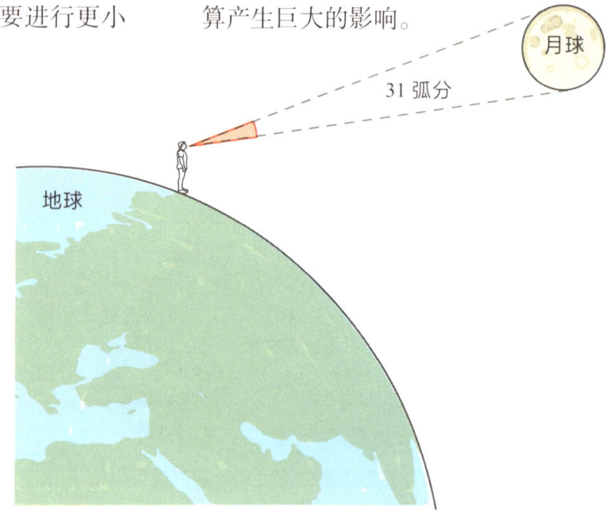

在天文学中，天体的视直径是通过从一侧到另一侧的角度来测量的；满月的视直径为 31 弧分

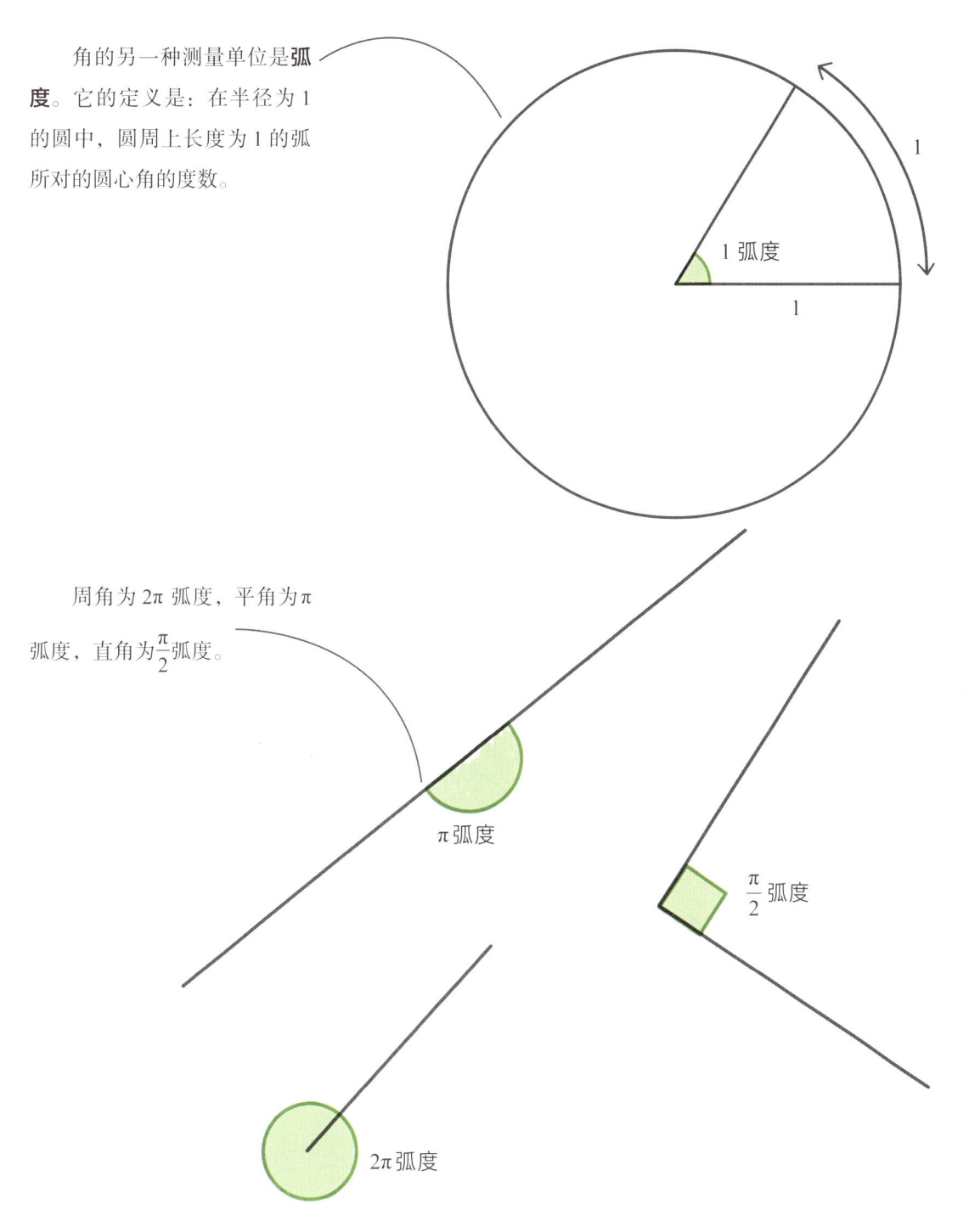

角的另一种测量单位是**弧度**。它的定义是：在半径为 1 的圆中，圆周上长度为 1 的弧所对的圆心角的度数。

1 弧度

1

1

周角为 2π 弧度，平角为 π 弧度，直角为 $\frac{\pi}{2}$ 弧度。

π 弧度

$\frac{\pi}{2}$ 弧度

2π 弧度

看起来，这些无理数似乎比以度为单位进行的测量更难处理；对大多数日常应用来说确实如此。但在许多数学领域内，使用弧度可以使问题变得更简单，比如它可以简化球面"三角形"（见第 158 页）的面积计算。

在更高阶的数学领域，比如微积分和复分析中，弧度对于处理三角函数（见第 102 页）也至关重要。当输入的角度以弧度为单位时，这些函数的许多性质都会变得更加明显。

第 5 章 测量 101

三角学

三角学研究的是三角形的边长和角度之间的关系。三角函数定义了直角三角形边长的比率与其角度之间的关系。这些函数还可以用于创建有关非直角三角形的公式。

三角函数

讨论勾股定理时，我们知道直角三角形最长的边叫作斜边。为了使用三角学知识，我们还根据特定角度命名了另外两条边。与斜边构成指定角的边叫作邻边，另一条边（不接触该角的边）叫作对边。

斜边

对边

θ

邻边

三角函数包括**正弦**、**余弦**和**正切**（通常缩写为 sin、cos 和 tan）。每个函数都告诉了我们直角三角形的一条边与另一条边之间的比例关系。

$$\sin \theta = \frac{\text{对边}}{\text{斜边}}$$

$$\cos \theta = \frac{\text{邻边}}{\text{斜边}}$$

$$\tan \theta = \frac{\text{对边}}{\text{邻边}}$$

我们还可以将三角函数与单位圆（半径为 1 个单位的圆）联系起来。我们可以在单位圆中画出一个直角三角形：

- 斜边为半径。
- 邻边是从圆心开始的水平线段。
- 对边是过斜边与圆周的交点对邻边所作的垂线段。

斜边的长度为 1（因为它是圆的半径）。将其代入正弦公式，可以得到 $\sin\theta = \dfrac{对边}{1}$，因此对边的长度为 $\sin\theta$，其中 θ 是邻边与斜边的夹角。类似地，$\cos\theta = \dfrac{邻边}{1}$，因此邻边的长度为 $\cos\theta$。我们还可以看出，$\tan\theta = \dfrac{对边}{邻边} = \dfrac{\sin\theta}{\cos\theta}$。

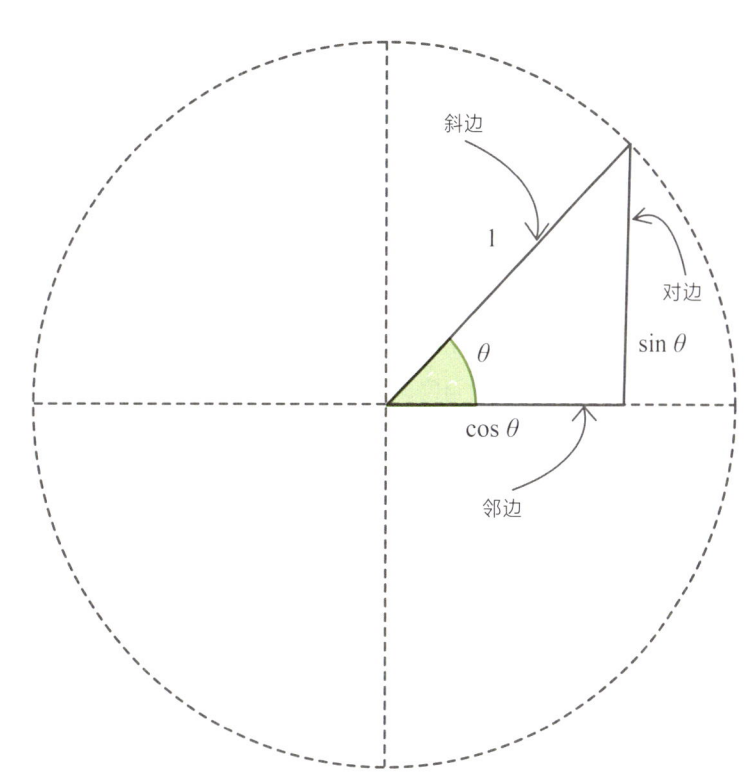

当 $\theta = 0$ 时，三角形的对边长度为 0，邻边长度与单位圆的半径相同，也为 1。因此，$\sin 0 = \dfrac{0}{1} = 0$，$\cos 0 = \dfrac{1}{1} = 1$。反之，当 $\theta = \dfrac{\pi}{2}$ 时，对边长度变为 1，邻边长度变为 0。因此，$\sin\dfrac{\pi}{2} = 1$，$\cos\dfrac{\pi}{2} = 0$（若以度数表示，则 $\sin 90° = 1$，$\cos 90° = 0$）。

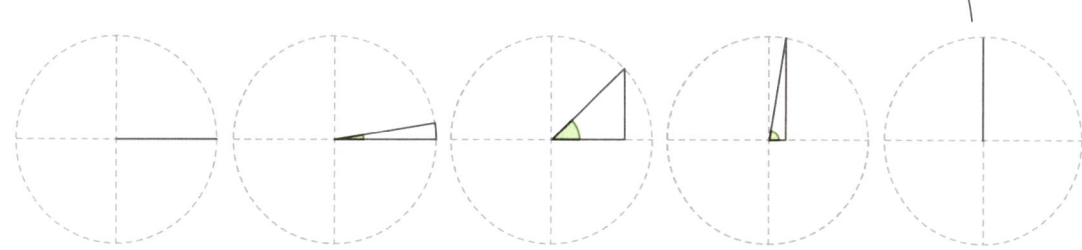

当 $\theta = 0$ 时，三角形的对边消失，邻边的长度等于圆的半径（1）；当 $\theta = \dfrac{\pi}{2}$（90°）时，邻边消失，对边的长度变为圆的半径（1）

第 5 章　测量

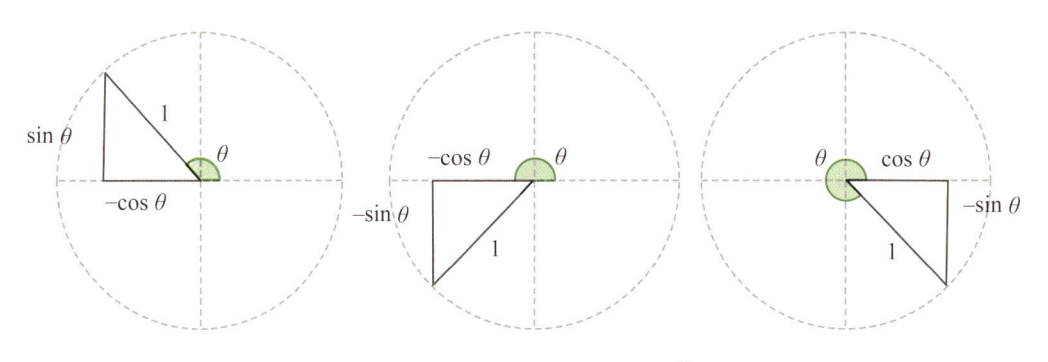

以这种方式思考三角函数，我们还可以将其扩展到三角形之外，处理大于 $\frac{\pi}{2}$ 的角度

如果比较单位圆的各部分与笛卡儿平面（见第 111 页）的象限，我们便可以看出，对于更大的角度，余弦、正弦的值都可能为负。

当角度超过 2π（360°）时，又一个周角重新开始，这意味着，正弦和余弦的值将在 0 和 1 之间循环。

画出三角函数的图像，将显示它们的周期性波形。尽管这些函数是通过三角形发现的，但它们在数学中得到了广泛应用，而且可以模拟许多周期性现实现象，包括车轮的运动、钟摆的摆动、声波和光波等。

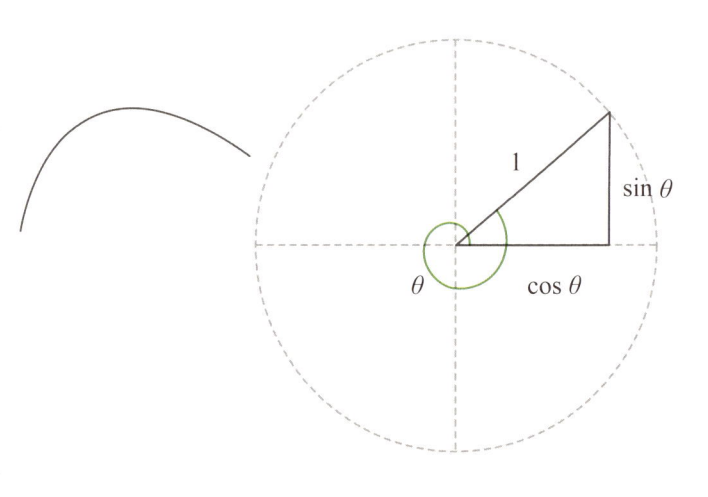

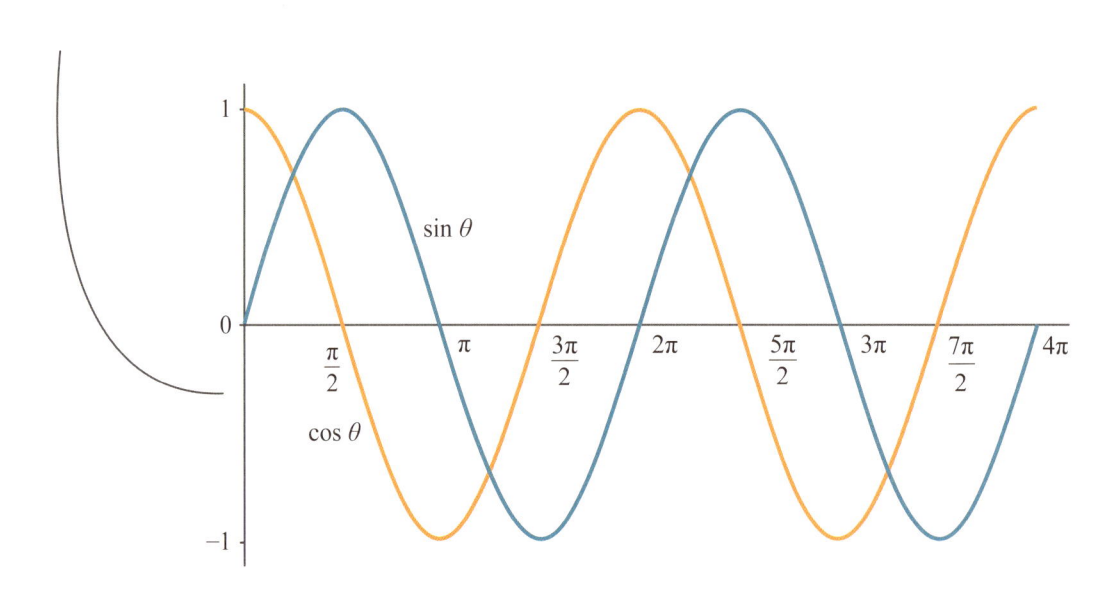

104　图解几何

参考三角形

为了计算一些常见角度的三角函数值,我们可以使用已知三边长度的参考三角形。

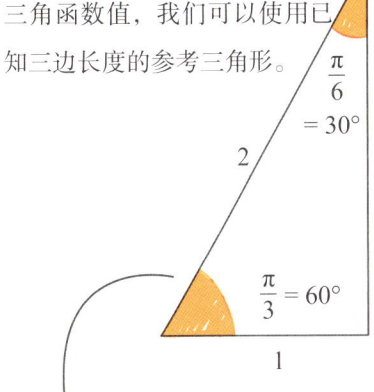

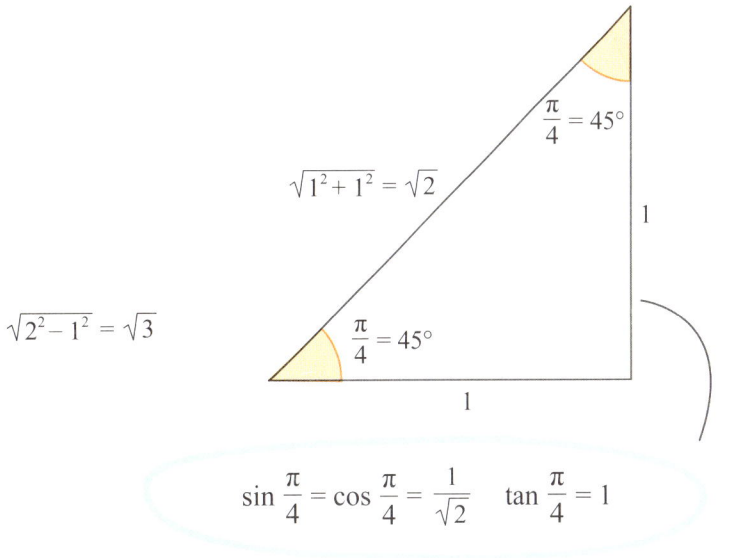

$$\sin \frac{\pi}{4} = \cos \frac{\pi}{4} = \frac{1}{\sqrt{2}} \quad \tan \frac{\pi}{4} = 1$$

$$\sin \frac{\pi}{3} = \cos \frac{\pi}{6} = \frac{\sqrt{3}}{2} \quad \cos \frac{\pi}{3} = \sin \frac{\pi}{6} = \frac{1}{2}$$

$$\tan \frac{\pi}{3} = \sqrt{3} \quad \tan \frac{\pi}{6} = \frac{1}{\sqrt{3}}$$

正弦定理和余弦定理

三角函数也可用于计算非直角三角形的边长和角度。**正弦定理**告诉我们,在任何三角形中,边长与其对角的正弦值的比对于每个角-边对都是相同的。

当在直角三角形中使用正弦函数时,我们所用的是正弦定理的一个特例:当角 A 为 $\frac{\pi}{2}$ 时,$\sin A = 1$,因此正弦定理变为 $\frac{a}{1} = \frac{b}{\sin B}$。整理后,即 $\sin B = \frac{b}{a}$,其中 b 是角 B 的对边长度,a 是斜边长度。

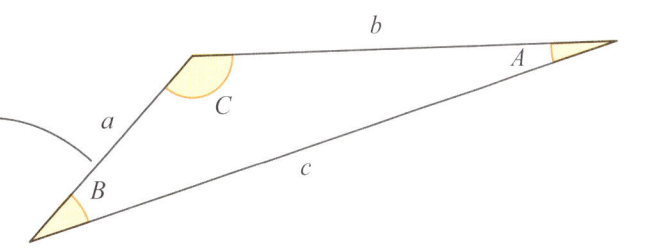

余弦定理将一个三角形的所有三条边与其中一个角联系起来。

正弦定理: $\dfrac{a}{\sin A} = \dfrac{b}{\sin B} = \dfrac{c}{\sin C}$

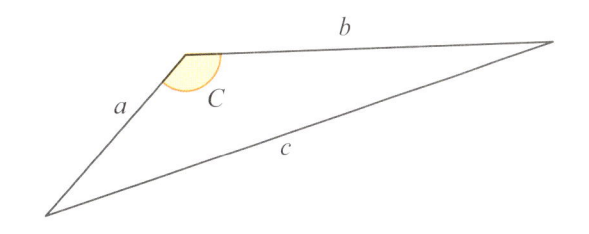

余弦定理: $c^2 = a^2 + b^2 - 2ab \cos C$

你可能会认出余弦定理的第一部分,即勾股定理。当角 $C = \frac{\pi}{2}$ 时,$\cos C = 0$,因此余弦定理的最后一项变为 $-2ab \times 0 = 0$,其他项便是勾股定理,即 $c^2 = a^2 + b^2$。

第 5 章 测量

回顾

单位
一个公认的标准度量,用来与其他相同类型的测量结果进行比较

长度
对于线段有多长的测量,告诉我们线段的两个端点之间的距离

周长 = 6b

长度

周长
二维形状的外边界的总长度

30 米

3 米

测量

对二维形状所占据的空间大小的测量

面积

面积

单位正方形
边长为 1 个单位的正方形

单位圆
半径为 1 的圆

$$\frac{a}{\sin A} = \frac{b}{\sin B} = \frac{c}{\sin C}$$

正弦定理

$$c^2 = a^2 + b^2 - 2ab\cos C$$

余弦定理

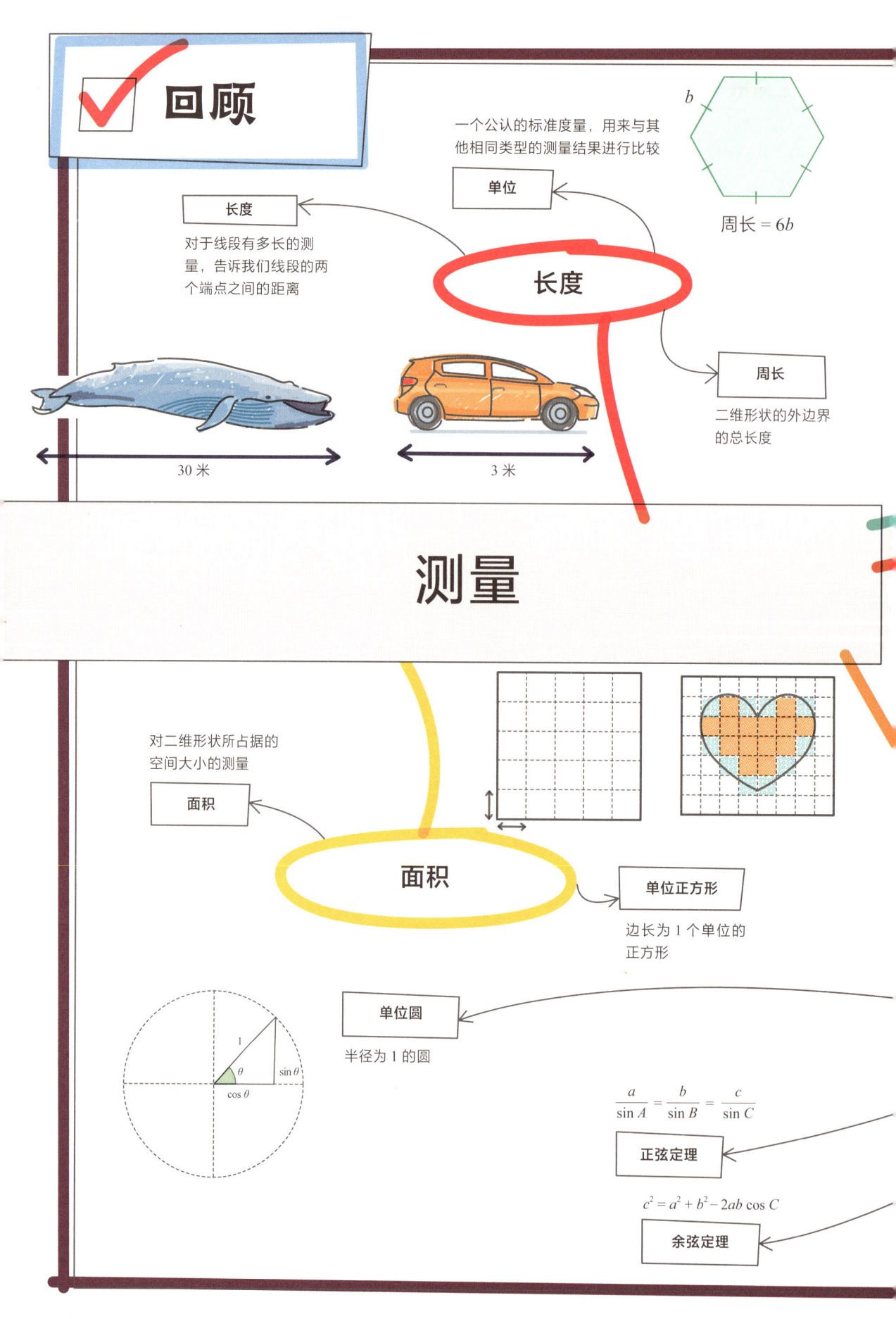

106 图解几何

体积和表面积

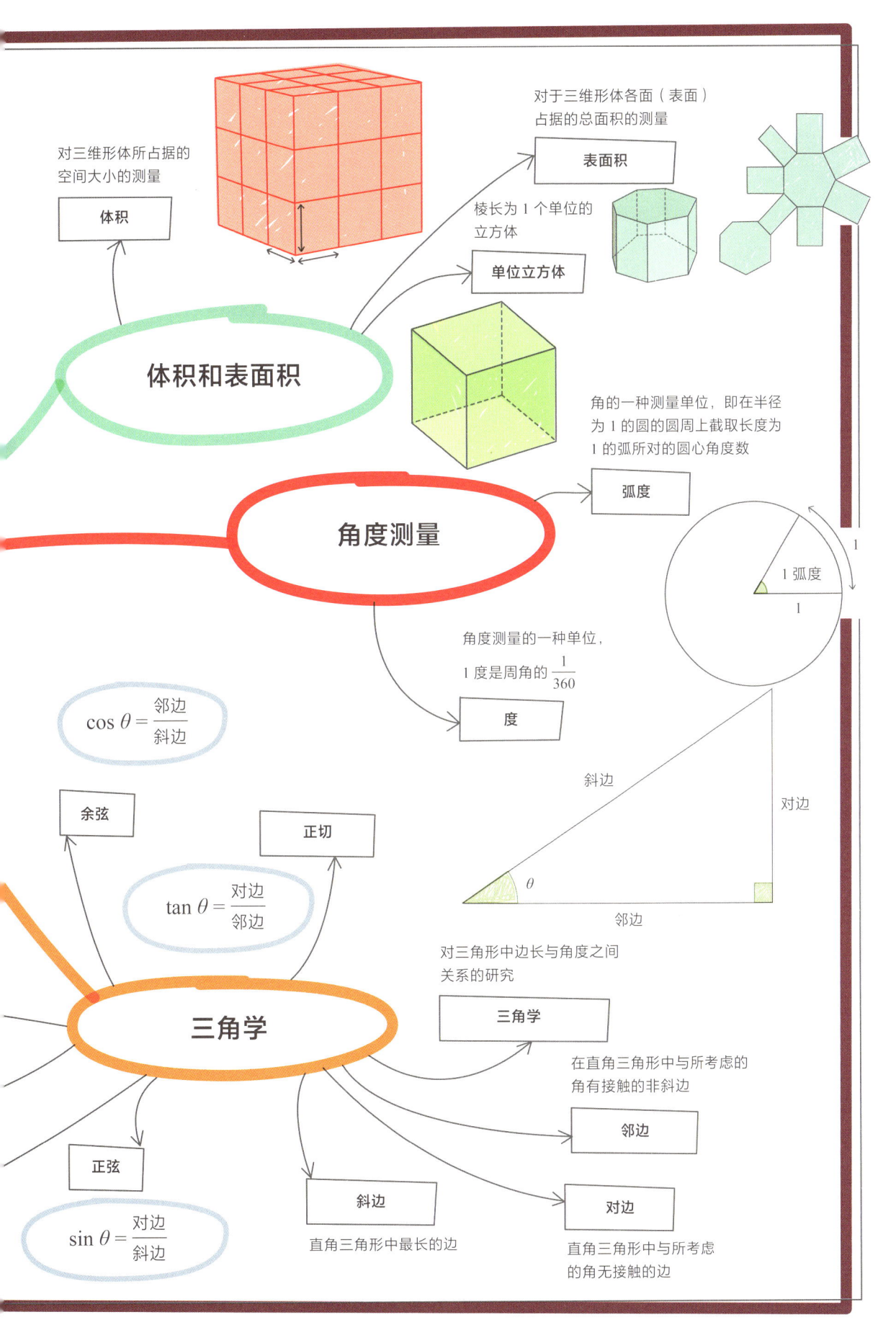

- **体积**：对三维形体所占据的空间大小的测量
- **表面积**：对于三维形体各面（表面）占据的总面积的测量
- **单位立方体**：棱长为 1 个单位的立方体

角度测量

- **弧度**：角的一种测量单位，即在半径为 1 的圆的圆周上截取长度为 1 的弧所对的圆心角度数
- **度**：角度测量的一种单位，1 度是周角的 $\frac{1}{360}$

三角学

- **三角学**：对三角形中边长与角度之间关系的研究
- **邻边**：在直角三角形中与所考虑的角有接触的非斜边
- **对边**：直角三角形中与所考虑的角无接触的边
- **斜边**：直角三角形中最长的边
- **余弦**：$\cos \theta = \dfrac{\text{邻边}}{\text{斜边}}$
- **正切**：$\tan \theta = \dfrac{\text{对边}}{\text{邻边}}$
- **正弦**：$\sin \theta = \dfrac{\text{对边}}{\text{斜边}}$

第 6 章

坐标

无论是相对于彼此还是相对于一个固定的参考点，坐标系都是一种确定点的位置的精确方式。除了对导航有用，它们还让我们能够用方程解释直线和曲线等几何对象。同样，我们也可以将方程阐释为几何对象。通过这些不同的方式观察几何对象，我们可以获得对其本质及其相互关系的新洞见和新理解。

　　你将在本章了解不同的坐标系及其使用方法。你将学习如何将它们扩展到三维甚至更高的维度，并看到一些在几何可视化时极为美丽的方程。

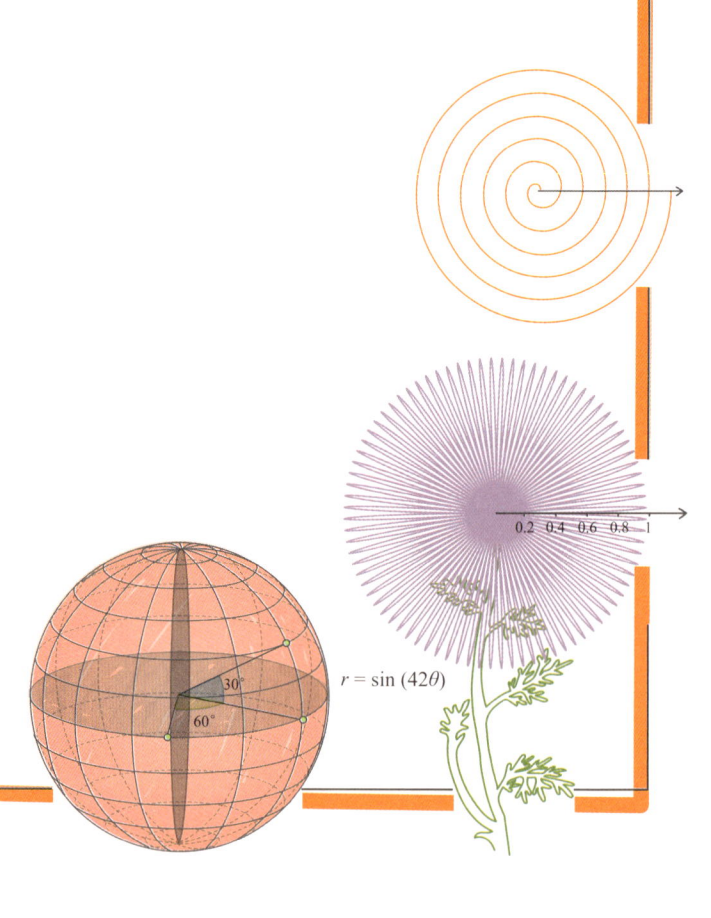

$r = \sin(42\theta)$

笛卡儿坐标

笛卡儿坐标系是勒内·笛卡儿于 17 世纪 30 年代发明的，它定义了一种仅用两个数来识别平面上任何点的位置的方法。这一概念现在已无处不在，无伦是在地图系统中，还是在电子游戏图形上，都有广泛的应用。

在笛卡儿坐标系中有两条相互垂直的**轴**，通常 x 轴表示水平方向，y 轴表示垂直方向。两条轴相交的点叫作**原点**。每个点都有一对坐标，记为 (x, y)，其中 x 和 y 的**绝对值**分别表示该点沿 x 轴和 y 轴到原点的距离。x 和 y 的符号（正或负）表示该点位于原点的哪一侧。原点的坐标为 (0, 0)。

笛卡儿平面是定义坐标系的平面。坐标轴将笛卡儿平面分成 4 个**象限**。

某数的绝对值是去掉正负号后的值，因此 4 和 −4 的绝对值都是 4。绝对值始终为正数（或 0），因此可以用来描述距离，距离也必须始终为正数（或 0）。符号表示方向：x 坐标为 4 的点位于原点右侧 4 个单位处，x 坐标为 −4 的点位于原点左侧 4 个单位处。

第一象限的点有正值 x 坐标和正值 y 坐标

这一点沿 x 轴距离原点 3 个单位，沿 y 轴距离原点 7 个单位，因此其坐标为 (3, 7)

第二象限的点有负值 x 坐标和正值 y 坐标

(−6, 4)

原点 (0, 0)

(8, −1)

第四象限的点有正值 x 坐标和负值 y 坐标

第三象限的点有负值 x 坐标和负值 y 坐标

(−2.5, −5)

第 6 章 坐标 111

笛卡儿坐标系连接了几何和代数这两个过去相互独立的研究领域，彻底改变了数学。虽然代数曾被用来一般性地讨论几何对象的性质，但笛卡儿坐标让我们得以利用代数方程定义几何对象。

比如，一条位于原点上方 3 个单位的水平线方程为 $y = 3$，它代表"所有 y 坐标为 3 的点"。方程为 $y = x$ 的直线通过 $(0, 0)$、$(-1, -1)$、$(1, 1)$，以及所有 x 坐标与 y 坐标相等的点。圆的方程为 $x^2 + y^2 = r^2$，其中 r 是圆的半径。

笛卡儿坐标系让我们还可以用视觉方式表示代数方程，有助于我们理解它们，并取得可能不太明显的见解。方程的**图像**（其在笛卡儿平面等坐标系中的表示）可以显示它有多少个解，以及解的近似值。

> 方程的解是让该方程成立的变量值。一个方程可以有 0 个、1 个或更多个解。方程 $x - 2 = 0$ 有一个解：$x = 2$。方程 $x - 2 = y$ 有无穷组解，比如，$x = 2$，$y = 0$；$x = 3$，$y = 1$ 等。方程 $4x + 7 = 4x - 1$ 没有解。

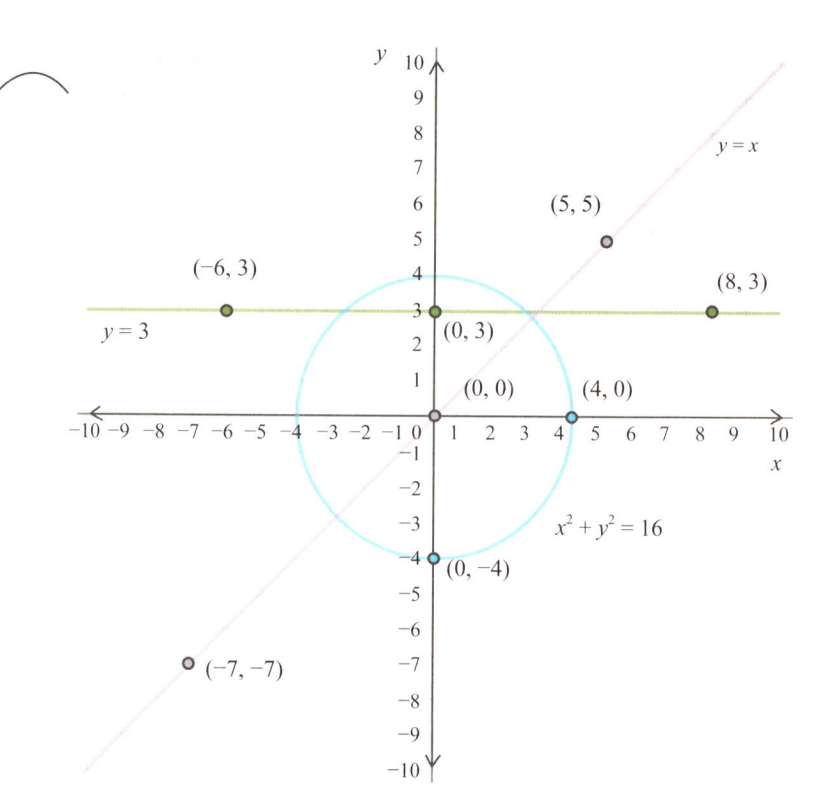

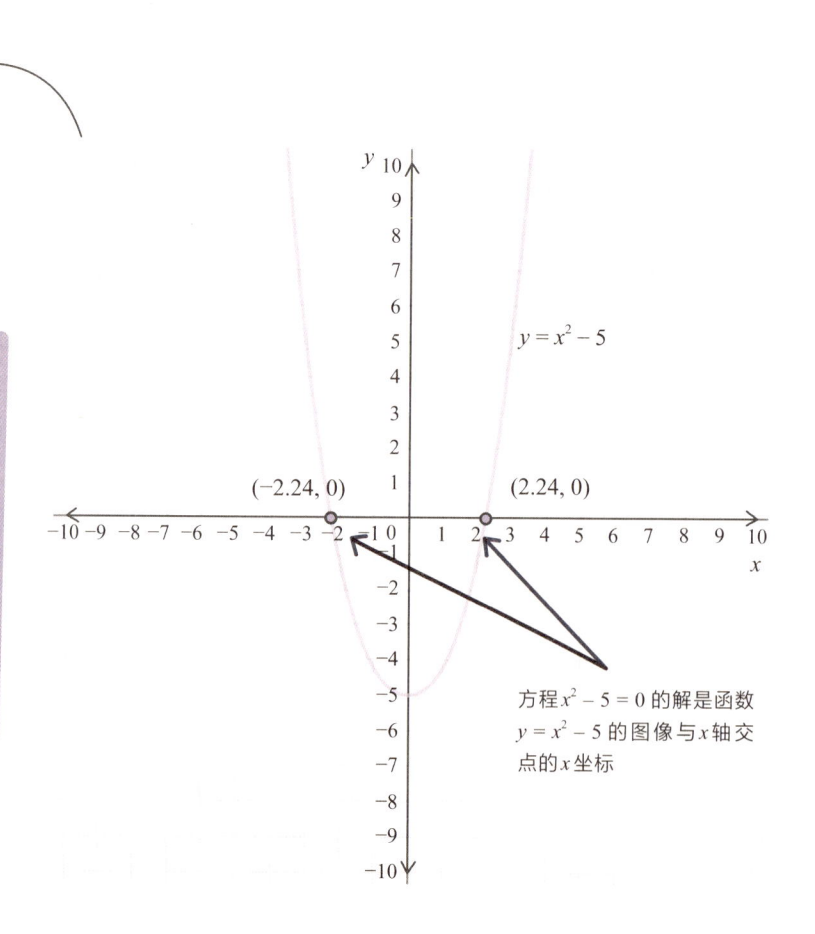

方程 $x^2 - 5 = 0$ 的解是函数 $y = x^2 - 5$ 的图像与 x 轴交点的 x 坐标

112 图解几何

极坐标

尽管笛卡儿坐标系最为知名且应用广泛，但其他坐标系在不同领域中也颇有用处。极坐标系由两个值定义：到极点的距离和与极轴的夹角。

极点是极坐标系中的参考点，类似于笛卡儿坐标系中的原点，而**极轴**是一条起点位于极点的参考线。点的坐标记为 (r, θ)，其中 r（半径）是点到极点的距离，θ（角坐标）是从极轴开始绕极点旋转到指定点的角度。

如果没有标准约定角度是从极轴沿顺时针还是逆时针方向旋转来测量，极坐标可能就会略显模糊。因此，坐标为 $(3, 45°)$ 的点可能在极轴上方 $45°$（如果角度依照逆时针方向测量）或在极轴下方 $45°$（如果角度依照顺时针方向测量）。在数学应用中，人们通常将极轴置于极点右侧，角度按逆时针方向测量，负的极角则表示相反方向的旋转。因此，坐标 $(3, 315°)$ 也可以写作 $(3, -45°)$。

用极坐标表示某些对象比用笛卡儿坐标更方便。圆的极坐标方程为 $r = a$，其中 a 为半径。这比其笛卡儿坐标的等价形式 $x^2 + y^2 = a^2$ 更简单。而其他对象则更适合用笛卡儿坐标表示，比如一条位于极点上方 4 个单位的水平线，其极坐标方程为 $r = \dfrac{4}{\sin\theta}$，而这条线在笛卡儿坐标系中可以简单地表达为 $y = 4$。

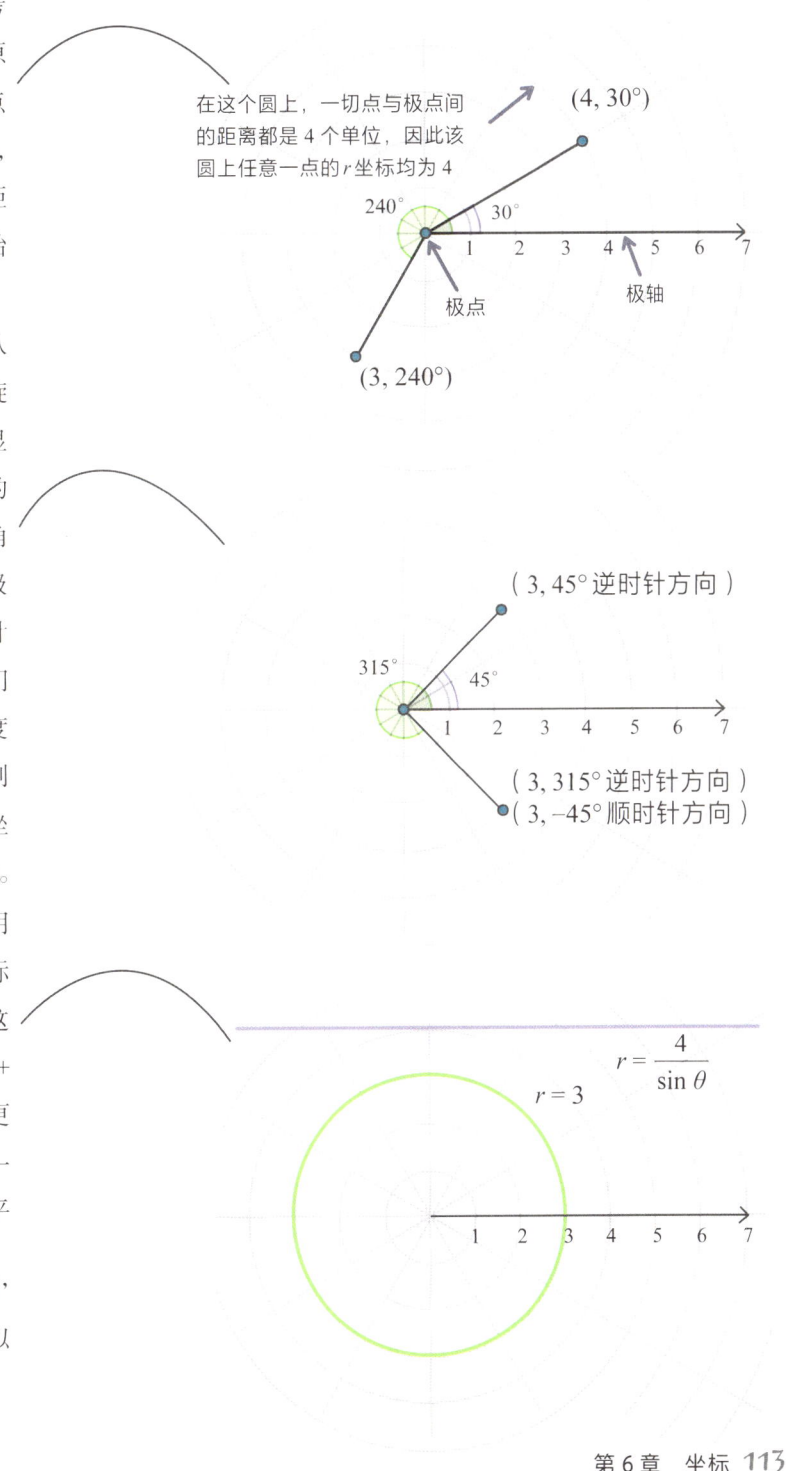

在这个圆上，一切点与极点间的距离都是 4 个单位，因此该圆上任意一点的 r 坐标均为 4

$(4, 30°)$
$240°$　$30°$
极点　极轴
$(3, 240°)$

$(3, 45°\text{逆时针方向})$
$315°$　$45°$
$(3, 315°\text{逆时针方向})$
$(3, -45°\text{顺时针方向})$

$r = 3$　$r = \dfrac{4}{\sin\theta}$

第 6 章　坐标　113

笛卡儿坐标与极坐标之间的转换

利用三角函数和勾股定理，我们可以在笛卡儿坐标和极坐标之间进行转换。

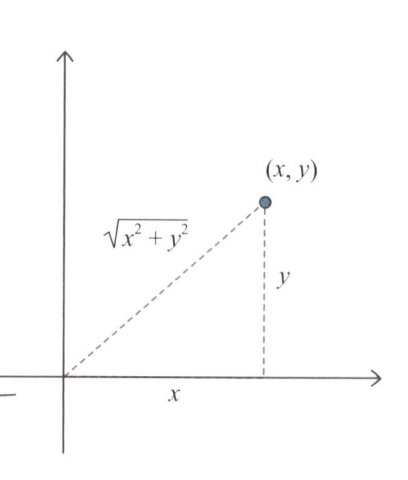

如果有一个笛卡儿坐标系中的点 (x, y)，我们可以从该点分别向 x 轴和原点连接线段，构建一个直角三角形。这个三角形中较短的两条边长分别为 x 和 y，因此我们可以利用勾股定理，计算出斜边的长度为 $\sqrt{x^2+y^2}$。这是从该点到原点（或极点）的距离，因此，在极坐标系中，$r = \sqrt{x^2+y^2}$。

要找到 θ，我们首先需要计算角度 α，其邻边长度为 x。三角函数告诉我们，$\tan\alpha = \dfrac{y}{x}$。为了计算 α 的值，我们需要利用反三角函数：$\alpha = \tan^{-1}\dfrac{y}{x}$。如果该点位于第一象限，则 $\theta = \alpha$；在其他情况下，我们可以利用 α 来确定 θ 的值。

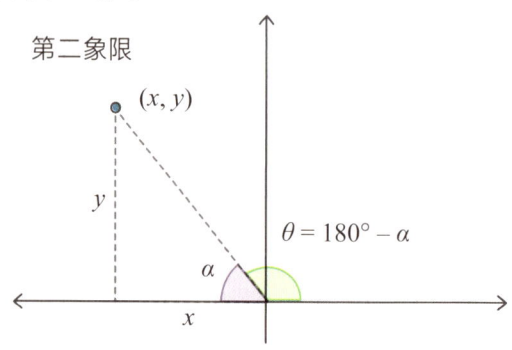

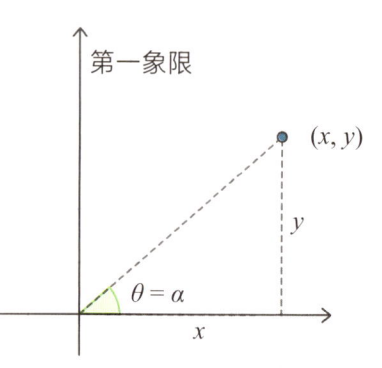

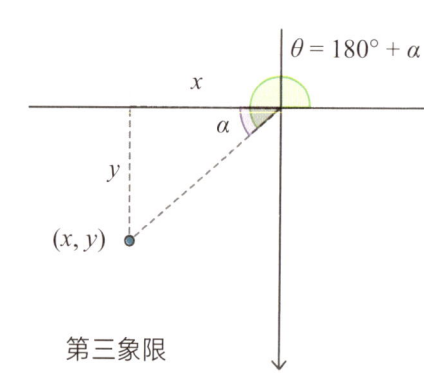

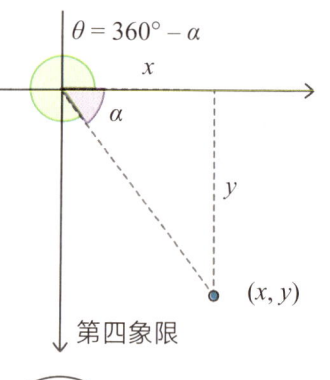

第二象限：$\theta = 180° - \alpha$

第一象限：$\theta = \alpha$

第三象限：$\theta = 180° + \alpha$

第四象限：$\theta = 360° - \alpha$

> 反三角函数可用于在已知角的两边比率的情况下找到角度的值。每个三角函数都有一个反函数，分别写作 $\sin^{-1}\theta$、$\cos^{-1}\theta$ 和 $\tan^{-1}\theta$，也叫作 arcsin θ、arccos θ 和 arctan θ。

对于极坐标系中的一点 (r, θ)，我们可以用类似的方法构建一个直角三角形。这一次，我们知道斜边的长度 r 和一个角度 θ。三角函数告诉我们，$\sin\theta = y/r$，$\cos\theta = x/r$。重新排列这些公式，可得 $(r\cos\theta, r\sin\theta)$ 的笛卡儿坐标。

$x = r\cos\theta$

$y = r\sin\theta$

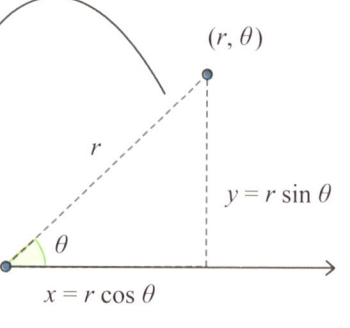

地理坐标

标准地图采用垂直和水平网格，似乎用的是笛卡儿坐标系。但地球是个球体（具有正曲率，见第 153 页），因此其表面并非平面。我们在平面地图上看到的网格系统源于一种使用一对角度测量的坐标系，类似于极坐标系中使用的角坐标。

地球上的位置通过**纬度**和**经度**来确定。纬度是相对于赤道以北或以南的角度，经度是相对于**本初子午线**以东或以西的角度。

每条纬线都是地球表面上的一个水平圆，对应于球心的一个角度。最大的圆位于赤道，随着位置向两极移动，圆逐渐变小。赤道以北的角度为正，赤道以南的角度为负，因此纬线从南极的 –90° 到北极的 90°。

这个圆上所有点的纬度均为 45°

赤道

这个圆上所有点的纬度均为 –30°

西经 150°

本初子午线

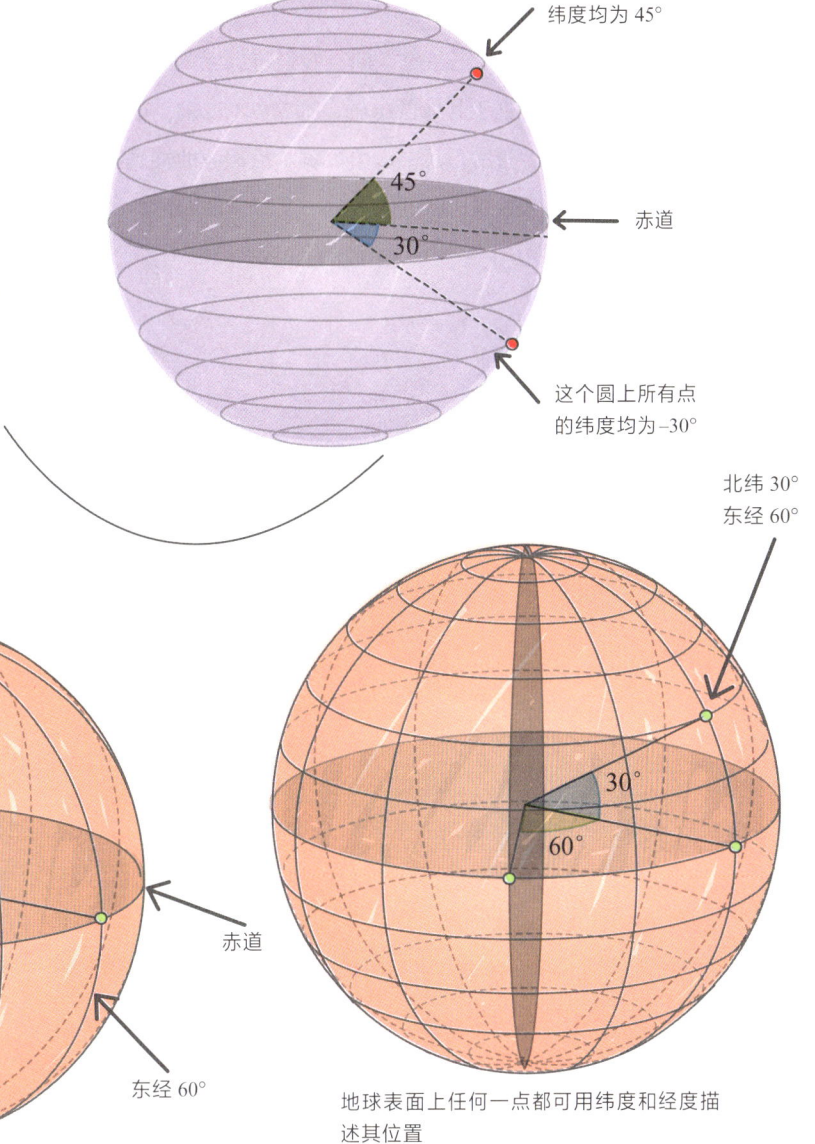

东经 60°

赤道

北纬 30° 东经 60°

地球表面上任何一点都可用纬度和经度描述其位置

每条经线是通过南北极的大圆的一半，南北极互为对跖点。本初子午线是经过格林尼治的经线，用作经度测量的起点。地表位置以本初子午线以东或以西给出，因此经线从 0° 到东经 180° 或从 0° 到西经 180°。

第 6 章 坐标 115

三维坐标

到目前为止，我们已经了解了如何在平面和球体（地球）表面上利用二维坐标定义位置。我们可以推广这些坐标系，用它们描述三维空间中的任何点。

三维笛卡儿坐标

为了将笛卡儿坐标推广到三维空间，我们可以添加第三条轴，该轴经过原点并垂直于其他两条轴，通常叫作 z **轴**。坐标现在由三个数 (x, y, z) 表示，其中每个数表示沿相应的轴到原点的距离。与二维系统类似，正值表示沿一个方向的距离，负值表示沿相反方向的距离。

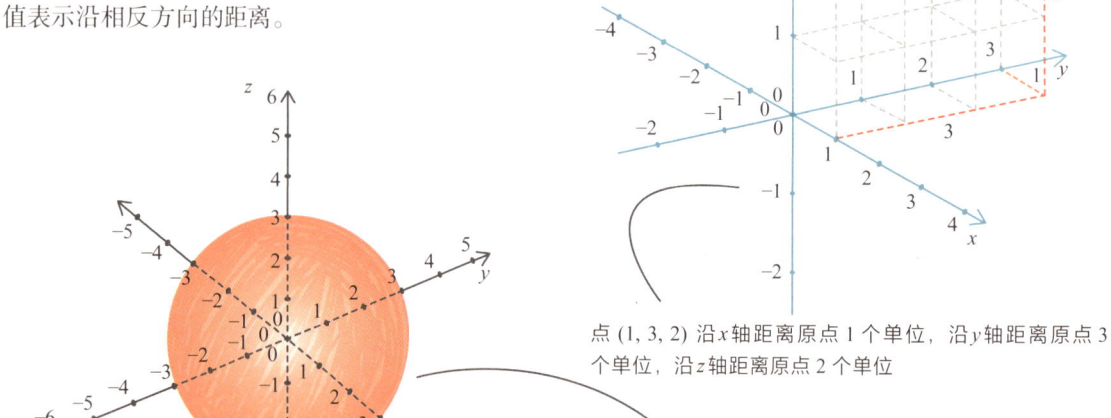

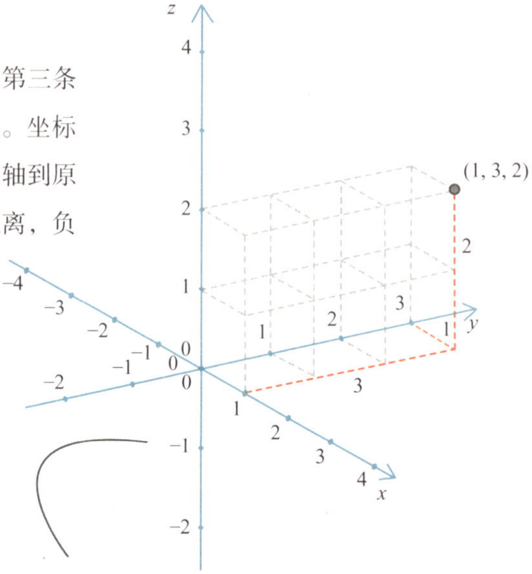

点 (1, 3, 2) 沿 x 轴距离原点 1 个单位，沿 y 轴距离原点 3 个单位，沿 z 轴距离原点 2 个单位

球体的方程为 $x^2 + y^2 + z^2 = r^2$，其中 r 为球体的半径

柱坐标系

类似于笛卡儿坐标系，我们可以将 z 轴（也叫作**纵轴**）添加到极坐标系中，形成**柱坐标系**。z 轴经过极点，并垂直于包含极轴的旋转平面。坐标记为 (r, θ, z)，其中 r 是沿极轴到原点的距离，θ 是旋转角度，z 是沿纵轴到极点的距离。

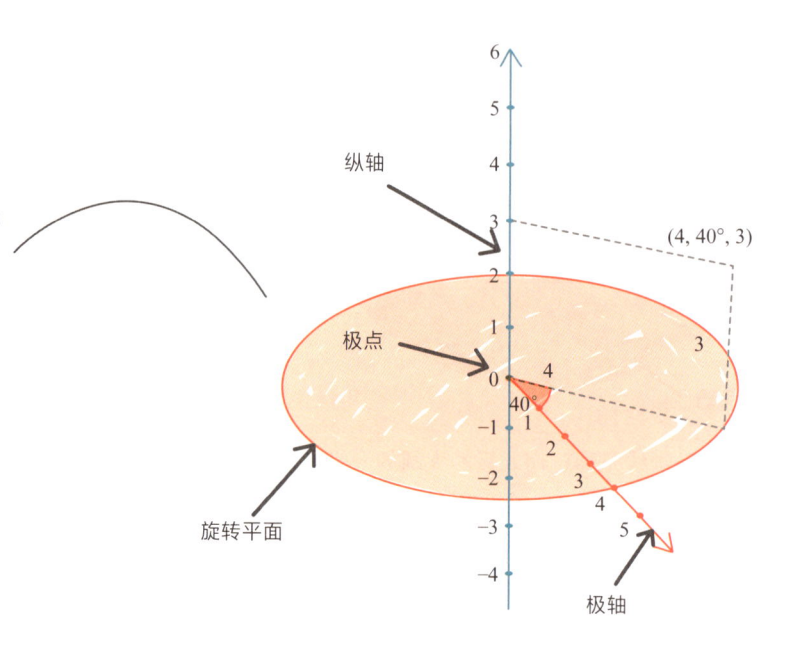

球坐标系

球坐标是我们在第115页看到的地理坐标的广义形式。地理坐标使用两个角度来确定地球表面上一个点的位置——每个点都被假定为与地球中心的距离相等。如果另外指定了点与中心之间的距离,我们就可以确定球体内的任何位置,而不仅仅是球体表面的位置。球坐标由三个数 (r, θ, φ) 给出,其中 r 是到原点的距离,θ 是与极轴所成的角度,φ 是与第三条轴(叫作天顶轴)所成的角度,该轴经过原点并垂直于 θ 的旋转平面。

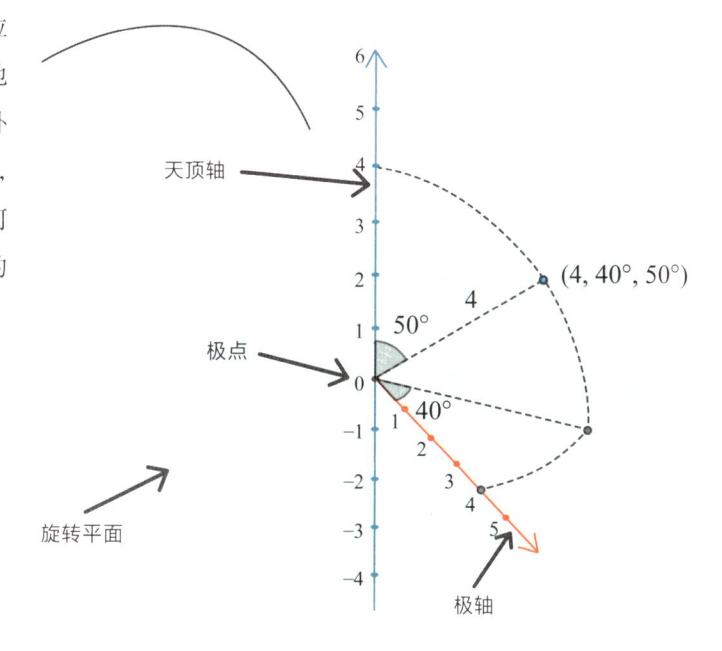

超越三维

坐标系同样可以扩展到 n 维空间,尽管这很难形象化,因为它们无法存在于现实世界。一个 n 维的笛卡儿坐标系由 n 条轴组成,每条轴都与其他所有轴垂直。坐标由 n 个数 $(x_1, x_2, \cdots, x_n)$ 指定,每个数都表示该点到对应轴的垂直距离。n 维球面的方程是 $x_1^2 + x_2^2 + \cdots + x_n^2 = r^2$,其中 r 是 n 维球面的半径。

我们也可以使用超球坐标系,其中一点的坐标表示为 $(r, \theta_1, \theta_2, \cdots, \theta_{n-1})$,其中 r 是从该点到原点的距离,而从 θ_1 到 θ_{n-1} 是角度。

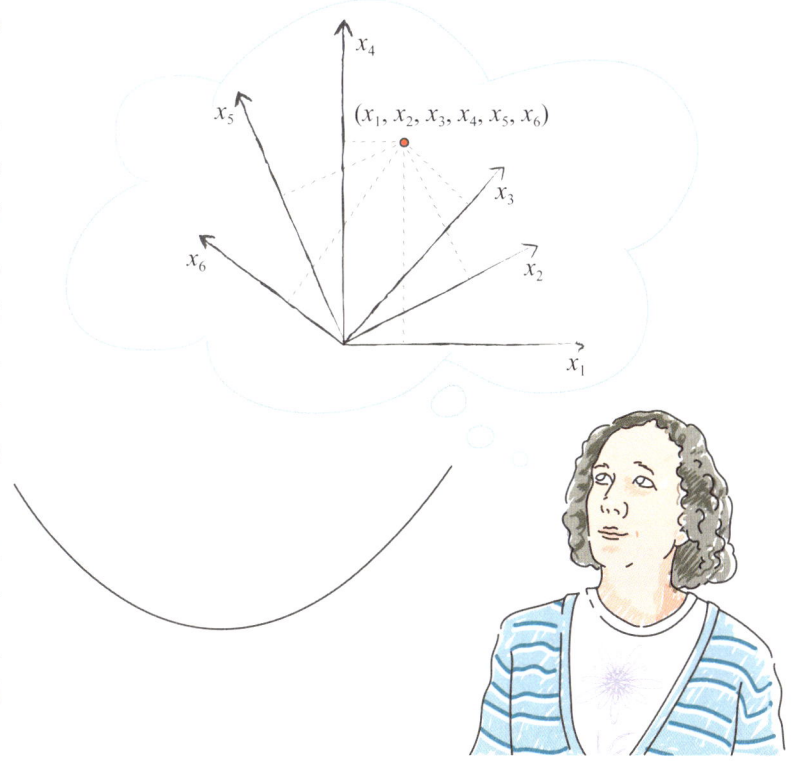

第 6 章 坐标 117

艺术方程

我们已经看到坐标系是如何用于连接代数和几何概念的：通过提供一种将几何对象表示为方程的方式，并以几何方式使方程可视化。事实证明，一些方程代表着极其优美的几何对象。

螺旋线

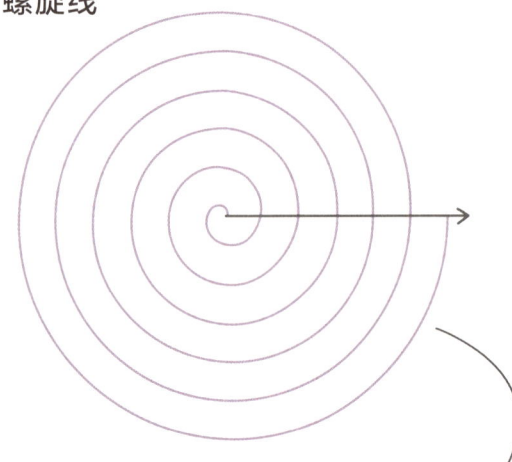

利用极坐标，方程 $r = a\theta$ 给出了阿基米德螺线。a 的值决定了螺线的紧密程度，它的值越小，螺线的曲线就越紧密。

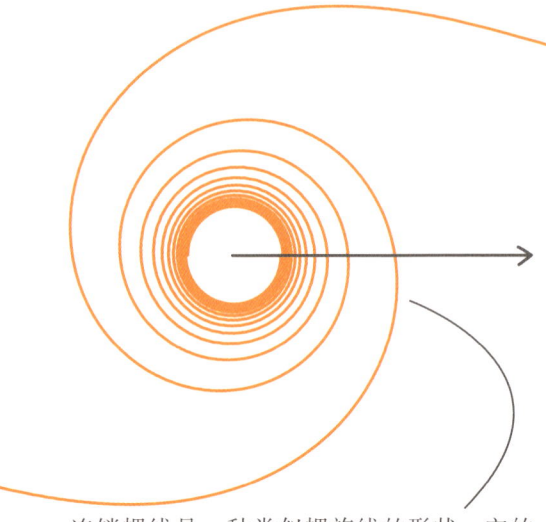

连锁螺线是一种类似螺旋线的形状，它的极坐标方程为 $r^2 = \dfrac{a^2}{\theta}$。它实际上是两条交织在一起的螺旋线，一条对应 r 的正值，另一条对应 r 的负值。

玫瑰线

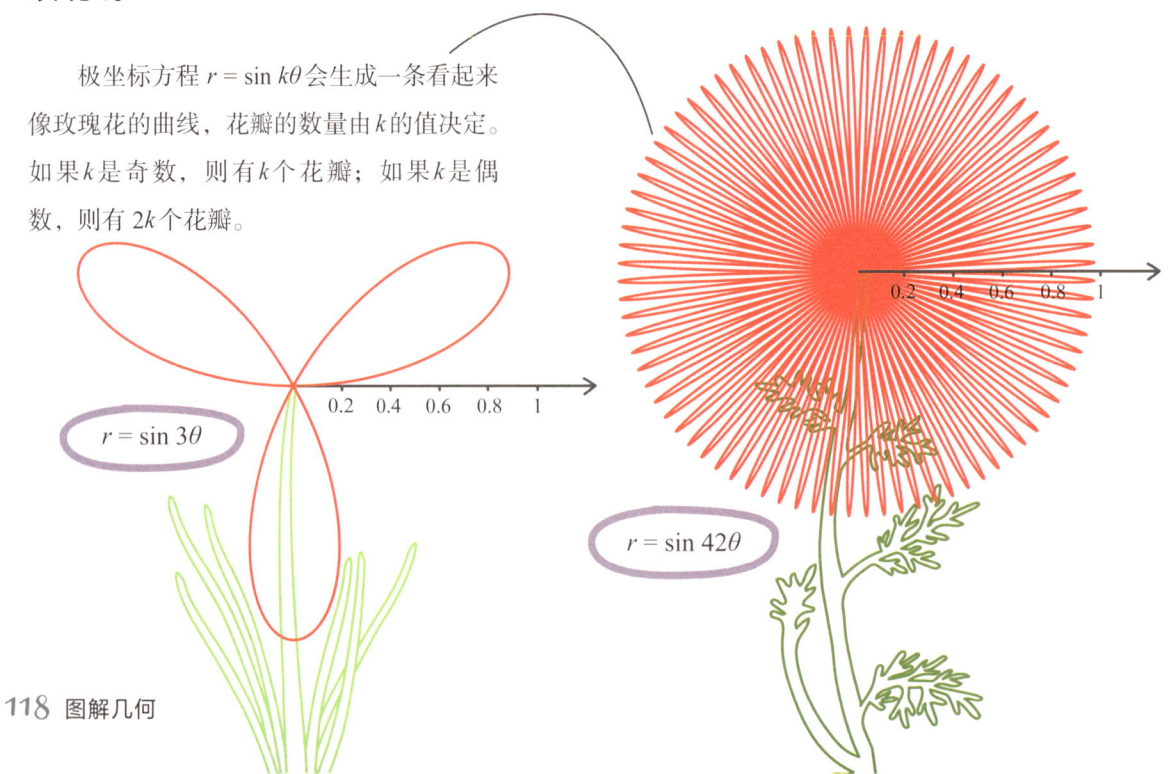

极坐标方程 $r = \sin k\theta$ 会生成一条看起来像玫瑰花的曲线，花瓣的数量由 k 的值决定。如果 k 是奇数，则有 k 个花瓣；如果 k 是偶数，则有 $2k$ 个花瓣。

$r = \sin 3\theta$

$r = \sin 42\theta$

如果我们稍微改动方程，将其变为 $r = \sin k\theta \times e^{-0.1\theta}$，曲线就会变得更像花朵。这种变化具有阻尼效果，即随着 θ 增大，r 的值会减小，从而产生大小不同的花瓣。令 k 取非整数值，则会使花瓣彼此错开。

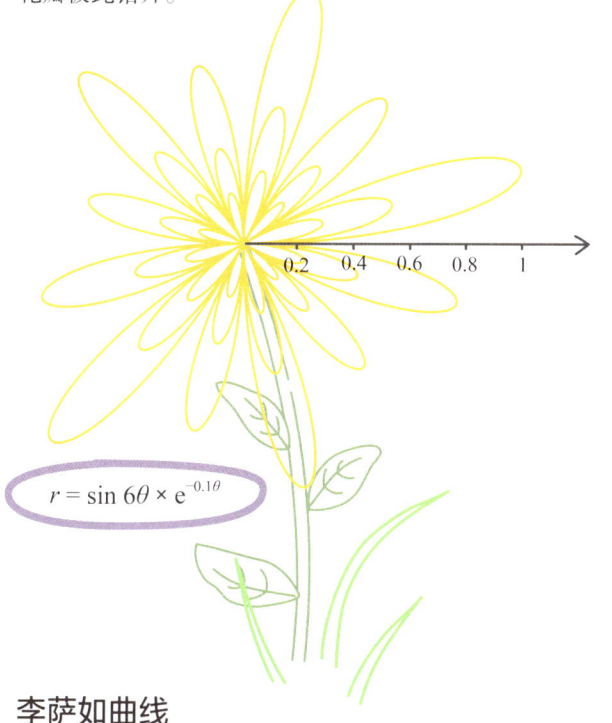

$r = \sin 6\theta \times e^{-0.1\theta}$

$r = \sin 6.5\theta \times e^{-0.1\theta}$

e 是一个数学常数，叫作欧拉数，约等于 2.718。

李萨如曲线

在笛卡儿坐标系中，表达方程的另一种方法是利用**参数方程**。在这里，x 和 y 坐标分别根据参数 t 的不同值计算。比如，圆的方程可以表示为 $x = \cos t, y = \sin t$，其中 t 的取值范围为 $0°$ 到 $360°$。

李萨如曲线的参数方程为 $x = \sin at$，$y = \sin bt$，其中 a 和 b 的值，尤其是它们之间的比率，决定了曲线的复杂程度。

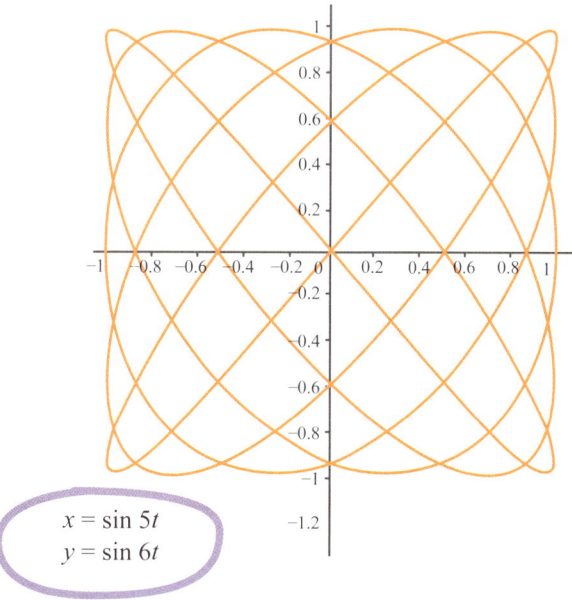

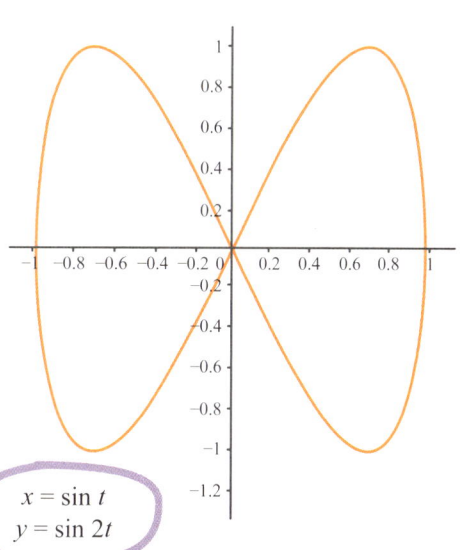

$x = \sin 5t$
$y = \sin 6t$

$x = \sin t$
$y = \sin 2t$

第 6 章 坐标

✓ 回顾

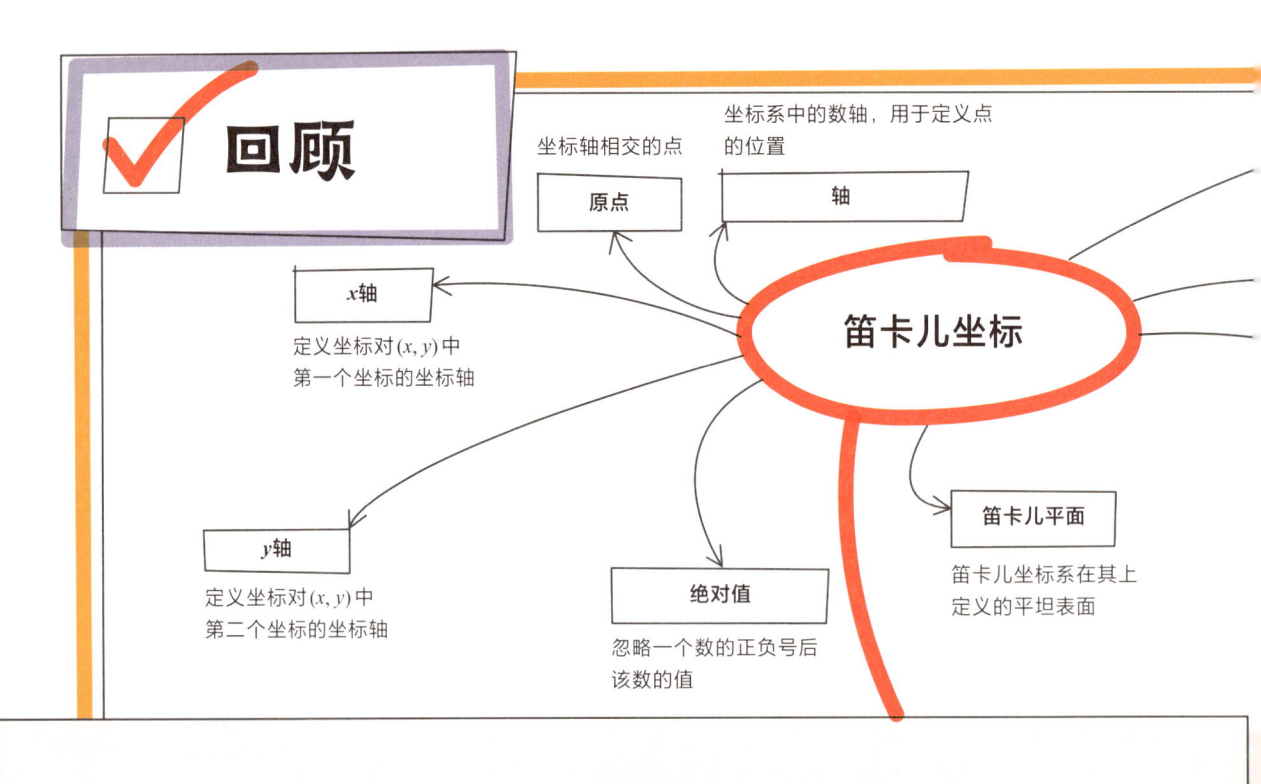

坐标轴相交的点

原点

坐标系中的数轴,用于定义点的位置

轴

x轴

定义坐标对 (x, y) 中第一个坐标的坐标轴

笛卡儿坐标

y轴

定义坐标对 (x, y) 中第二个坐标的坐标轴

绝对值

忽略一个数的正负号后该数的值

笛卡儿平面

笛卡儿坐标系在其上定义的平坦表面

坐标

通过点与固定点之间的距离,以及与固定轴之间的夹角来确定该点位置的系统

极坐标

极点

极坐标系中固定的参考点

极坐标

极轴

极坐标系中的固定轴

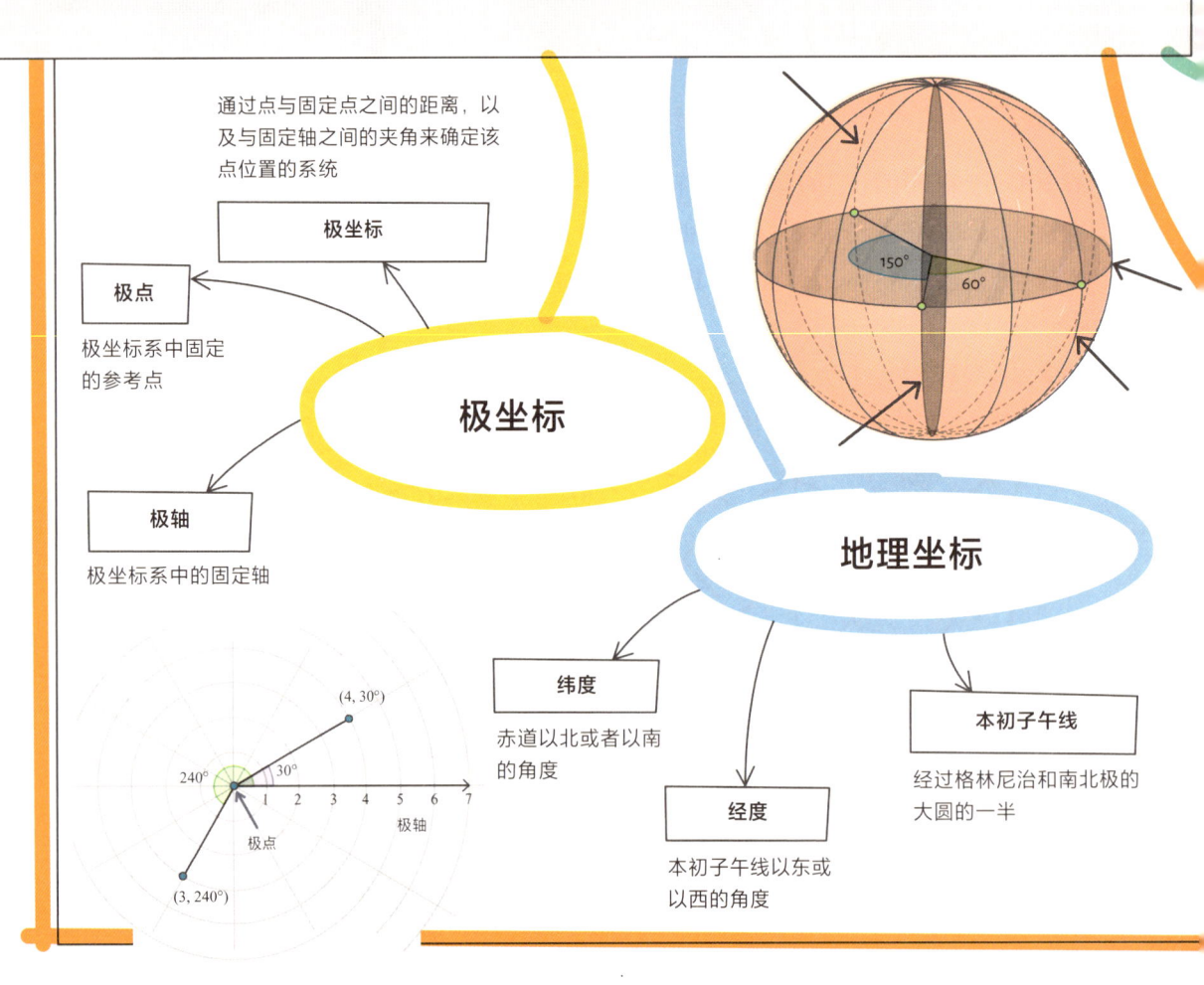

地理坐标

纬度

赤道以北或者以南的角度

经度

本初子午线以东或以西的角度

本初子午线

经过格林尼治和南北极的大圆的一半

(4, 30°)

(3, 240°)

极点　极轴

120　图解几何

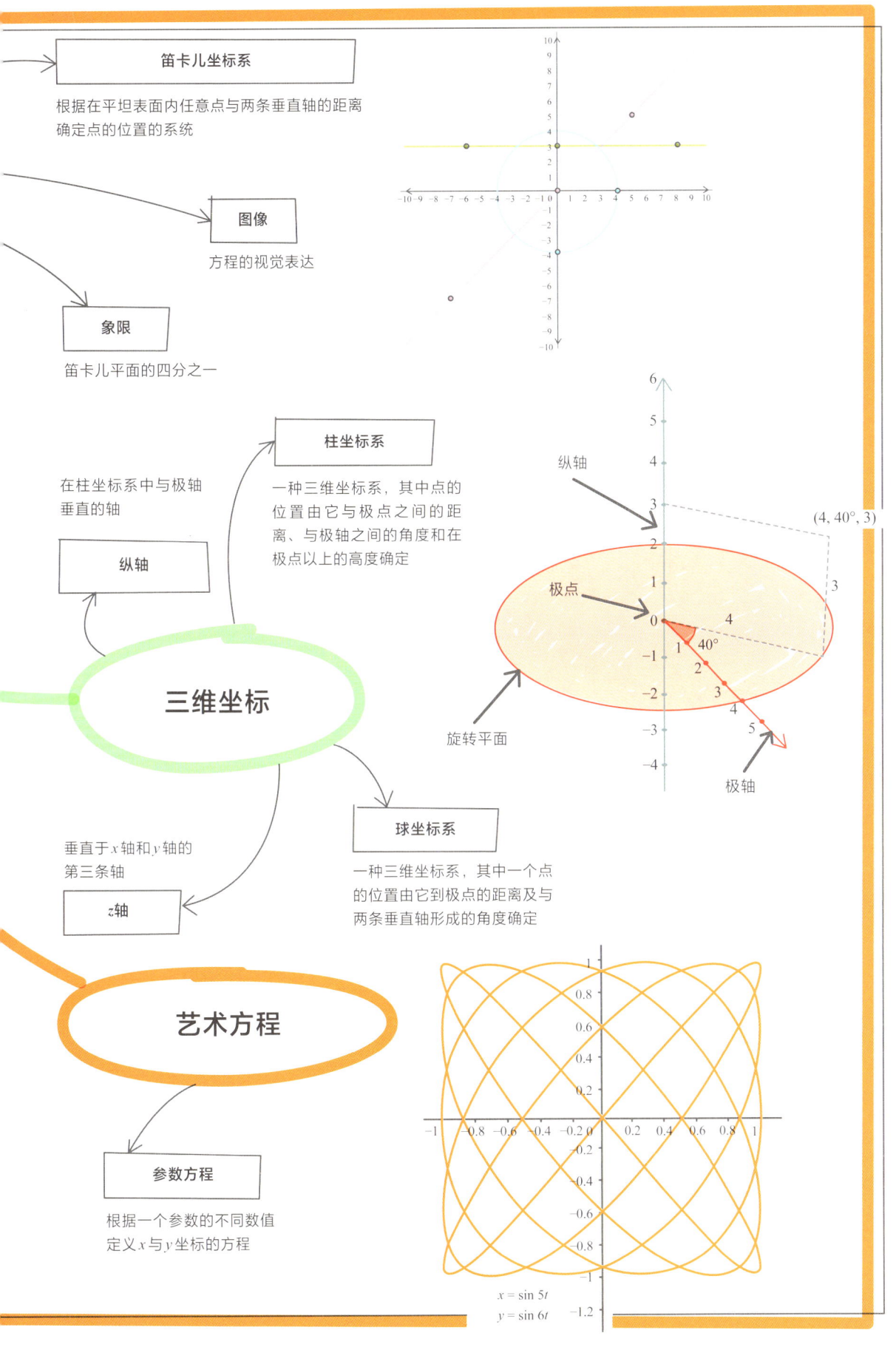

笛卡儿坐标系

根据在平坦表面内任意点与两条垂直轴的距离确定点的位置的系统

图像

方程的视觉表达

象限

笛卡儿平面的四分之一

三维坐标

柱坐标系

一种三维坐标系，其中点的位置由它与极点之间的距离、与极轴之间的角度和在极点以上的高度确定

纵轴

在柱坐标系中与极轴垂直的轴

z轴

垂直于 x 轴和 y 轴的第三条轴

球坐标系

一种三维坐标系，其中一个点的位置由它到极点的距离及与两条垂直轴形成的角度确定

(4, 40°, 3)

纵轴
极点
旋转平面
极轴

艺术方程

参数方程

根据一个参数的不同数值定义 x 与 y 坐标的方程

$x = \sin 5t$
$y = \sin 6t$

第 6 章 坐标 121

第 7 章

变换与对称

变换是改变对象的方式。这种改变可以通过翻转、旋转、移动或放缩来实现。如果一个对象在变换后看起来没有变化，它就具有该变换下的对称性。在本章中，你将学习不同类型的变换及其效果。你还将看到数学家研究的一些不同类型的对称性。

最后，你将了解全等图形（彼此完全相同的两个形状）和相似图形（其中一个形状是另一个形状的准确缩放）。

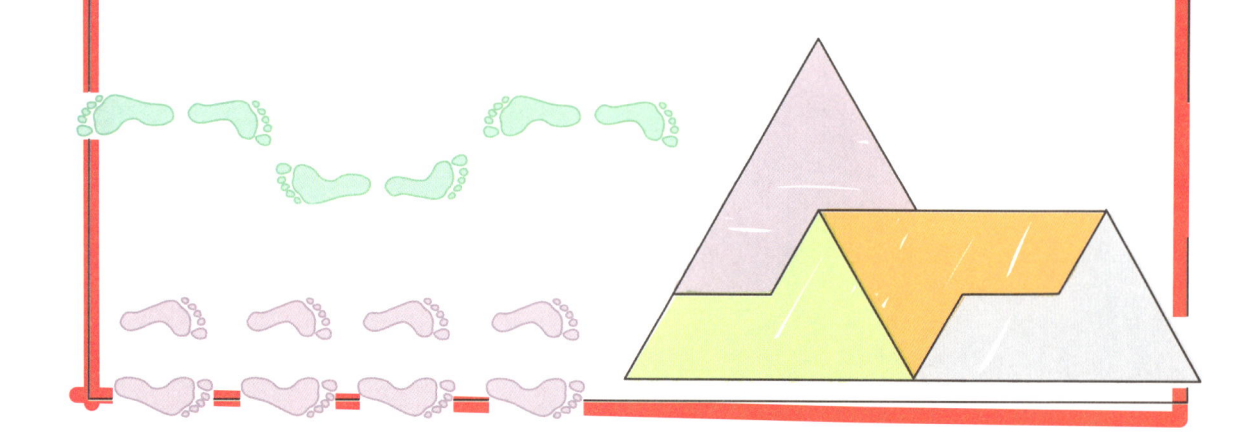

反射

每当你照镜子时,你看到的是自己的**反射**,即镜子另一侧自己的像。这个像看起来和你一样,却是左右对调的。

几何中的二维对象的反射与人在镜子中的反射方式相同,只不过"镜子"可以是一条直线、一个点,甚至是一个圆。

直线反射

一个对象经过变换得到的结果叫作**像**。在这里,点 A' 是点 A 经直线反射后的像。当一个点经直线反射时,它和它的像(反射后的对象)与直线的垂直距离相等,但分别位于直线两侧。

位于反射线上的点叫作**不变点**,也就是像与原始点位于同一位置的点。

如果反射线穿过进行反射变换的形状,则每个顶点的像最终会位于直线的另一侧,因此像会与原始形状有重叠的部分。

要让多边形经一条直线反射,首先反射每个顶点。然后,连接顶点的像,这样就创建了多边形的像,但与原始多边形相比,像是翻转的。

变换的**逆变换**是将像映射回原始对象的变换。反射是其自身的逆变换,这就意味着,像会沿着同一条反射线映射回原始对象。

第 7 章 变换与对称 **125**

点反射

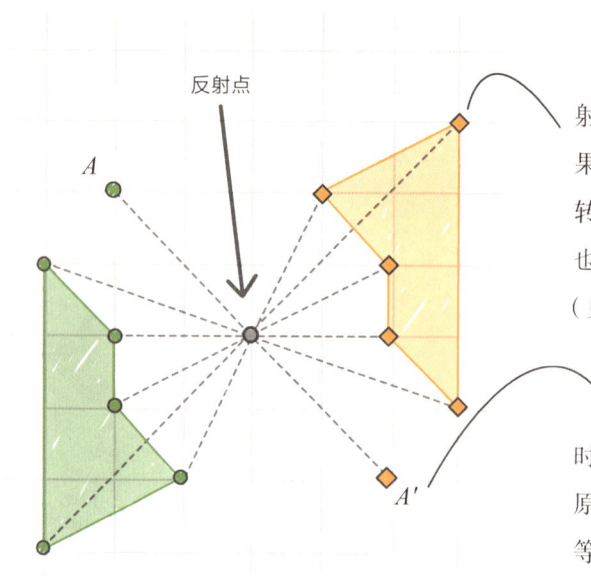

反射点

A

A'

如果一个形状关于一点反射，就会产生翻转且倒置的效果，所得的像是由原始形状旋转（见第 128 页）而来的。这也等同于比例因子为 –1 的缩放（见第 130 页）。

当一个点关于某个点反射时，像与反射点之间的距离同原始点到反射点之间的距离相等，位于一条经过原始点和反射点的直线上。

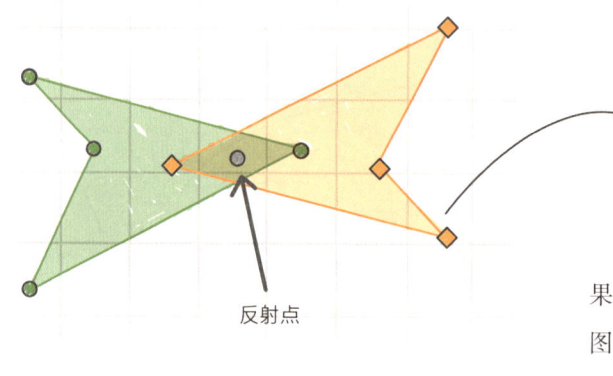

反射点

与经直线的反射一样，如果反射点位于原始形状内部，图像就会与原始形状有重叠的部分。

圆反射

圆反射（反演）是涉及物体在圆内反射的变换。与关于直线或点的反射不同，在圆反射中，像可能与原始对象存在显著的不同。

圆反射可以产生一些令人惊讶的像，比如图中圆外正方形网格在圆内的像呈花朵状

126 图解几何

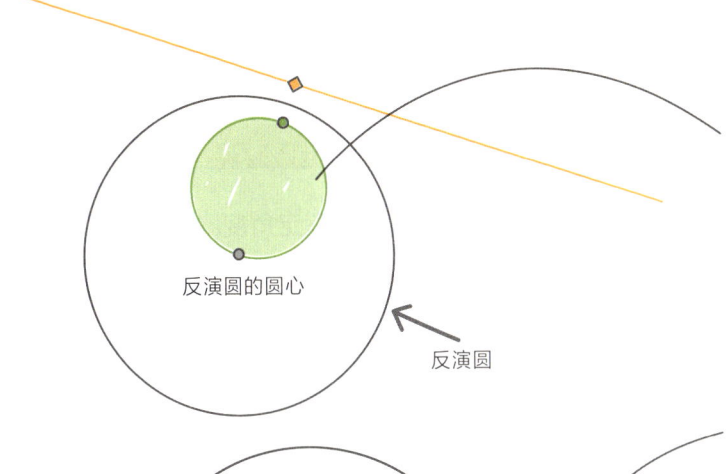

如果一个圆经过反演圆的圆心，则其反演像就是一条向两端无限延伸的直线。一般来说，某点距离反演圆的圆心越近，其反演像距离圆心就越远。

在反演变换下，曲线会转化为直线，直线则会转化为曲线。图示正方形各边的反演像均为半圆弧，而正方形内部的点则映射至由4条半圆弧围成的区域之外。整个正方形内部区域的反演像，将转化为一个朝各个方向无限延展的广阔区域。

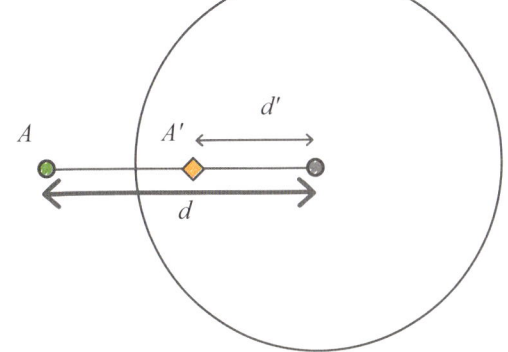

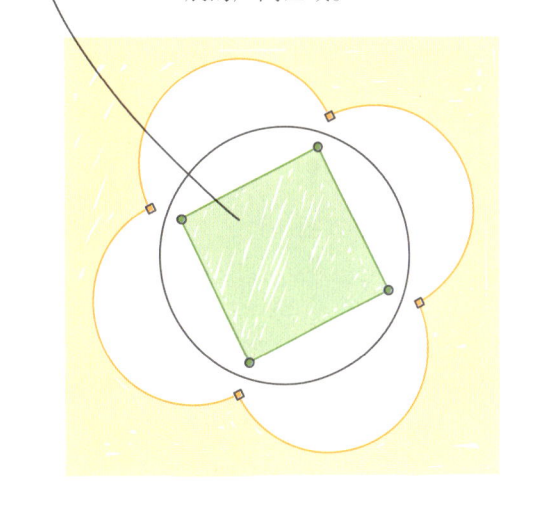

设某点与反演圆圆心之间的距离为d，其反演像与圆心之间的距离d'满足关系式$d' = \dfrac{r^2}{d}$（其中r为反演圆的半径）。

对于半径为1的单位反演圆：

- 距离圆心1个单位的点（位于圆周上的点），其反演像与圆心之间的距离为$\dfrac{1^2}{1} = 1$，所以圆周上的点是一个不变点。

- 距离圆心0.5个单位的点（在圆内），其反演像与圆心之间的距离为$\dfrac{1^2}{0.5} = 2$（在圆外）。

- 位于圆心处的点（距离0）因$\dfrac{1^2}{0}$无定义而无反演像。

若原图形位于圆内，则其反演像位于圆外且大于原图形；若原图形位于圆外，则其反演像位于圆内且小于原图形。

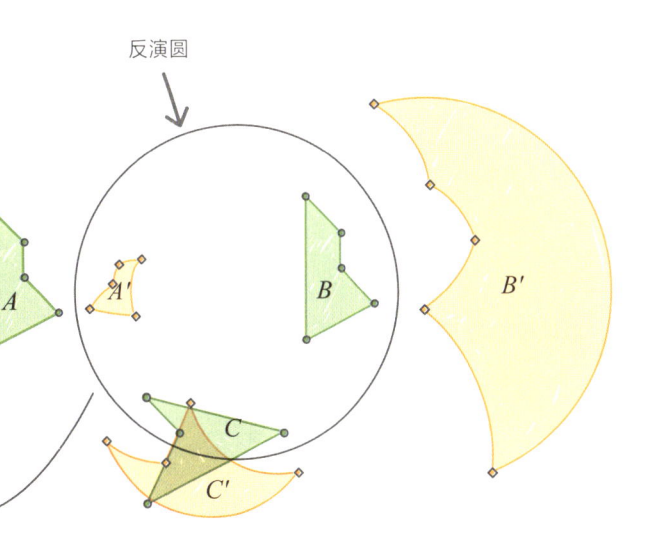

第7章　变换与对称　**127**

旋转

旋转是一种变换，令物体绕给定点（被称为旋转中心）转动指定角度。旋转中心可以位于被旋转物体之内或之外。

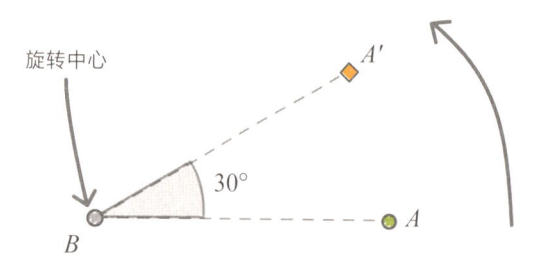

点 A' 是点 A 绕旋转中心 B 逆时针旋转 30° 所得的像。旋转的逆变换为绕同一中心反向旋转相同角度，因此可将点 A 视为点 A' 绕点 B 顺时针旋转 30° 的结果。

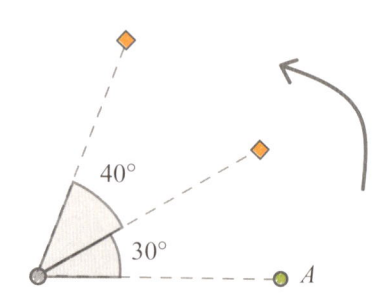

两次旋转可通过连续实施进行整合，比如，绕同一中心沿同方向先旋转 30° 再旋转 40°，等效于直接绕该中心旋转 70°。

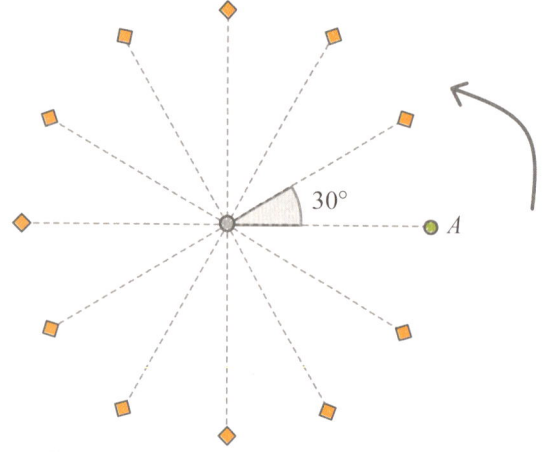

若 360° 是旋转角度的倍数，则在重复旋转该倍数次后，被旋转对象将回到它的初始位置。比如，将点 A 每次旋转 30°，重复 12 次后它就会回归原位。

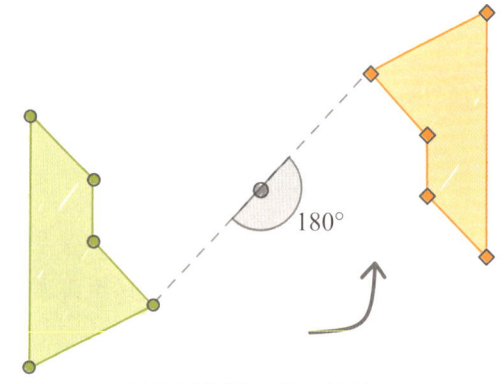

180° 的旋转等同于关于旋转中心的点反射，或者比例因子为 –1 的缩放变换（见第 130 页）。

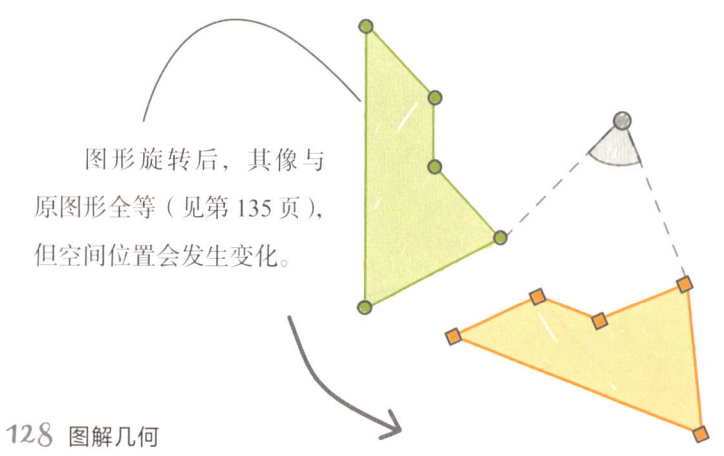

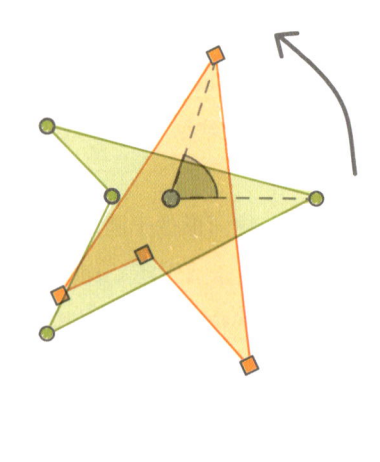

图形旋转后，其像与原图形全等（见第 135 页），但空间位置会发生变化。

128 图解几何

平移

平移只会移动对象，而不会改变其大小、形状或方向。平移通常用向量（也称矢量）表示，该向量描述物体在两个（或更多）垂直方向上移动的距离。

平面向量的笛卡儿坐标由两个数组成，分别表示两个相互垂直的方向上的距离。向量在括号内书写，(x, y) 表示"沿 x 轴平移 x 个单位，沿 y 轴平移 y 个单位"。

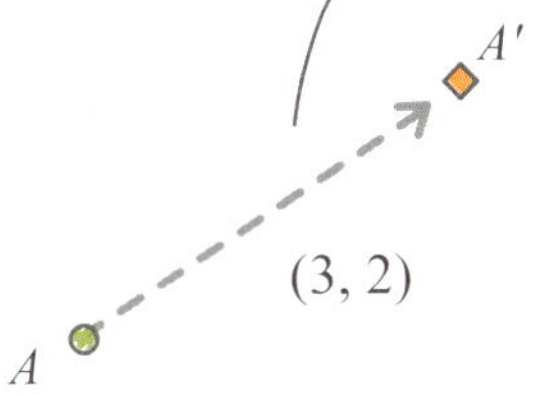

点 A' 是点 A 经过向量 $\binom{3}{2}$ 平移后得到的像。

对于向量的 x 分量，正值表示向右平移，负值表示向左平移。对于 y 分量，正值表示向上平移，负值表示向下平移。

平移多边形时，先平移每个顶点，再按原多边形的连接方式连接各顶点。平移后的像位于新位置，并与原图形全等（见第135页）。记住，平移变换中不存在不变点。

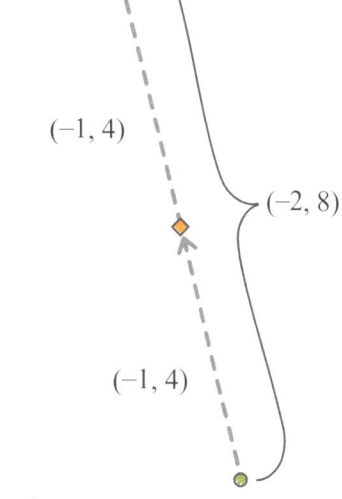

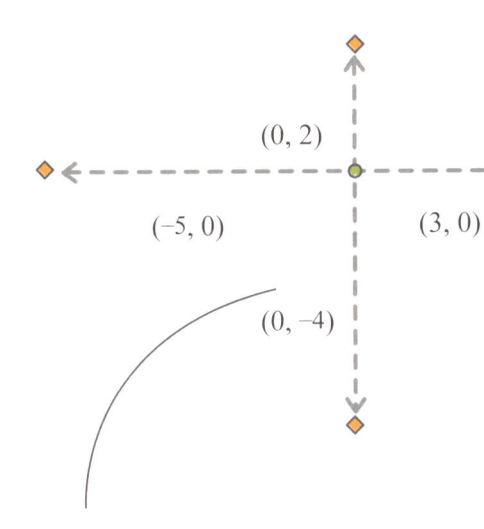

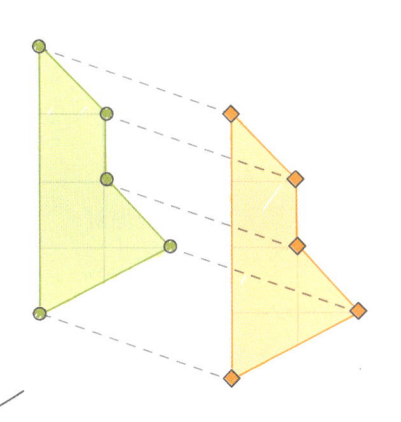

两个向量可通过分别对 x 分量和 y 分量相加进行组合：两次平移向量 $(-1, 4)$，等同于平移向量 $[(-1) + (-1), 4 + 4] = (-2, 8)$。

第 7 章　变换与对称　129

缩放

缩放是一种变换，能将图形变换为形状相同但尺寸放大或缩小的像。比例因子决定了像的放大或缩小程度，而缩放中心决定了像相对于原图形的位置。

若缩放变换的比例因子 k 大于 1，则像比原对象大；若 k 介于 0 和 1 之间，则像比原对象小。像中的角度与原对象保持一致，而边长按比例因子变化：若原边长为 3 个单位，则对应像的边长为 $3k$ 个单位。

图形面积按比例因子的平方倍数变化：原对象面积为 3 个单位的像面积为 $3k^2$ 单位。你将在相似对象部分读到有关面积比例因子的更多内容（见第 138 页）。

在原对象上距离缩放中心为 d 的点，其像位于同方向上距离缩放中心 kd 处。该缩放变换生成的像与原对象在数学上相似（见第 137 页）。

缩放中心

比例因子 = 2

比例因子 = 2

比例因子 = –2

缩放中心

当缩放中心位于原对象上的某点时，该点变换时被映射到原对象的同一位置，因此原对象与像会有重叠。

若缩放中心恰为原对象的中心点，则像与原对象的中心点位置不变。

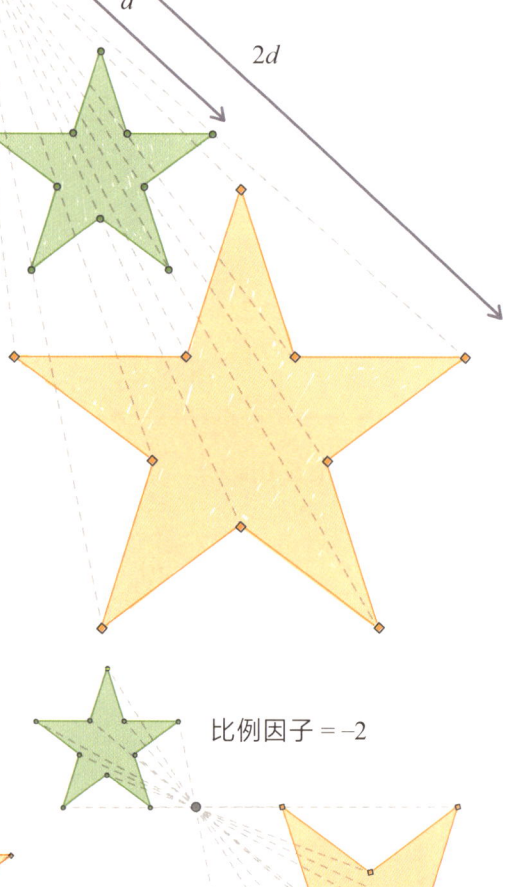

当比例因子为负值时，像会相对于原对象倒置，并位于缩放中心的另一侧。比例因子为 –1 的缩放变换等效于点反射或进行 180° 旋转。

对称性

对称性是指对象在经历某种变换后保持不变的特性。这种特性广泛存在于自然界，比如蝴蝶、花朵和雪花，也常见于人造结构。对称设计往往会给人以美的感受。

我们在第 125 页了解到，变换前后保持不变的点叫作不变点。若整个对象在变换后看起来保持不变（具有**不变性**），则该对象在此变换下具有对称性。

反射对称性与旋转对称性

具有**反射对称性**的对象存在一条或多条**对称轴**——当对象沿任何一条对称轴反射时，其外观保持不变。

对称轴

平行四边形不具有反射对称性

等腰三角形有一条对称轴

矩形有两条对称轴

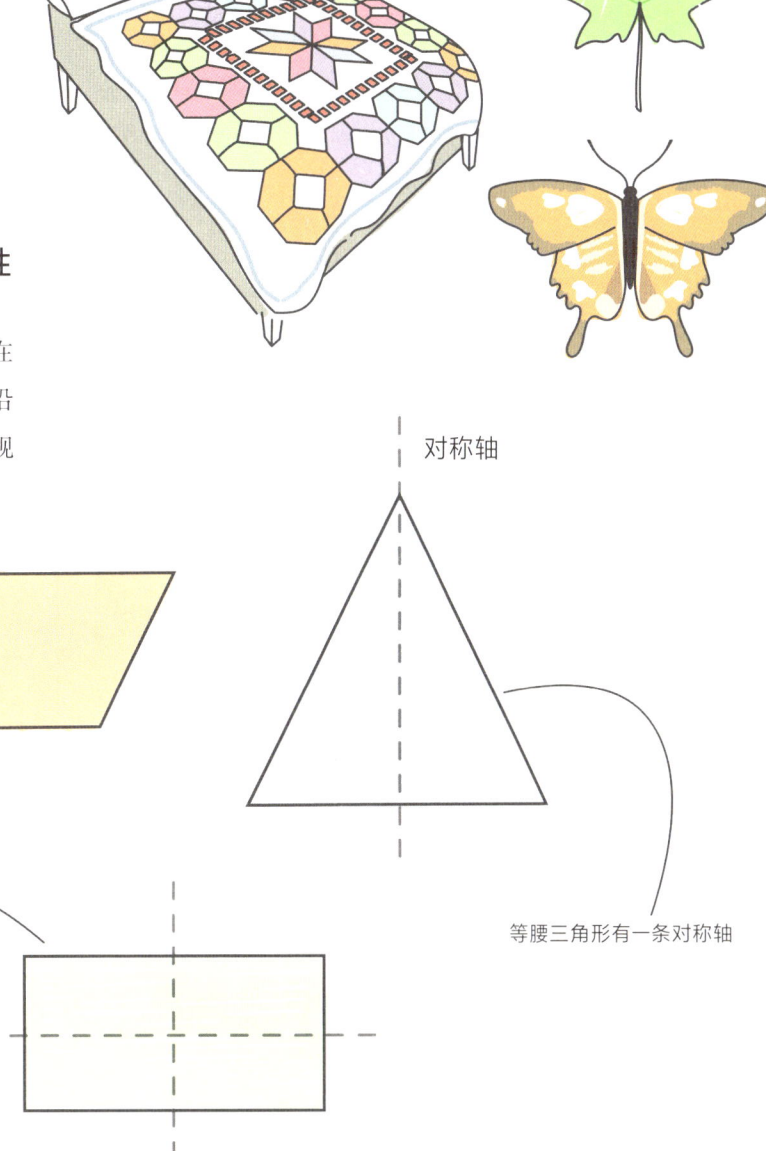

第 7 章 变换与对称

具有**旋转对称性**的对象在旋转后保持不变。**旋转对称阶数**指对象在旋转一周的过程中位置与原来重合的次数。如果旋转对称阶数为 1，则意味着仅当旋转 360°时才会重合，这实际上表明该对象不具备旋转对称性。

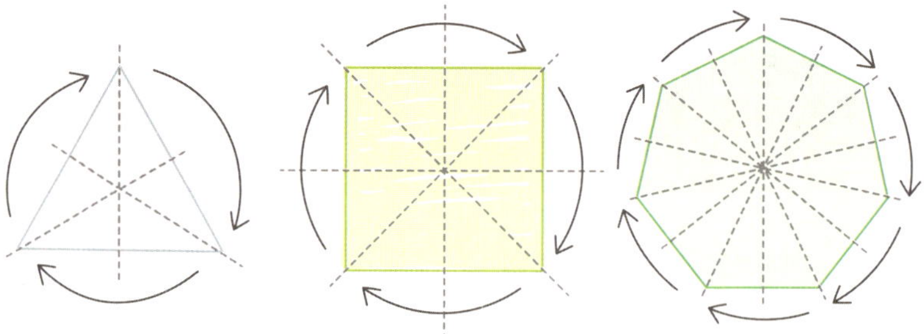

正多边形的对称轴数量与旋转对称阶数均等于其顶点数

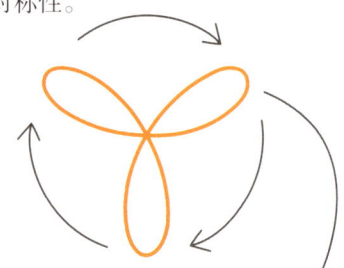

三瓣玫瑰线具有三阶旋转对称性，当旋转 120°、240° 或 360°时保持不变。

圆拥有无穷多条对称轴，即沿任意直径反射均保持原状。其旋转对称阶数同样无穷，即绕圆心旋转任意角度皆保持对称。

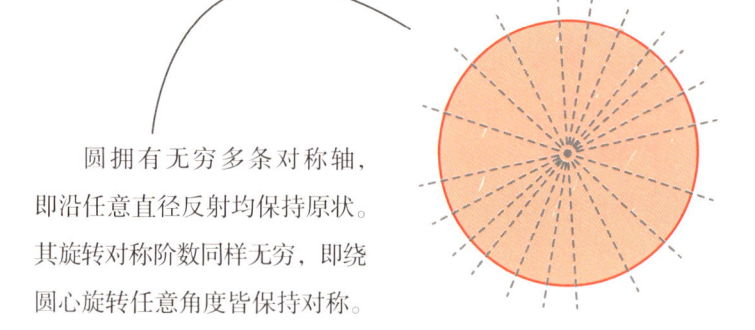

平移对称性与滑移反射对称性

具有平移不变性的对象即具备**平移对称性**，这种特性常见于墙纸或包装纸的连续纹样中。第 3 章所述的所有周期性铺砌均具有平移对称性，即将整个图案平移后能与原图完全重合的特性。

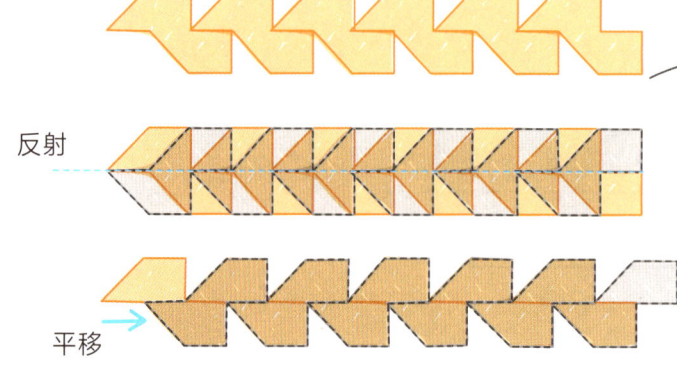

反射

平移

滑移反射对称性是指物体在反射与平移的复合变换下保持不变，即对象经反射后再平移，其像仍与原对象一致。

对称群

对象的**对称群**是指所有能使该对象保持不变的变换所构成的集合，这些变换叫作该对象的"对称操作"。该集合构成数学意义上的群，满足以下特性：

- 群中任意两个对称操作的组合仍属于该群。
- 存在恒等对称操作（不产生实际变换效果的操作）。

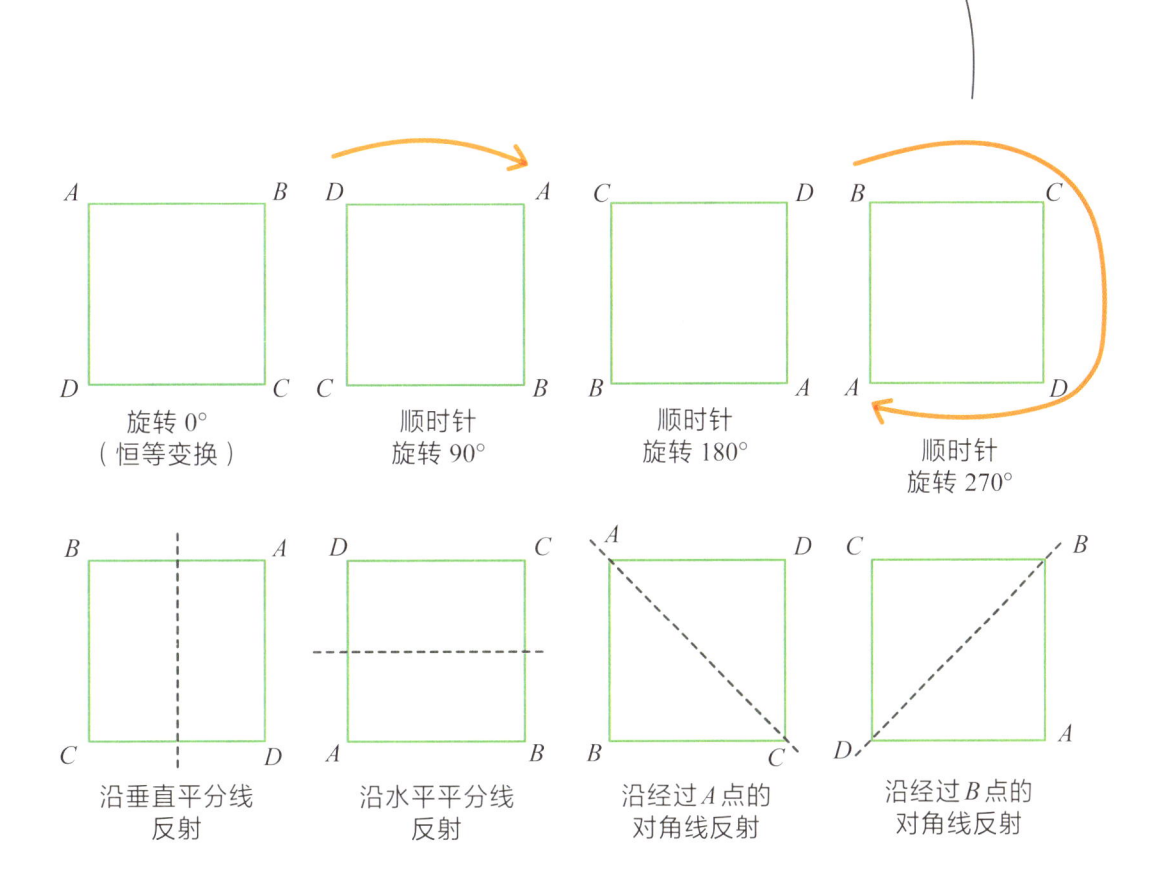

旋转 0°（恒等变换）

顺时针旋转 90°

顺时针旋转 180°

顺时针旋转 270°

沿垂直平分线反射

沿水平平分线反射

沿经过 A 点的对角线反射

沿经过 B 点的对角线反射

以正方形为例，其对称群包含8种变换：4种旋转（含0°恒等旋转）和4种反射。通过标记顶点 A、B、C、D 可观察每种变换的效果。比如，沿水平平分线反射后再顺时针旋转90°，等价于沿经过顶点 A 的对角线反射。

对称群理论在许多数学领域中都很重要，其背后的思维既能应用于几何领域，也能应用于抽象领域。它们提供了一种方法，可用于观察不同数学领域之间可能并不明显的联系。比如，适用于具有特定对称群的某个对象的定理，可能适用于具有相同对称群的其他数学分支。

带状对称

带状图案是一种单向重复的设计，你在墙纸边饰上看到的设计就是其中一例。

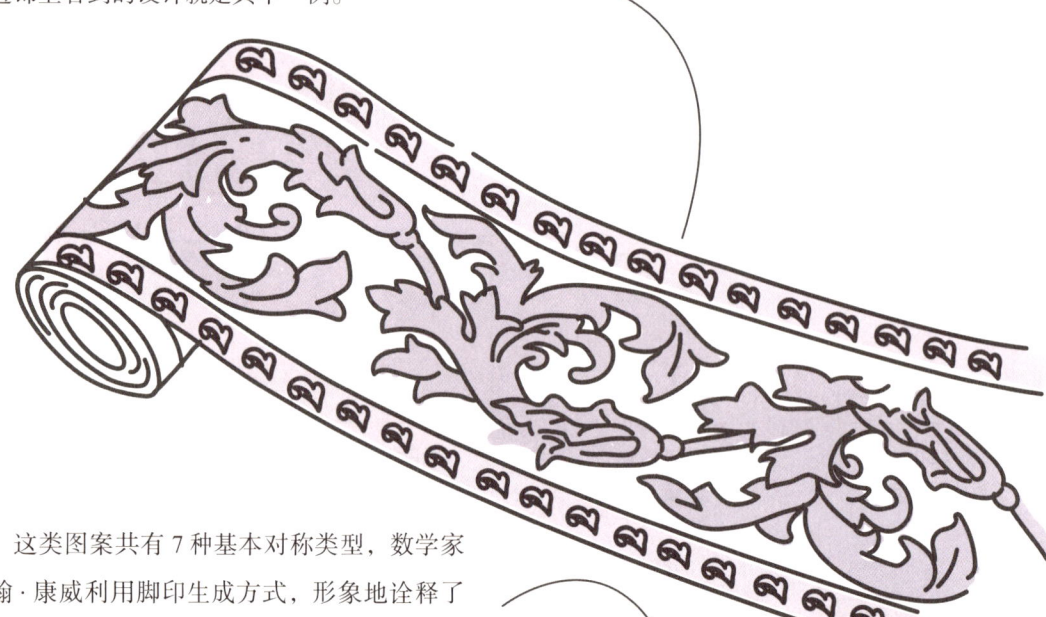

这类图案共有 7 种基本对称类型，数学家约翰·康威利用脚印生成方式，形象地诠释了其中每一种对称性：

单脚跳行型：这种带状模式具有平移对称性

踏步型：这种带状模式具有滑移反射对称性与平移对称性

滑移型：这种带状模式具有反射对称性（垂直轴对称）与平移对称性

旋转跳跃型：这种带状模式兼具 180° 旋转对称性与平移对称性

旋转滑移型：这种带状模式具有反射对称性（垂直轴对称）、滑移反射对称性、180° 旋转对称性及平移对称性

弹跳型：这种带状模式具有反射对称性（水平轴对称）、滑移反射对称性及平移对称性

旋转弹跳型：这种带状模式集反射对称性（水平/垂直轴对称）、滑移反射对称性、180° 旋转对称性和平移对称性于一体

全等与相似

若两个图形能完全重合，即当一个图形叠放在另一个上时所有点都能对应匹配，则称这两个图形全等。若一个图形是另一个的放大版本，即对应角相等且边长（或半径、周长等其他维度）成相同比例，则称这两个图形相似。

全等

当两个图形的边长和角度完全相等时，它们就是全等图形。唯一能够区分它们的只有位置、颜色或标记，就像一对只能通过T恤颜色来区分的同卵双胞胎一样。

平移、直线反射、点反射和旋转产生的图像都与原图形全等。这引出了更正式的全等定义：若一个图形能通过平移、反射和旋转的组合变换映射到另一个图形上，则这两个图形全等。保持距离和角度不变的变换叫作**等距变换**。

全等多边形具有完全相同的边长序列和角度序列。

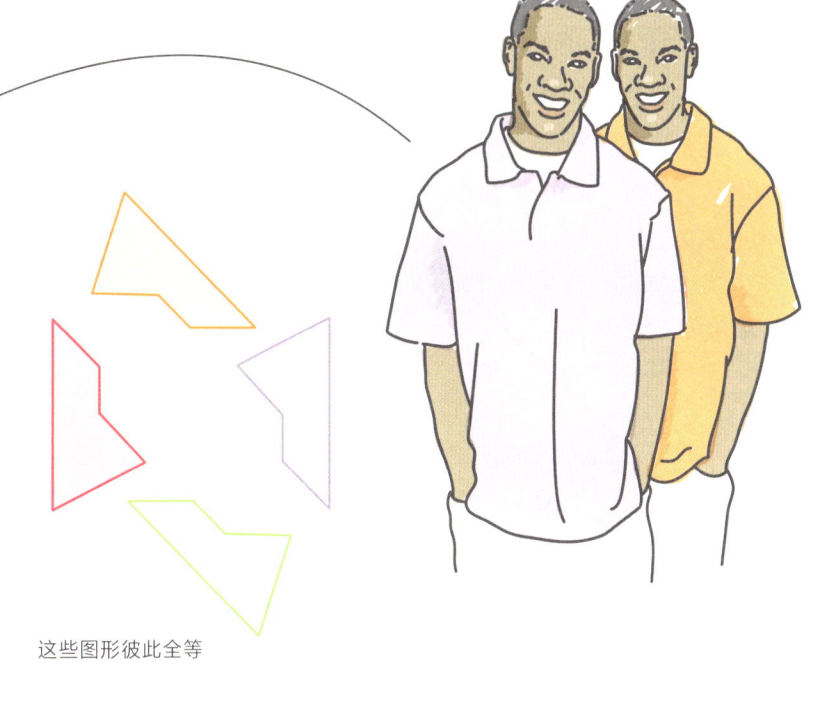

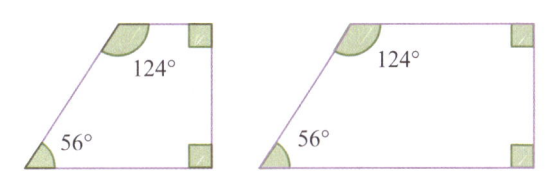

这些图形彼此全等

以上两个图形的各角大小相等，但边长不等，因此不全等。

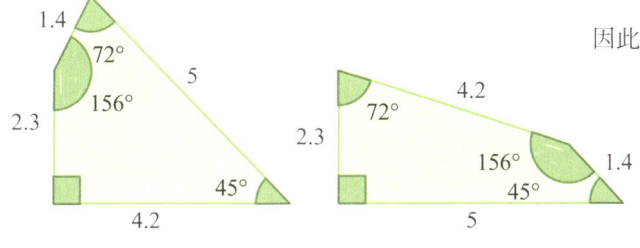

以上两个图形虽然边长和角度相同，但由于边角排列顺序不同，因此不全等。具体表现为：左图的45°角位于长度为5与4.2的边之间，而在右图中该角位于长度为5与1.4的边之间。

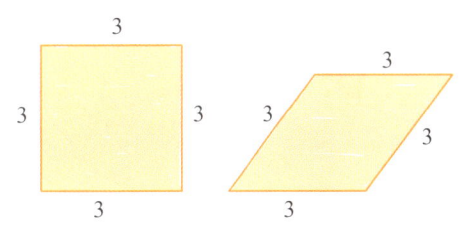

以上两个图形的边长相等，但其中的角度不一样，所以它们不全等。

第 7 章　变换与对称　**135**

全等三角形

我们无须知道两个三角形的边长和角度是否全都相等，就可以判断它们是否全等。关于全等三角形，共有 4 种不同的判定规则：

边边边（SSS）——如果一个三角形的三条边的长度与另一个三角形的三条边的长度分别对应相等，则这两个三角形全等。这是因为，如果边长相等，则角度也必然相等。此规则仅适用于三角形，对其他多边形并不成立。

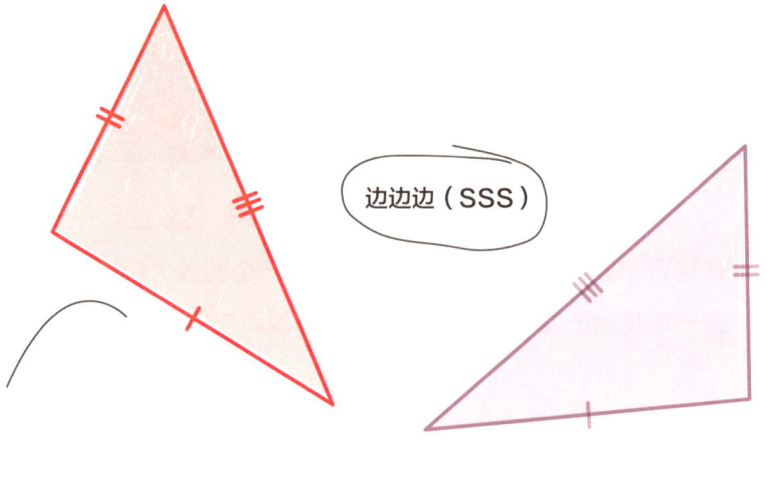

边边边（SSS）

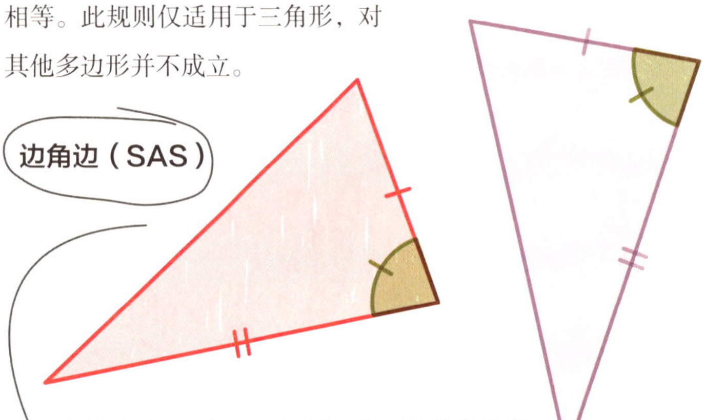

边角边（SAS）

角边角（ASA）

边角边（SAS）——如果一个三角形的两条边与另一个三角形的两条边相等，而且这两条边的夹角相等，则这两个三角形全等。

角角边（AAS）

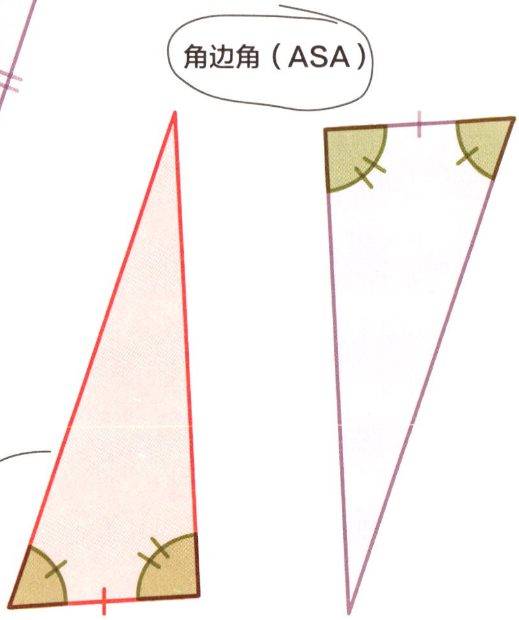

角边角（ASA）——如果一个三角形的两个角及它们夹的边与另一个三角形的对应角及对应边分别相等，则这两个三角形全等。

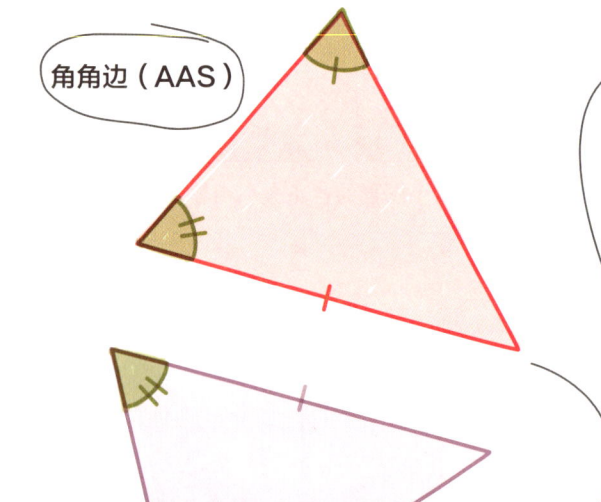

角角边（AAS）——如果两个三角形有两个角对应相等，而且有任意一条边对应相等，则这两个三角形全等。

136 图解几何

相似

在日常用语中，我们用"相似"表示两样事物有些相像。比如，我们会说苹果树和梨树相似，因为它们都结带籽的硬果实。但在数学上，"**相似**"具有更精确的含义——若两个图形相似，则其中一个图形是另一个图形的放大版本。

相似图形具有对应边和对应角，即相互匹配的部分：对应边是指相同的两个角之间的边，而对应角是指相同的两条边之间的夹角。

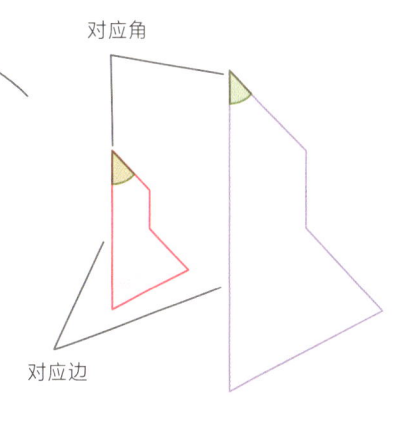

这两个人长得相似，但不是数学上的相似

相似图形的对应角大小相等，对应边成比例。这就意味着，一个图形中的每条边长都是另一图形中对应边长的相同倍数。比如，若比例因子为2，则较大图形的每条边长都是较小图形对应边长的两倍。

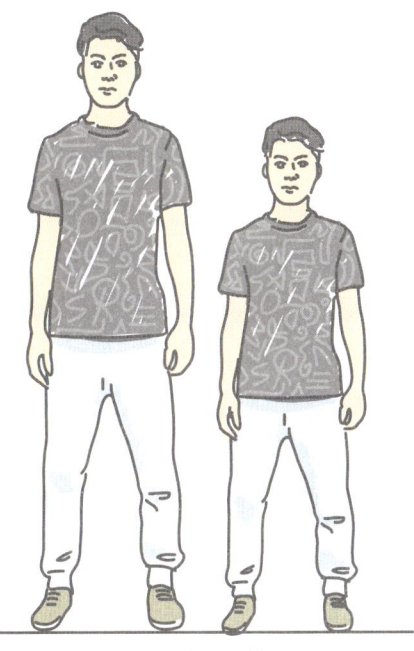

这两个人的相似是数学上的相似

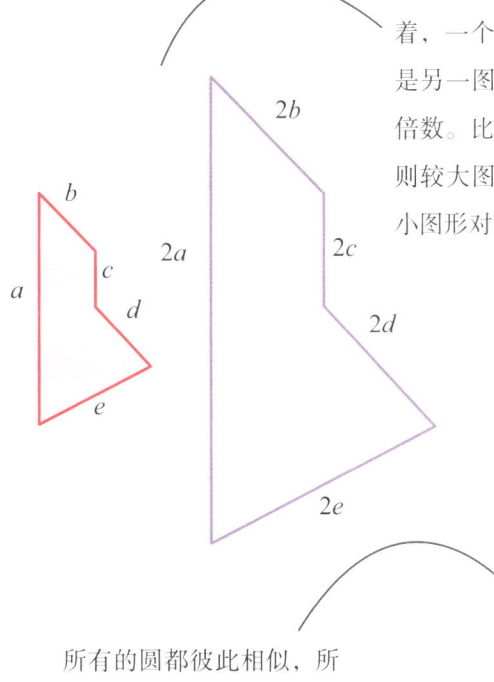

所有的圆都彼此相似，所有边数相同的正多边形也彼此相似（比如，所有正六边形都彼此相似）。

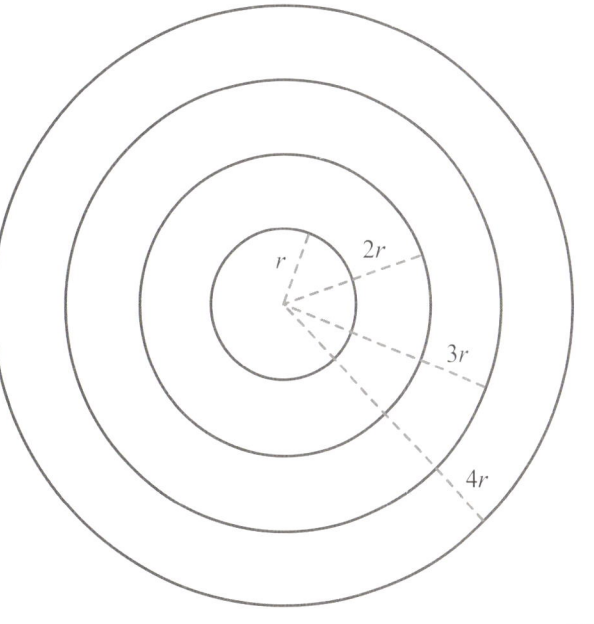

第 7 章　变换与对称　137

面积与体积的比例因子

面积比例因子

面积比例因子可以告诉我们，当图形放大时，其面积会增大多少倍。如果一个二维图形的长度比例因子为 k（图形边长乘 k 得到放大后的边长），则面积比例因子为 k^2。也就是说，原图形的面积乘 k^2 即可得到放大后的面积。

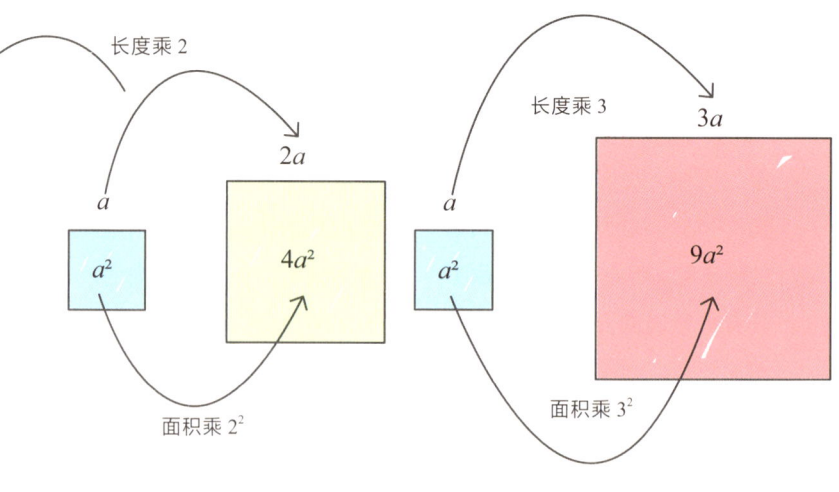

体积比例因子

同理，体积比例因子可以告诉我们，三维形体放大时，其体积会增大多少倍。若长度比例因子为 k，则体积比例因子为 k^3。

调整蛋糕配方以适应不同尺寸的模具时，这一点非常实用。如果模具的直径和高度均为原配方的 2 倍，则模具体积将是原来的 8 倍。若仅将配方材料用量加倍，做出的蛋糕就会比预期小很多！此时需按体积比例因子将材料用量乘 8，才能填满更大的模具。

如果模具直径是原配方的 2 倍，但高度不变，则需使用面积比例因子计算材料用量，将配方乘 $2^2 = 4$。若错误地乘 8（如前一例子），蛋糕就会溢出模具！

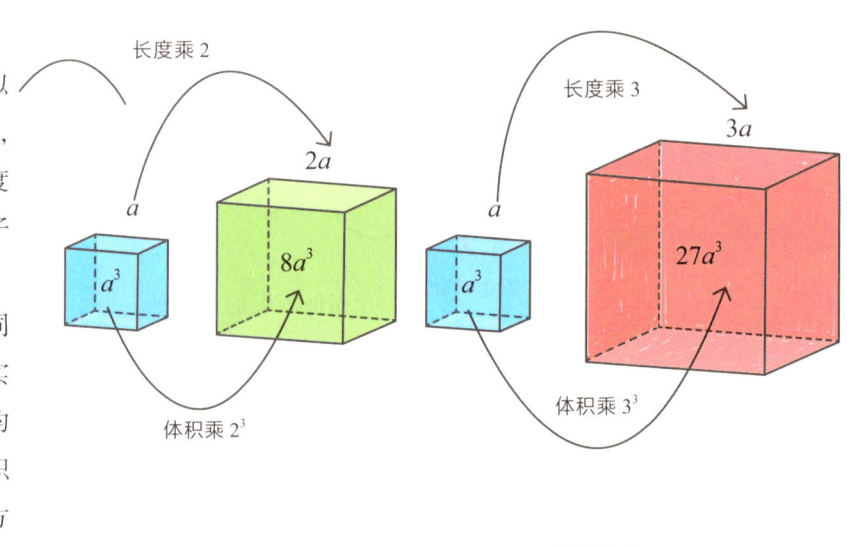

自相似图形

一种可被分割成若干相似缩小版本的图形叫作自相似图形。第 3 章中提到的直角三角形即为一例,它可被分割成自身的相似副本,形成非周期性铺砌。

一切正方形、矩形、平行四边形、菱形和三角形均属于自相似图形,每种图形均可被分割成 4 个相似的缩小版本。

可被分割成两个相似副本的矩形,是让我们能够得到 A_1、A_2 等标准纸张尺寸的基础。这种矩形的长边长度为短边长度的 $\sqrt{2}$ 倍,因此每级纸张的面积是下一级的两倍,也就是说,面积比例因子为 $(\sqrt{2})^2 = 2$。

四边形中的自相似图形众多,但五边形的自相似图形极少,其中一例为"狮身人面像",它可被分割成 4 个自身的缩小版本。

科赫雪花始于等边三角形,构建的每个阶段需要在各边上叠加边长为前一阶段边长 1/3 的较小等边三角形。

无限重复这一过程后,生成的图形可被分割成 7 个自身的副本,即 6 个位于外围的小版本和 1 个位于中心的较大版本。有限次操作会在图形间出现间隙,只有无限版本才是真正的自相似图形。

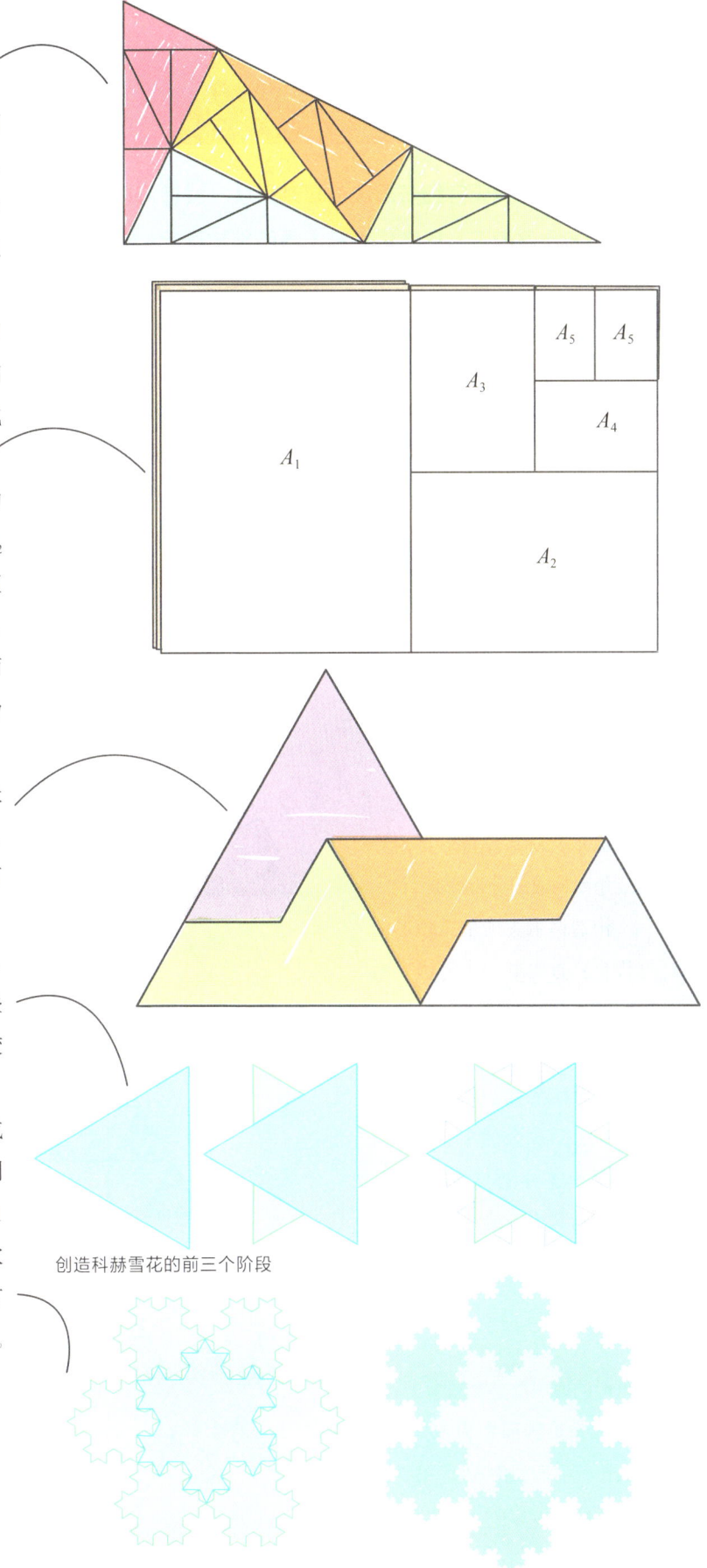

创造科赫雪花的前三个阶段

分形

分形是具有无穷细节层次的复杂形状。我们可以在自然界的许多地方看见分形的生长，比如云层形态、植物生长和人类肺部结构等。研究分形几何，能帮助我们更深入地理解这些自然过程。

分形通常可通过**迭代过程**生成，即不断重复相同步骤，并将每次输出的结果作为下一次的输入。每次重复叫作一次**迭代**，重复次数越多，图形便越精细。任何分形的可视化呈现都只能展示有限次迭代，而要生成完美的分形，则需进行无限次迭代。

大多数分形都具有某种程度的**自相似性**，这意味着其内部包含缩小版本的自身结构。若放大观察分形，就会看到不断重复出现的相同图案和形状。

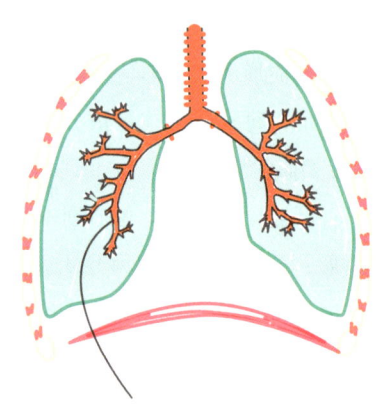

肺部支气管逐级分叉为细小支气管的过程，是分形生长的典型例证

谢尔宾斯基三角形

谢尔宾斯基三角形是由等边三角形构成的分形图案。

构造谢尔宾斯基三角形的过程是：首先取一个等边三角形，并连接三边中点，将原三角形分割成 4 个全等的小三角形，然后移除中心的小三角形。接下来，对剩余的 3 个小三角形重复上述分割与移除步骤，之后继续对生成的 9 个、27 个三角形进行同样的处理，以此类推……

每次迭代后，谢尔宾斯基三角形的面积都会缩减 1/4。设初始三角形的面积为 1，则第一次迭代后面积为 3/4，第二次迭代后面积为 9/16，以此类推。

140　图解几何

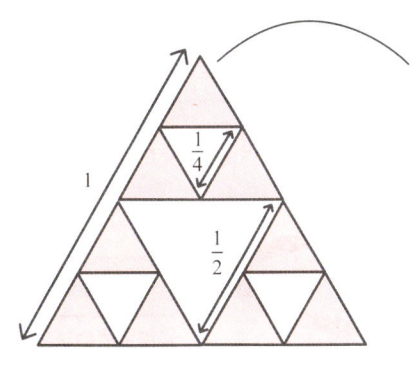

然而，周长会在每次迭代后以 1.5 倍的速率增加。若初始边长为 1（周长为 3），则在第一次迭代后，剩余的三个三角形的边长均为 1/2，总周长为 $3 \times 3 \times 1/2 = 4.5$；第二次迭代后总周长为 6.75，以此类推。

经过无穷次迭代后，其周长趋于无穷大，面积却趋近零。在涉及无穷的数学领域中，这类看似矛盾的结论十分常见。另一个典型例子是科赫雪花：它的周长在无穷次迭代后变得无穷大，但面积仅为初始三角形面积的 8/5。

分形维数是一个数，表示当分形放大时精细细节出现的速率。它是利用每次迭代中出现的相似副本的数量，以及这些副本相对于前一次迭代的比例因子计算出来的。比如，谢尔宾斯基三角形的每次迭代包含前一次迭代的 3 个副本，比例因子为 1/2（每个副本中的边长是前一次迭代中边长的 1/2）。因此，其分形维数约为 1.58。

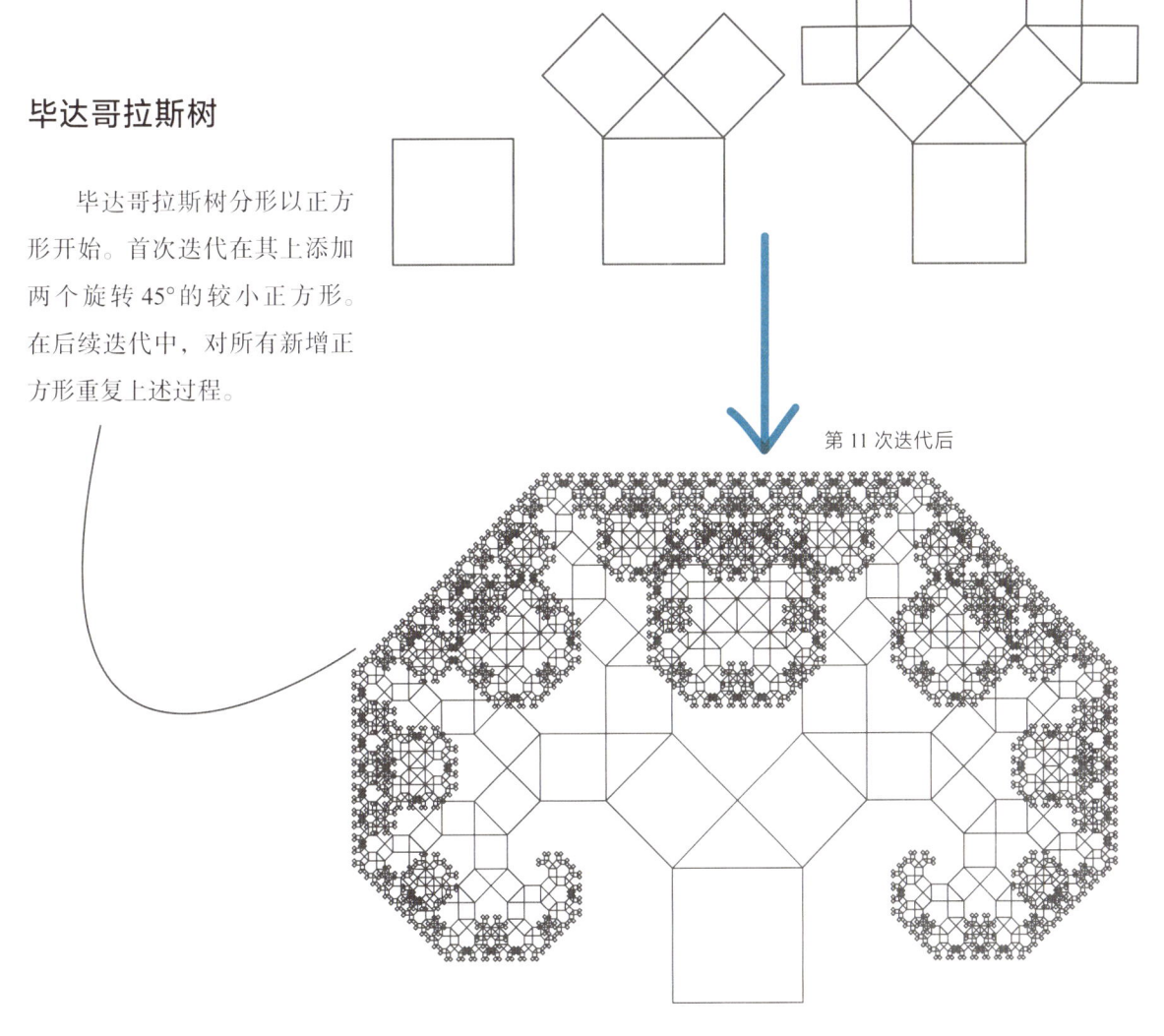

毕达哥拉斯树

毕达哥拉斯树分形以正方形开始。首次迭代在其上添加两个旋转 45° 的较小正方形。在后续迭代中，对所有新增正方形重复上述过程。

第 11 次迭代后

回顾

变换
将一个形状中的所有点映射到另一个位置的过程

反射
反转一个对象来创建一个镜像的过程

反射线/点
对象在反射时参照的直线或者点

反射

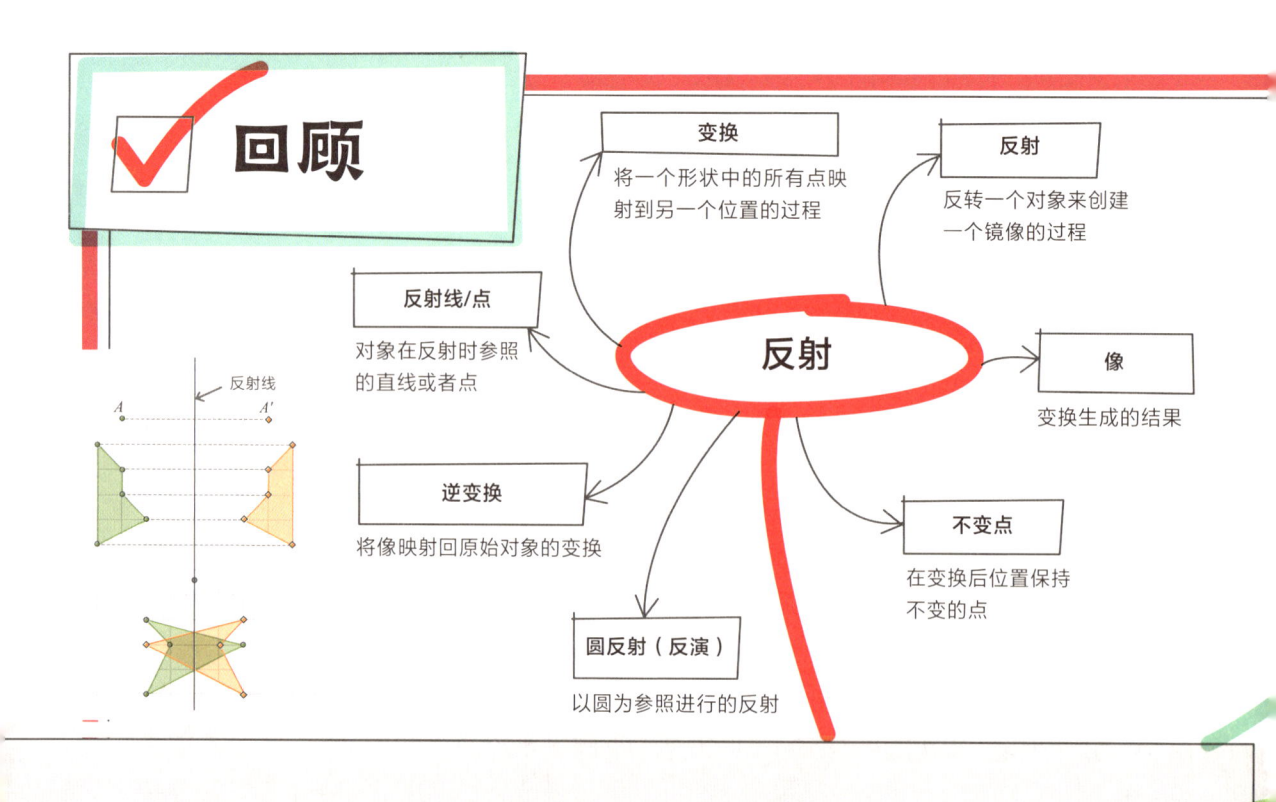

像
变换生成的结果

逆变换
将像映射回原始对象的变换

不变点
在变换后位置保持不变的点

圆反射（反演）
以圆为参照进行的反射

变换与对称

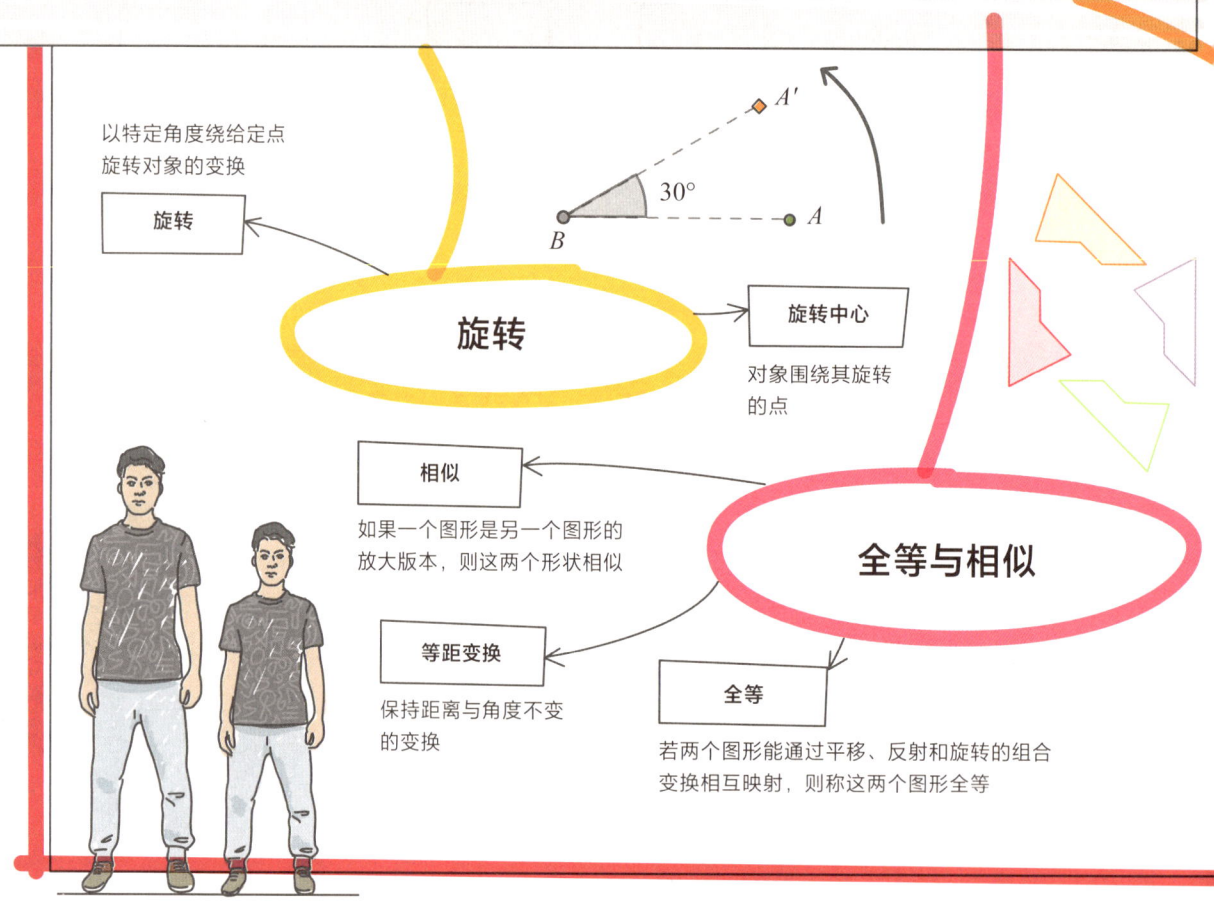

以特定角度绕给定点旋转对象的变换

旋转

旋转

旋转中心
对象围绕其旋转的点

相似
如果一个图形是另一个图形的放大版本，则这两个形状相似

全等与相似

等距变换
保持距离与角度不变的变换

全等
若两个图形能通过平移、反射和旋转的组合变换相互映射，则称这两个图形全等

移动一个对象但不改变其大小、角度或方向的变换

可以将两个或更多的数写成向量的坐标形式，用于明确指出对象在相互垂直的两个或更多方向上的运动情况

平移

向量

缩放

将一个对象映射为一个形状相同但较大或较小副本的变换

比例因子 = 2

缩放中心

对象进行缩放的参考点

比例因子

告诉我们对象在缩放后边长增大为多少倍或缩小了多少倍的数

变换后保持不变的性质

如果一个对象在变换后保持原样，则称它是在这种变换下不变的

反射后不变的性质

一条直线，对象在经它反射后保持不变

对称性

不变性

反射对称性

对称轴

滑移反射对称性

经过反射与平移结合的变换后保持不变的性质

反射

平移

平移对称性

在平移后保持不变的性质

旋转对称性

在旋转后保持不变的性质

对称群

一个对象在其操作下保持不变的一整套变换

旋转对称阶数

对象在旋转一周的过程中与原始对象重合的次数

第 7 章 变换与对称 143

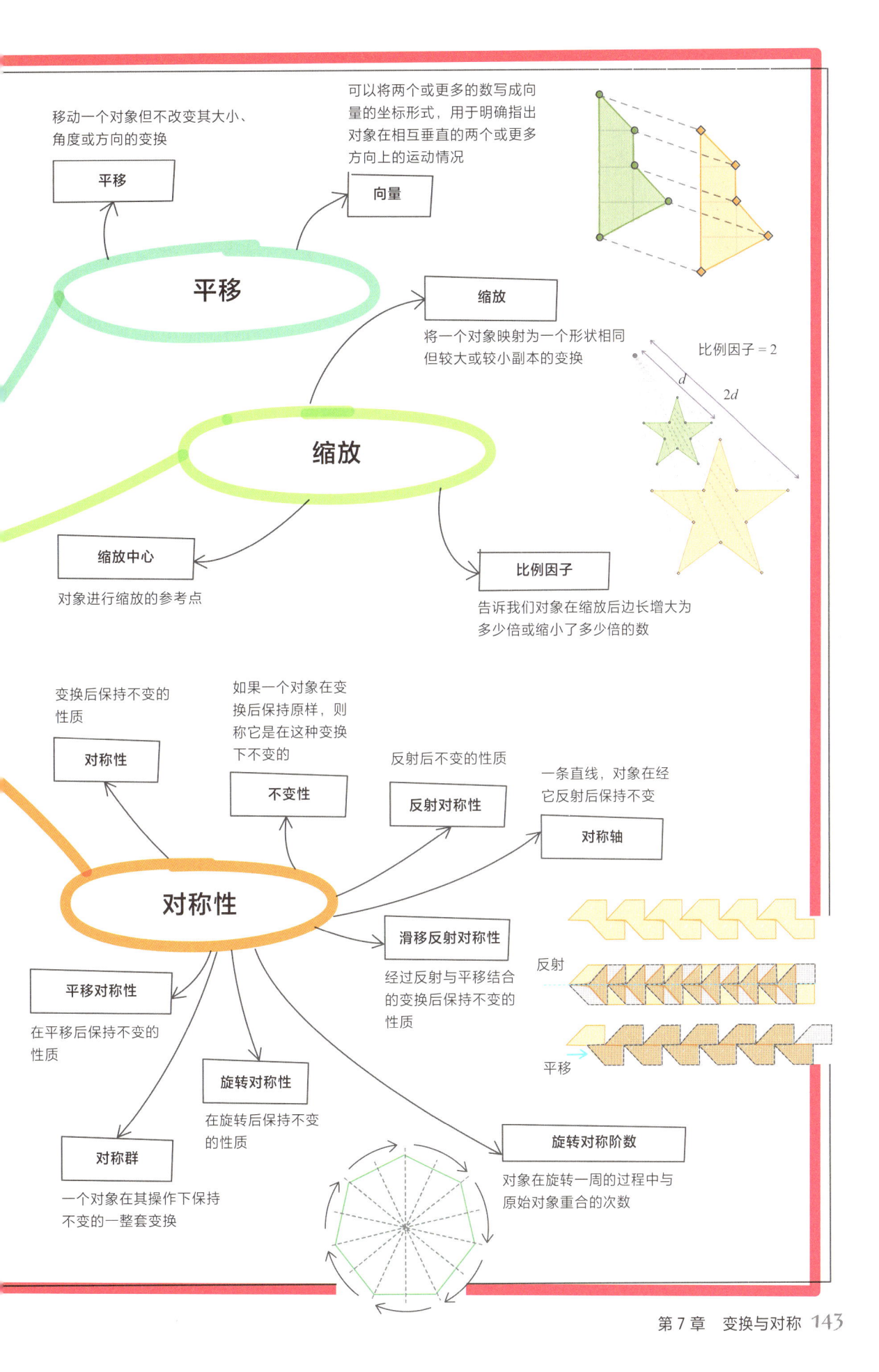

第 8 章

曲线与曲面

多少个世纪以来，有关曲线与曲面的几何学一直令数学家心醉。本章将带你一览形形色色的曲线与曲面，探索抛物线被誉为最实用曲线之一的原因，并揭示一些可以通过直线生成的光滑得令人惊叹的曲面。

你将了解高斯曲率及其对地球表面测绘的意义，并在最后踏入非欧几何的领域。在那里，一切规则都与我们的常识背道而驰。

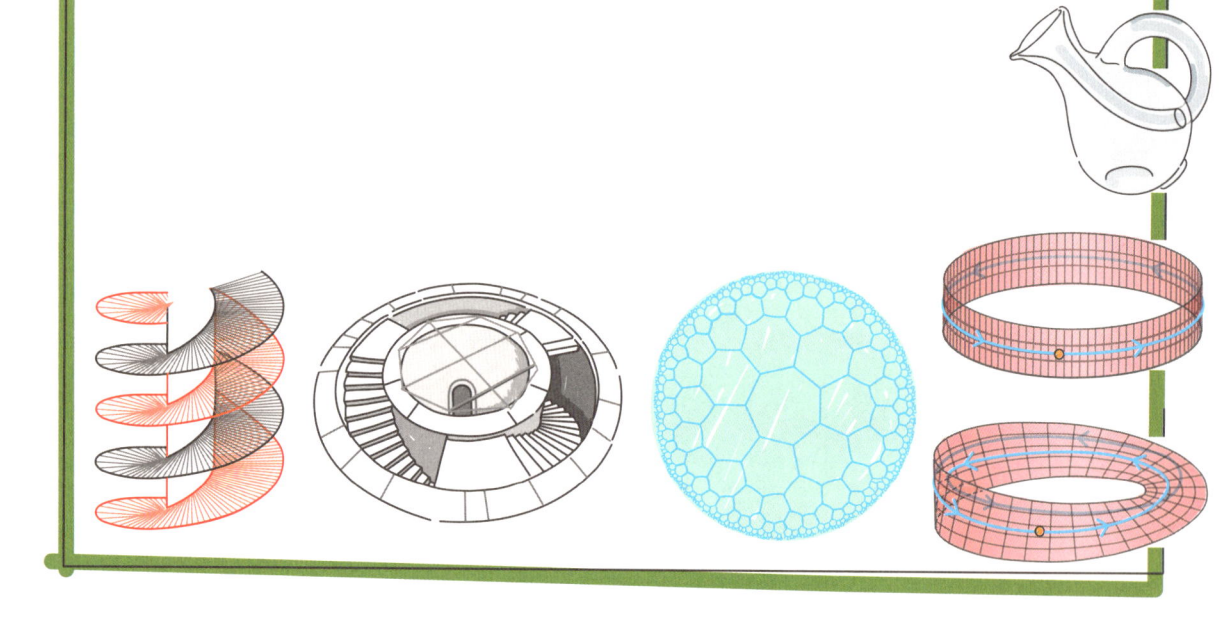

什么是曲线与曲面？

讨论二维和三维形体时，我们已经接触过一些有关曲线和曲面的例子。圆和椭圆属于曲线，球体表面则是曲面的一种。但有关曲线与曲面的几何学远不只是这些基础图形。

我们可以将一条**曲线**视为一个点的运动轨迹。它属于一维空间，这意味着，想要保持在曲线上移动，只能沿着曲线前进或后退。曲线存在于某个面之内，该面可以是平坦的（平面），也可以是更为复杂的形态。

你只能沿着曲线向前或向后移动，而朝其他任何方向移动都会让你偏离这条曲线

这条螺旋曲线位于圆柱面上

曲面是一个二维空间。若一个点能够在给定曲面上自由移动（而非仅限于曲线上），则该点可在二维坐标系中朝任意方向运动且始终保持在曲面上。

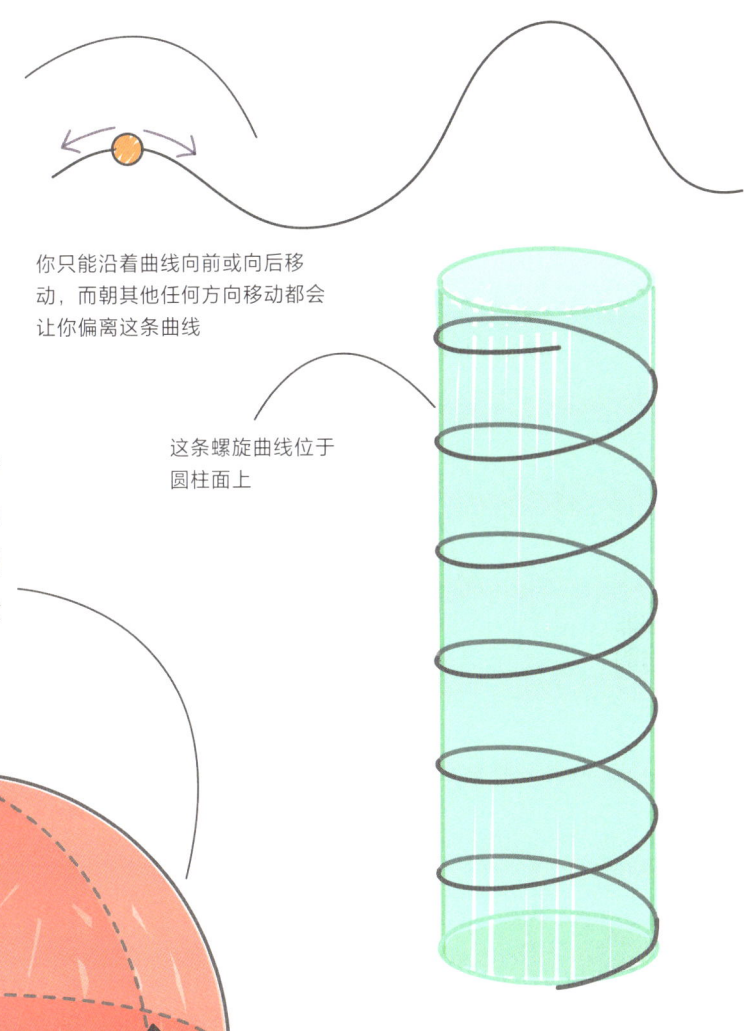

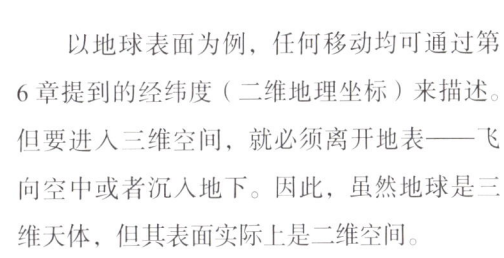

以地球表面为例，任何移动均可通过第 6 章提到的经纬度（二维地理坐标）来描述。但要进入三维空间，就必须离开地表——飞向空中或者沉入地下。因此，虽然地球是三维天体，但其表面实际上是二维空间。

第 8 章　曲线与曲面　147

闭合曲线在其所在面上完整地围成了一个区域，因此它有明确的内部与外部之分。同理，**闭合曲面**在空间中完整地包裹着一个立体区域。**非闭合**曲线的长度可以是有限的（如两端不闭合的曲线，或者曲面的边界），也可以是无限的。

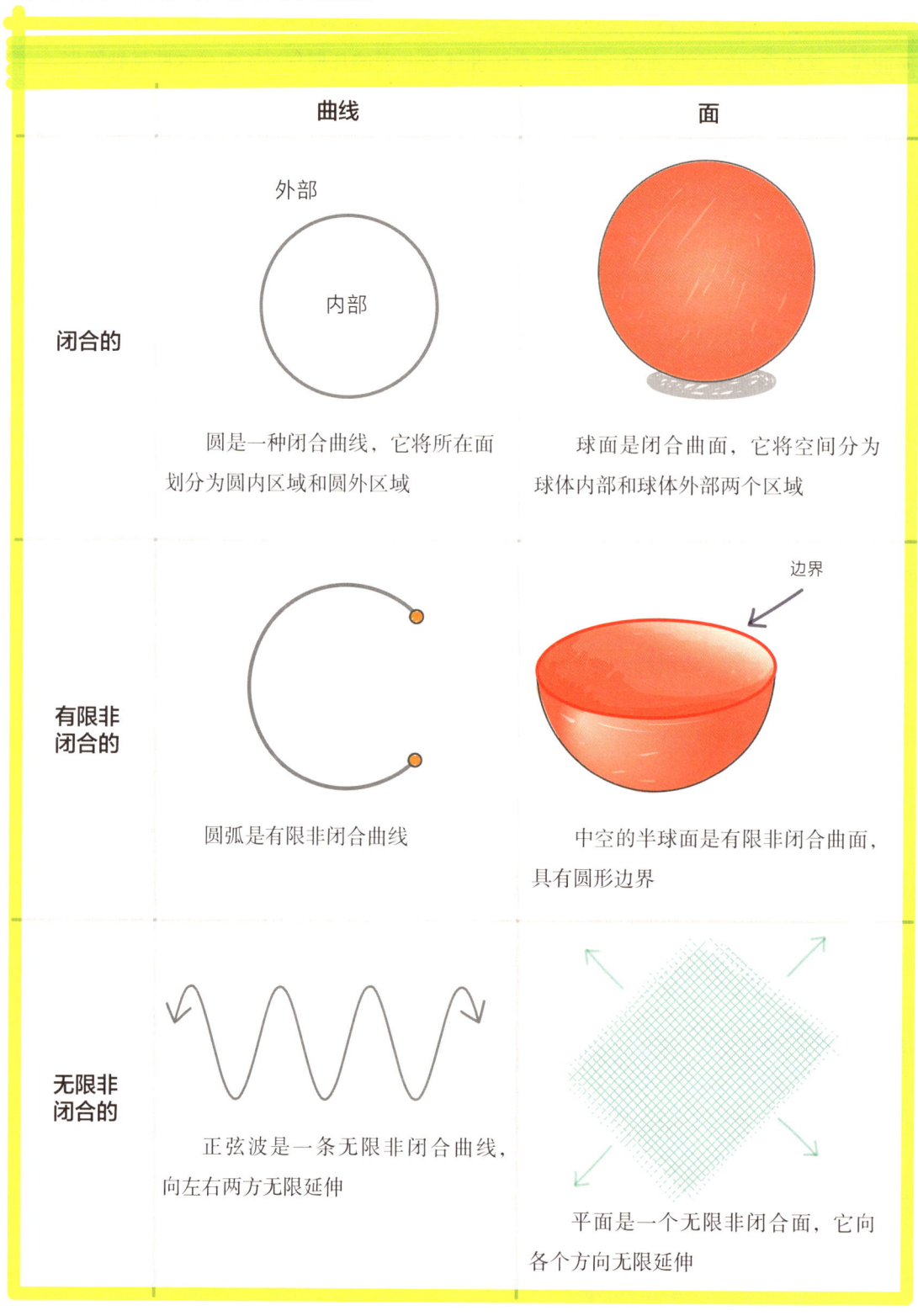

	曲线	面
闭合的	圆是一种闭合曲线，它将所在面划分为圆内区域和圆外区域	球面是闭合曲面，它将空间分为球体内部和球体外部两个区域
有限非闭合的	圆弧是有限非闭合曲线	中空的半球面是有限非闭合曲面，具有圆形边界
无限非闭合的	正弦波是一条无限非闭合曲线，向左右两方无限延伸	平面是一个无限非闭合面，它向各个方向无限延伸

抛物线

在第 4 章中，你看到了圆锥截面上抛物线的有限部分。完整的抛物线是一条无限延伸的非闭合曲线，具有许多有趣的特性。

抛物线是由所有到定点（叫作**焦点**）与不经过焦点的定直线（叫作**准线**）距离相等的点构成的曲线。抛物线有一条对称轴，该轴过焦点且垂直于准线。

在圆锥上取截面形成的抛物线的有限部分

在代数领域，抛物线是二次方程 $y = ax^2 + bx + c$ 的图像，其中 a、b、c 为任意实数。这些系数决定了抛物线在坐标系中的位置、开口方向（∪ 形或 ∩ 形）及开口宽度。

当 $b = 0$ 且 $c = 0$ 时，抛物线经过坐标原点 $(0, 0)$。增大 a 值会使曲线开口变窄，减小 a 值则会使曲线开口变宽。

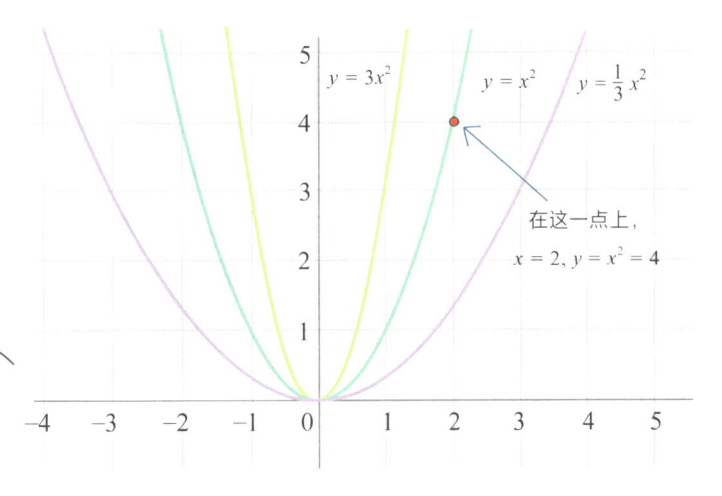

在这一点上，$x = 2$，$y = x^2 = 4$

如果 a 取正值，则抛物线呈谷形（先下降至最低点再上升）；如果 a 取负值，则抛物线呈山形（先上升至最高点再下降）。调整 b 和 c 的值会改变抛物线在坐标系中的位置。

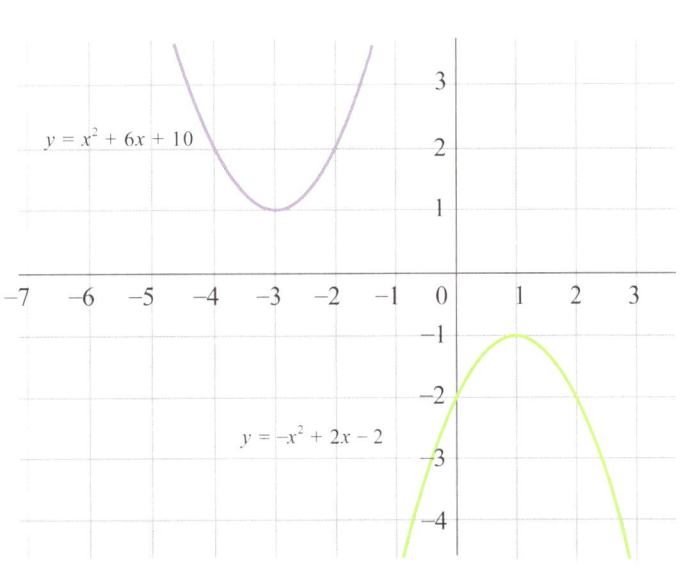

$y = x^2 + 6x + 10$

$y = -x^2 + 2x - 2$

第 8 章 曲线与曲面

抛射球体的运动轨迹呈抛物线。更普遍地说，若将任意下落物体的高度随时间的变化绘制成图，就会形成抛物线。

自 19 世纪起，抛物线便被应用于建筑领域。这种曲线不仅美观，更能有效地承受水平荷载的压力，由此成为大跨度桥梁支撑结构的理想选择。

古斯塔夫·埃菲尔率先在葡萄牙的杜罗河和法国的特鲁耶尔河上的桥梁中采用了抛物线设计。

抛物线也在哥特式建筑中广受欢迎，安东尼·高迪更曾在其作品中将抛物线运用得淋漓尽致。

令抛物线沿其对称轴旋转，则其旋转体表面会形成**圆形抛物面**。

比如，经抛物面内壁反射后，光或声的平行波线将全部会聚于焦点。这一特性使其成为天线和望远镜的理想结构，因为它可以将微弱信号聚焦于一点，从而达到增强信号的目的。抛物面甚至能利用太阳能进行烹饪：通过将大面积的阳光反射至焦点处的锅架，抛物面太阳能灶得以利用太阳能加热。

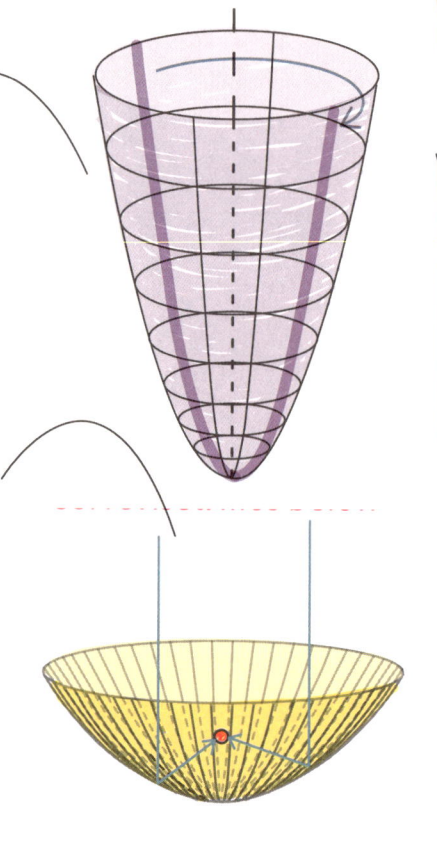

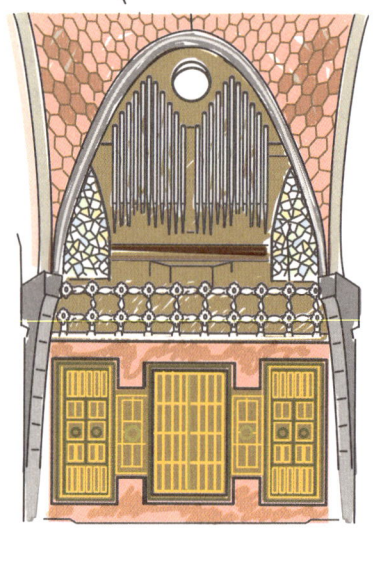

150 图解几何

直纹面

直线和曲面或许看上去没什么关系，但有许多看似弯曲的表面完全是由直线构成的。

经过**直纹面**上的每个点，都至少存在一条完全位于该曲面上的直线。最典型的直纹面是平面——一个朝各个方向无限延伸的平坦表面。过平面上每个点不是仅有一条直线，而是有无数条直线经过此点并完全位于该平面上。

曲面上的每个点都有且仅有一条完全位于该曲面上的直线穿过

经过该点的其他直线要么与曲面仅有一个额外交点，要么与曲面相切

我们已见过其他直纹面的例子。我们曾在第 4 章中看到，圆柱的侧面展开后是矩形，因此圆柱面本质上就是平面的卷曲形态，它完全由直线构成。

你也可以将直纹面理解为直线（或线段）按特定方式运动形成的轨迹。当线段的两个端点沿着大小相等的平行圆周移动，并且这些圆周所在的平面垂直于该线段时，线段的运动轨迹就形成了圆柱面。

如果线段的端点沿平行圆周移动，并且线段的中点与两个圆的圆心始终共线（在同一直线上），则该线段的运动轨迹将形成双圆锥曲面。

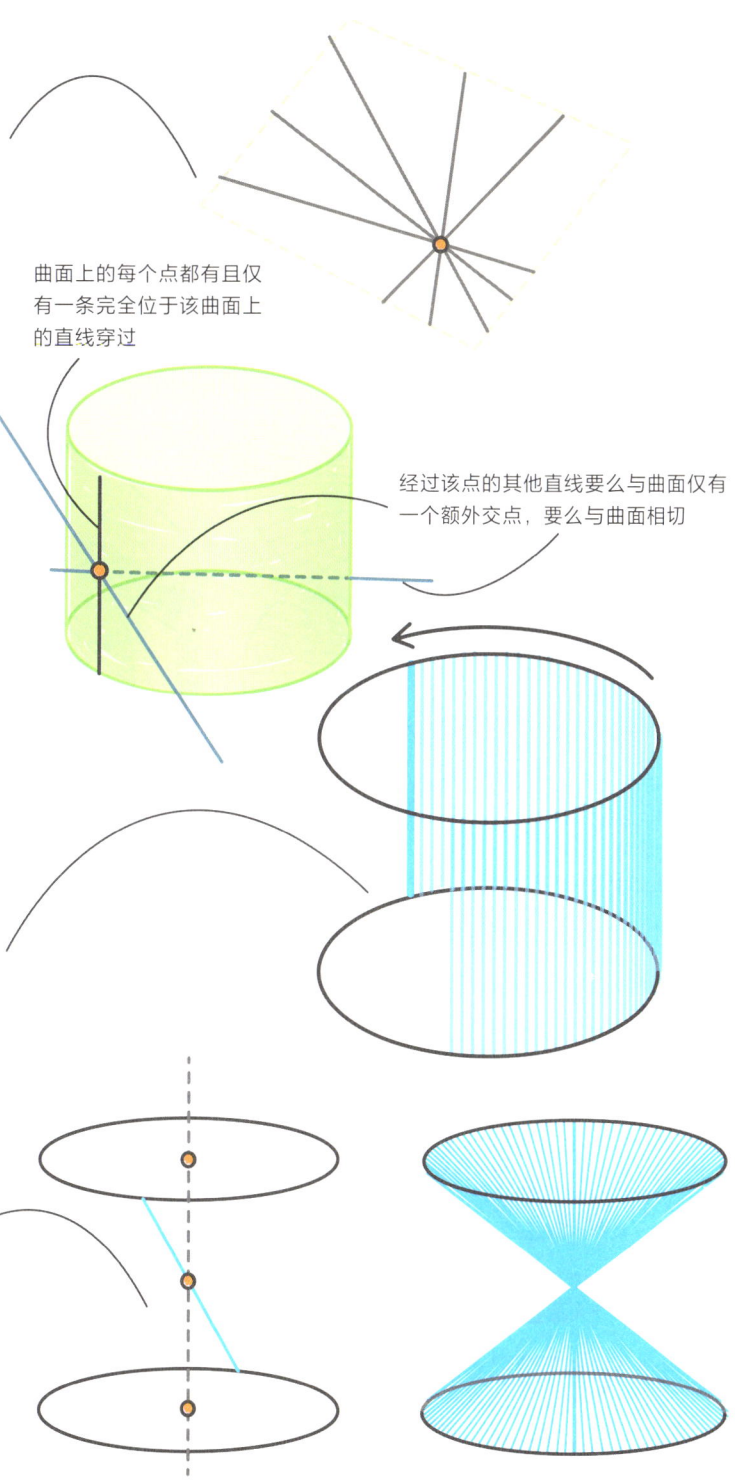

第 8 章 曲线与曲面 151

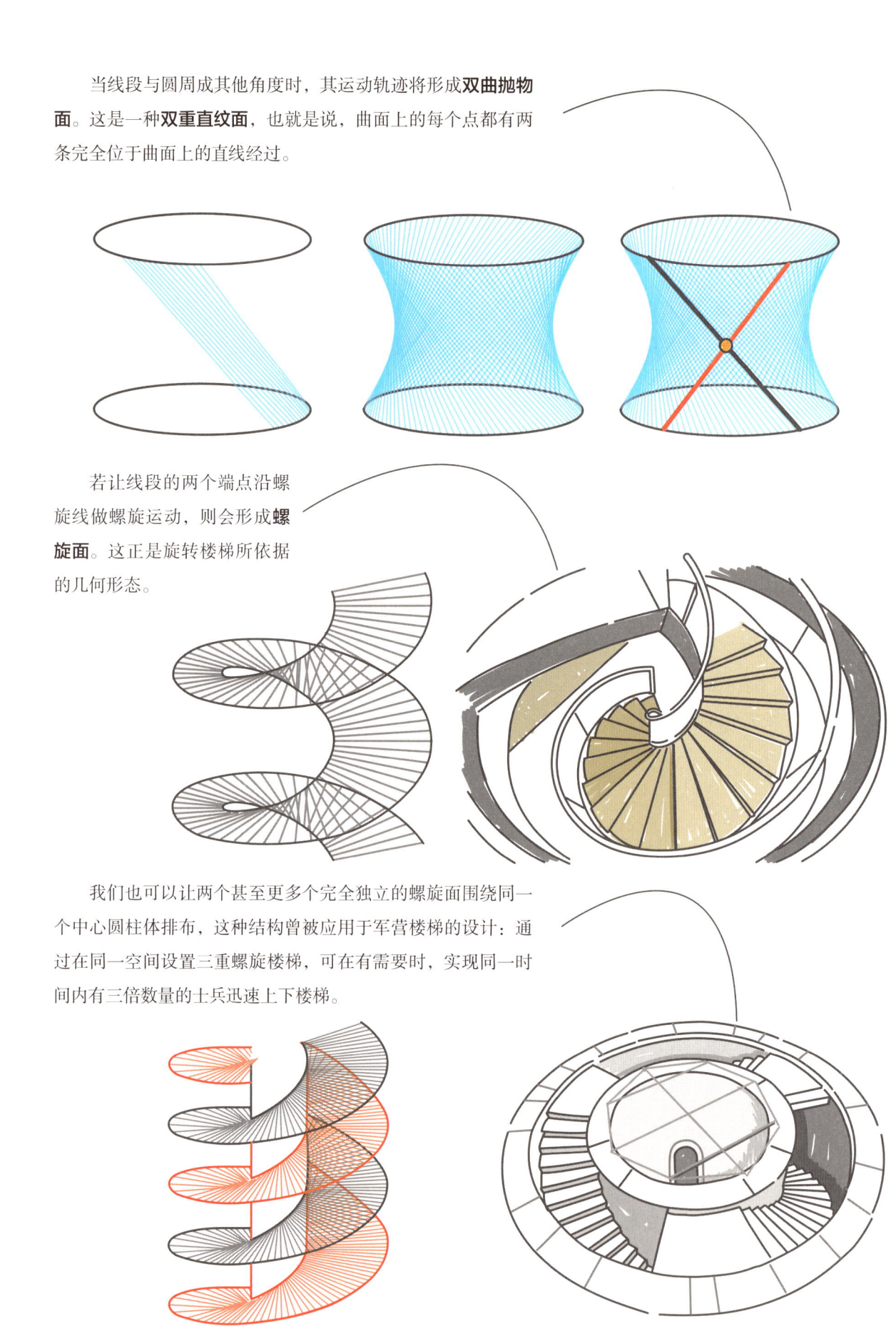

当线段与圆周成其他角度时，其运动轨迹将形成**双曲抛物面**。这是一种**双重直纹面**，也就是说，曲面上的每个点都有两条完全位于曲面上的直线经过。

若让线段的两个端点沿螺旋线做螺旋运动，则会形成**螺旋面**。这正是旋转楼梯所依据的几何形态。

我们也可以让两个甚至更多个完全独立的螺旋面围绕同一个中心圆柱体排布，这种结构曾被应用于军营楼梯的设计：通过在同一空间设置三重螺旋楼梯，可在有需要时，实现同一时间内有三倍数量的士兵迅速上下楼梯。

高斯曲率

几何规则在以不同方式弯曲的表面上各有不同。比如，球面上绘制的所有线条实际上都是曲线，因此其性质与平面上的直线截然不同。高斯曲率正是对曲面弯曲程度的一种测量方法。

高斯曲率测量一个曲面在两个垂直方向上是如何弯曲的。如果曲面在两个方向上以同样的方式弯曲（均为外凸或内凹），则曲率为正。如果在一个方向上外凸而在另一个方向上内凹，则曲率为负。如果在两个方向上都完全不弯曲，则曲率为零。

双曲面具有**负高斯曲率**，它在一个方向上向外弯曲，而在与此方向垂直的方向上向内弯曲。这种具有负高斯曲率的曲面通常被称为**马鞍面**。

高斯曲率是通过两个垂直方向上的曲率计算得出的。如果一个曲面在某个方向上曲率为零，则其高斯曲率也为零。因此，虽然圆柱面在某些方向向外弯曲，但其高斯曲率仍然为零。

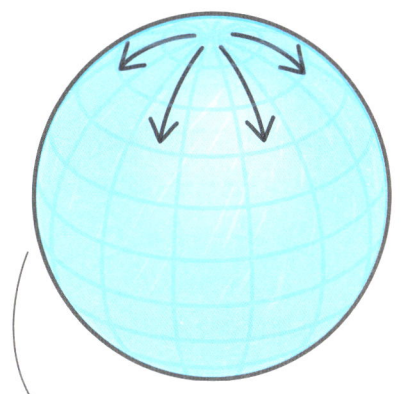

球面具有**正高斯曲率**，即从任意点出发，在所有方向上都向外弯曲。

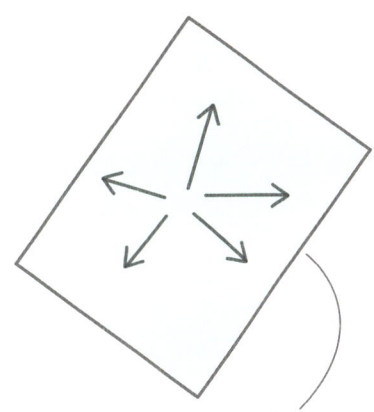

平面具有**零高斯曲率**，即任意点周围都是平坦的，既不向上也不向下弯曲。

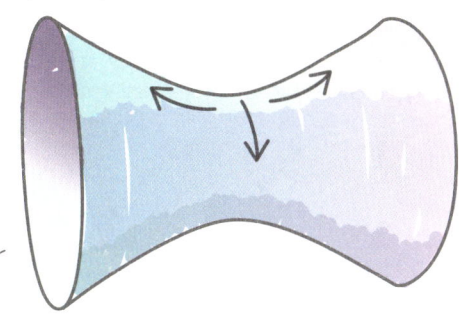

某些曲面可以同时存在正曲率区域和负曲率区域，这两个区域由一条渐近线（曲率为零的点构成的曲线）分隔开来。以环面（一种像甜甜圈那样中间有洞的形状）为例，其外侧呈现正曲率，内侧呈现负曲率，顶部和底部则各有一条曲率为零的圆形界线。

负曲率

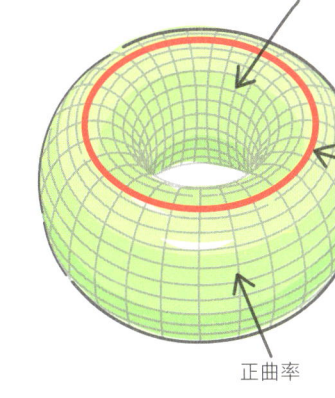

零曲率

正曲率

第8章 曲线与曲面 153

地图投影

具有正曲率的表面（如球体）与具有零曲率的表面（如平面）之间存在根本不同，无法相互转化。因此，人们绘制地球的平面地图时必须做出某些妥协。

你如果曾尝试包装一个球体，就会明白平面与曲面是何等不相容。无论多么小心，包裹材料都难免产生褶皱和重叠。

而绘制地球表面的地图时则面临相反的问题：如果你将球面展开铺平，总会留下巨大的缺口，这对于导航是一大困扰。即使把地表分割成若干部分，这些片段也无法完全展平，就像包裹着橘瓣的果皮一样，永远无法伸展成一个平坦的整体。

因此，制作地图时必须通过投影将曲面特征转换到平面上，而这必然会导致距离失真、角度失真或二者同时失真。

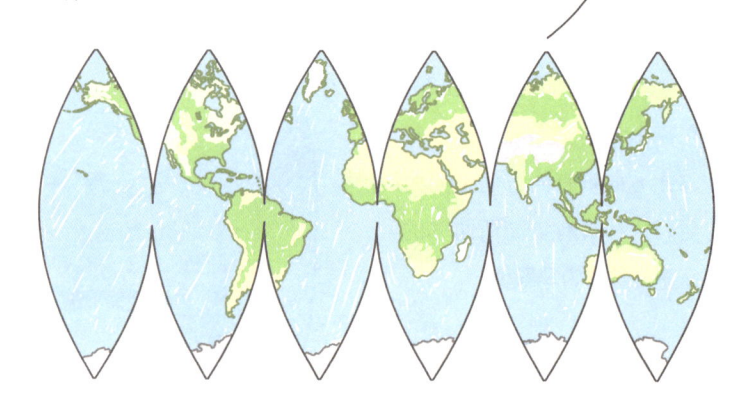

圆柱投影

在地图绘制中，**圆柱投影**将地球表面的每个点映射至圆柱体，随后展开为平面。这类投影有许多种方式，其中墨卡托投影能保持方位角不变，因此它自16世纪起被广泛应用于航海导航。

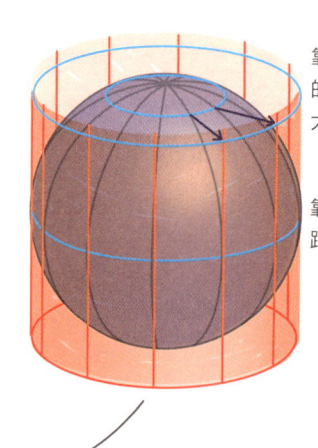

靠近两极的距离增大了

靠近赤道的距离不变

但这种类型的投影也存在缺陷，即距离会产生畸变（在接近两极的区域尤其如此）。地球表面的经线在极地较为密集，而在赤道相对稀疏。当球面投影至圆柱时，这些经线变为平行线——从始至终有相等的间距。因此，极地国家的地图会被拉伸，与赤道附近的国家的地图相比，显得远比实际面积大。

比较墨卡托地图上的非洲和格陵兰岛，就能明显看出这种形变。比如，地图上格陵兰岛与非洲的面积看似相差无几，但实际上，非洲的面积是格陵兰岛的 15 倍！

相比之下，埃克特Ⅳ投影采用伪圆柱投影法。它在圆柱投影的基础上改良了经线，使其呈现为椭圆弧而非直线。这些椭圆弧经过精密计算，使投影能保持面积比例正确，从而真实地展现了格陵兰岛与非洲之间的大小关系。

方位投影

在方位投影中，地球表面的每个点都被映射到一个平面上。这实际上就像从天空俯瞰地球。如果投影的中心是北极，地球南半球的点就会被映射到圆上更远的点处，而南极则会被涂抹于圆的边缘。

方位投影保留了各点与投影中心点的距离比例，这一特点对于地震学家追踪地震波扩散十分有用，因为地震波是从一个中心点开始以圆形向外扩散的，以该点为投影中心的方位投影地图能正确地确定受冲击区域。

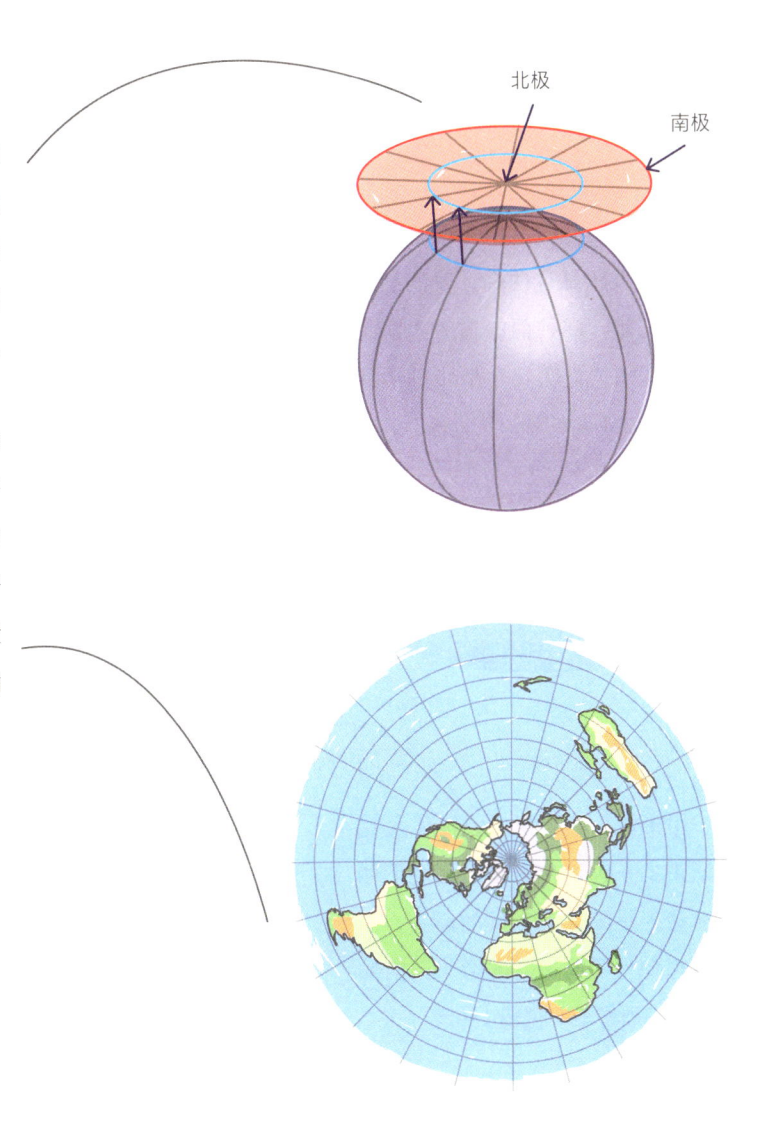

第 8 章　曲线与曲面　155

单面曲面

大多数表面都有两面，即内与外，或者正与反。若不穿孔或翻过边界，便无法从一面到达另一面。但是，也存在一些令人惊讶的单面曲面。

莫比乌斯带

如果你身在一个圆柱的内侧面，那么只有翻越顶端才能到达圆柱外侧。但有一种处理方法，即将圆柱面剪开并重新拼接，这就制成了**莫比乌斯带**。这样一来，你无须跨越边界，就能遍历整个曲面。

将圆柱面剪开形成条带，扭转一端后再重新黏合两端，就能制成莫比乌斯带。圆柱面的边界由两个独立环组成，而莫比乌斯带的边界是一个连续不断的环。

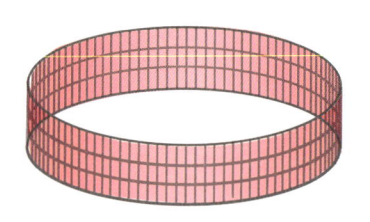

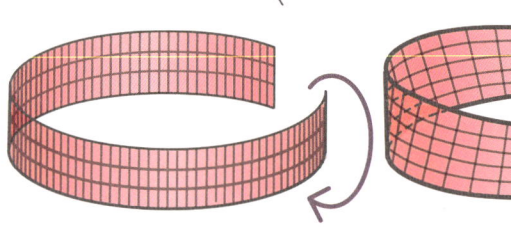

用带箭头的矩形可以演示莫比乌斯带的一种制作方法：在矩形两条对边上标出方向相反的箭头，制作时想要将两条边上的箭头同向黏合，就必须将矩形扭转180°。

156 图解几何

莫比乌斯带没有正反面之分。试着想象用笔沿着它画线：只要在圆柱面上画一圈，笔就会回到起点；而在莫比乌斯带上，你需要画两圈才能回到起点。

这个看似深奥的数学概念其实很实用，比如用它做成围巾，其扭转结构让围巾自然垂坠，而普通的圆筒围巾则容易束成一团。

克莱因瓶

克莱因瓶是闭合单面曲面的一个例子。如果不穿过自身，它就无法存在于三维空间，因此它真的需要一个四维空间。在三维空间中表现克莱因瓶的一种流行方法是用玻璃制作，这样可以清楚地看到它的交叉点和内部结构。

与莫比乌斯带类似，我们可以用矩形展示其构造原理。两条实线边上的箭头指向同一方向，所以我们不必拧转它，直接黏合成圆柱即可。然后，我们需要黏合虚线边，但这两条边上的箭头方向相反。

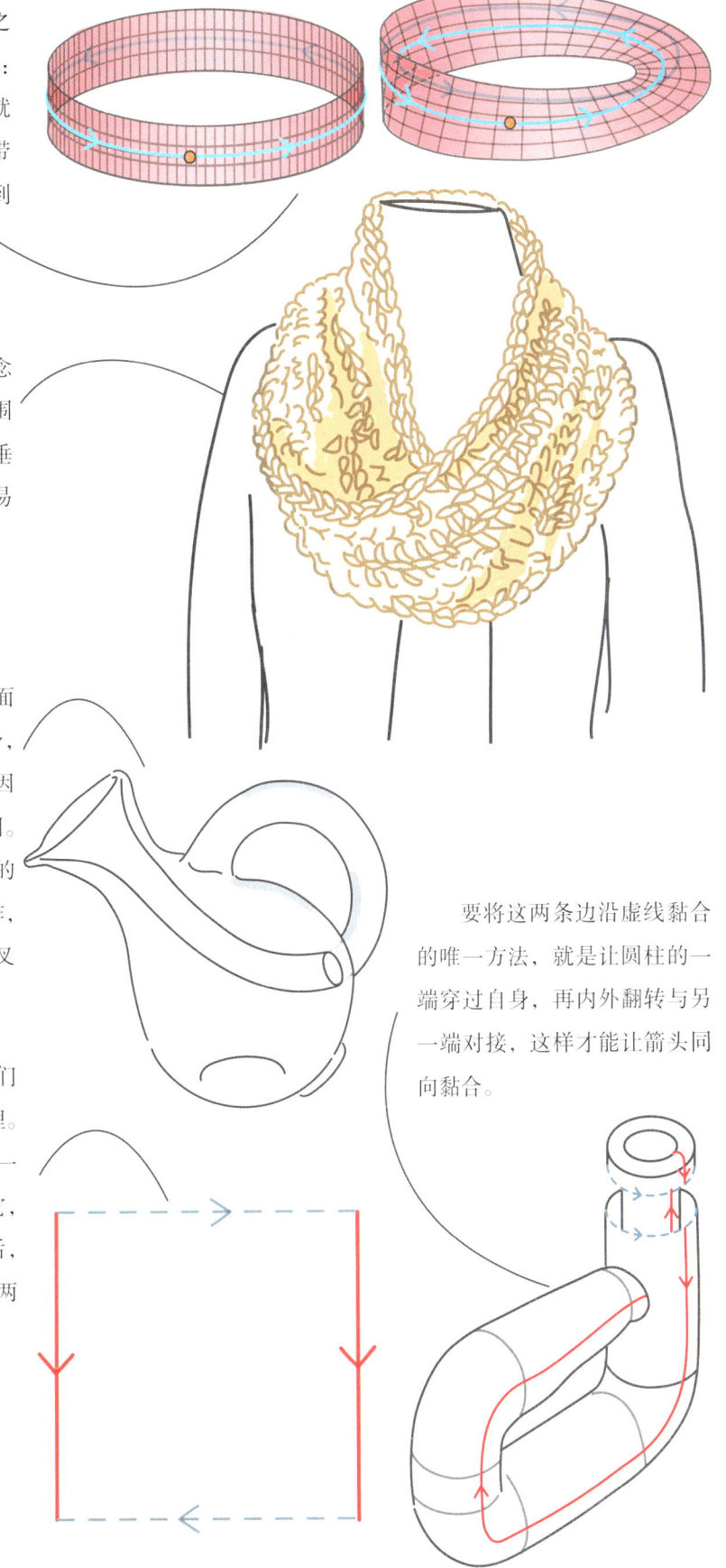

要将这两条边沿虚线黏合的唯一方法，就是让圆柱的一端穿过自身，再内外翻转与另一端对接，这样才能让箭头同向黏合。

第 8 章　曲线与曲面　157

非欧几何

本书目前所见的几何大多属于欧几里得几何，即日常生活中普遍适用且你在学校里学习的那类几何。如果选择改变或忽略欧几里得几何的某些规则，便会衍生出不同的几何体系。

椭圆几何

在欧几里得几何中，两条垂直于第三条线的直线永远平行——它们始终保持相同的间距且永不相交。

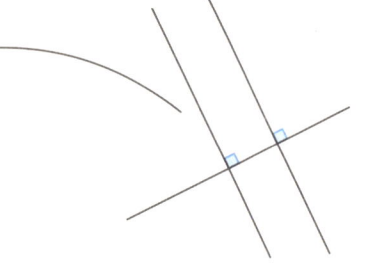

椭圆几何有时也叫**球面几何**，是通过改变平行公设创造的，其规则可在球体表面形象化地展现，具体如下：

- 大圆取代了直线，凡欧几里得几何中使用直线的地方，这里都代之以大圆。
- 一对对跖点取代了单独的点，即将对跖点视为同一个点。

这意味着，像欧几里得几何中一样，仅需两点即可确定一条"直线"，因为如第 4 章所述，在球面上任意两个非对跖点之间有且只有一个大圆同时经过二者。

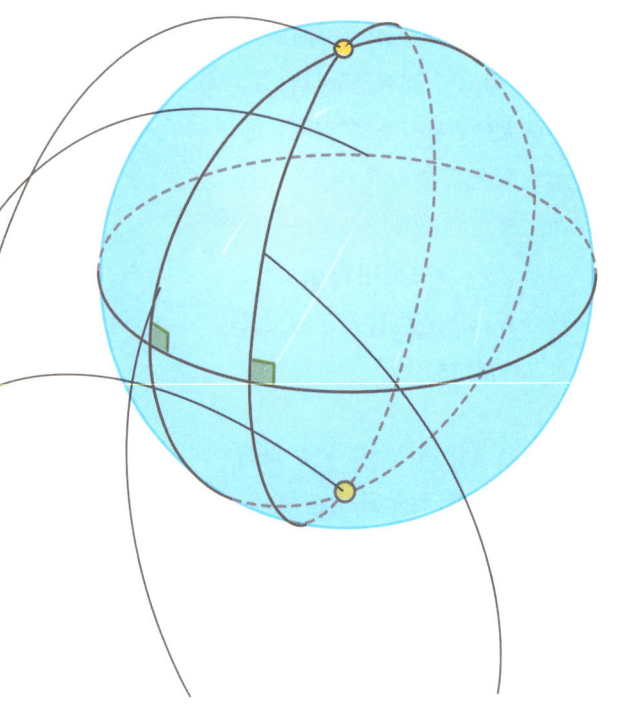

与欧几里得几何不同，椭圆几何中每条"直线"都会与所有其他"直线"相交。两条垂直于第三条"直线"的"直线"会彼此弯曲靠近，最终经过同一对对跖点，因此椭圆几何中不存在永不相交的"直线"。"平行线"会逐渐弯曲靠拢，直至在一对对跖点相交。

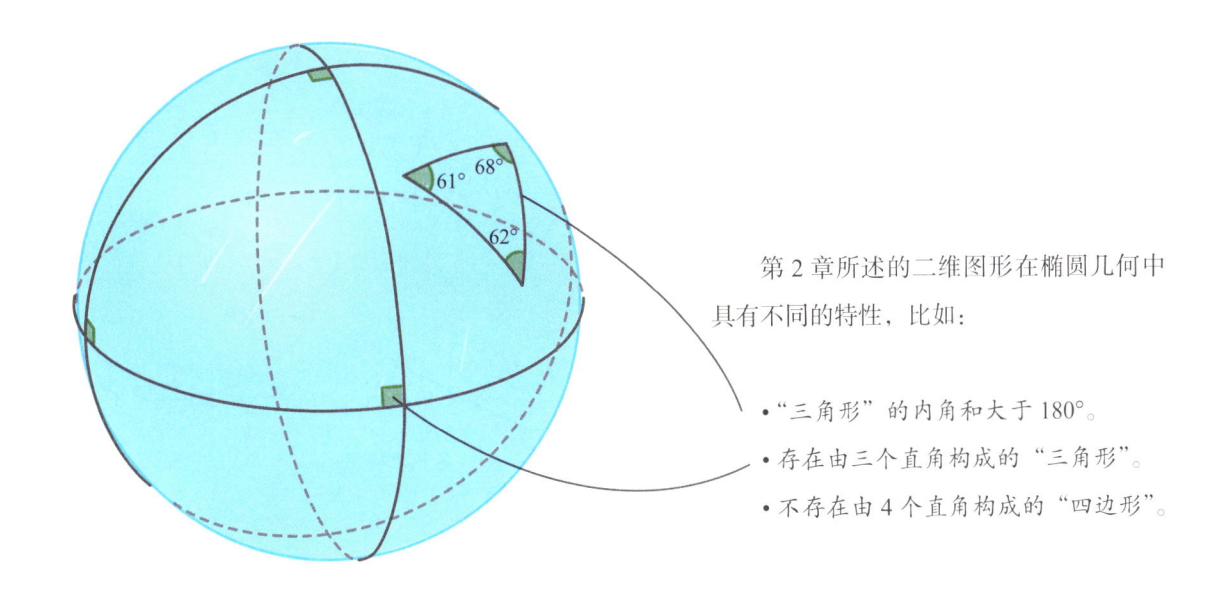

第 2 章所述的二维图形在椭圆几何中具有不同的特性，比如：

- "三角形"的内角和大于180°。
- 存在由三个直角构成的"三角形"。
- 不存在由4个直角构成的"四边形"。

你或许会觉得：既然我们本来就生活在球面上，为什么球面上这种有所不同的几何反而会让我们觉得有些奇怪？与地球的尺寸相比，人类实在太渺小了，因而在绝大多数情况下，地球的曲率可以忽略不计，这时欧几里得几何的规则仍然有效。

但在远洋航行或航空导航时，则必须考虑球面几何的特性。

伦敦与纽约之间的最短航线是连接两地的大圆弧，但当我们把它画在平面地图上时，它看上去并非最短路径。

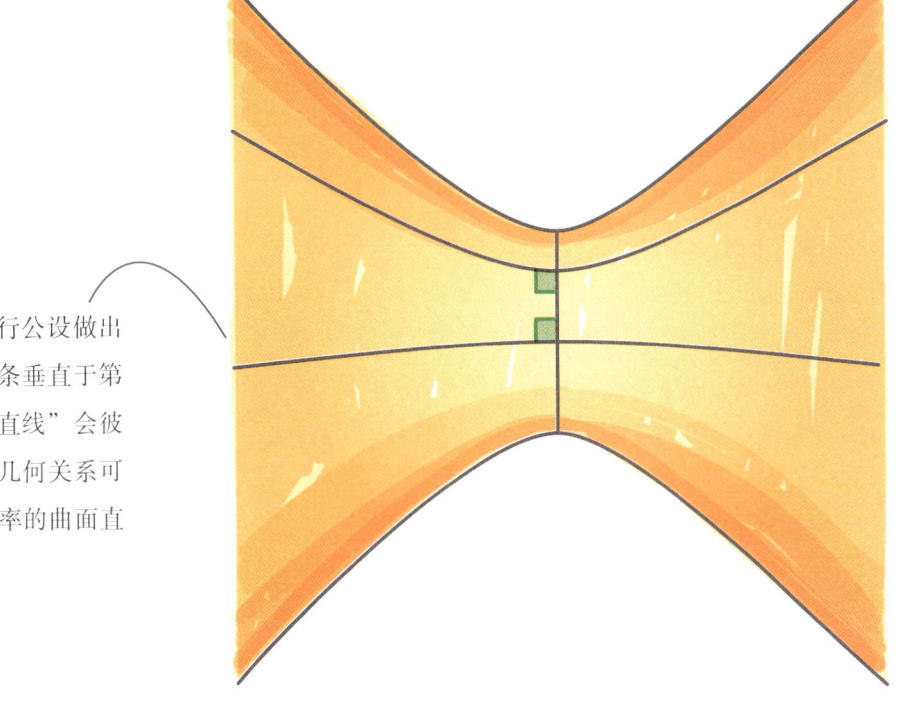

双曲几何

双曲几何对平行公设做出了另一种修改：两条垂直于第三条"直线"的"直线"会彼此背离弯曲。这种几何关系可通过具有负高斯曲率的曲面直观地表达出来。

第 8 章　曲线与曲面

理解双曲几何的另一种方式，是采用**庞加莱圆盘模型**。在该模型中，一切点都位于一个叫作圆盘的圆内，"直线"表现为与圆盘的圆周垂直的圆弧。

与椭圆几何类似，双曲几何中的二维图形具有不同的性质，比如：

- 三角形内角和小于180°。
- 圆周长度大于$2\pi r$。

双曲均匀镶嵌是指用正多边形对双曲平面进行的规则铺砌。与欧几里得平面不同，双曲平面可用正七边形等特殊多边形实现完美镶嵌，这类几何图案曾为艺术家M.C.埃舍尔提供了创作灵感（见第196页）。

射影几何

射影几何是欧几里得几何的扩展，研究射影平面上的几何性质。如我们所知，欧几里得几何中的平面是向各个方向无限延伸的平坦表面，而射影平面在此基础上引入了两个新概念：

- 平面上的每组平行线都会在无穷远处有一个交点，这些平行线在这一点会聚。
- 经过无穷远处的点有一条直线，该直线经过无穷远处的一切点，除此以外不包含任何其他点。

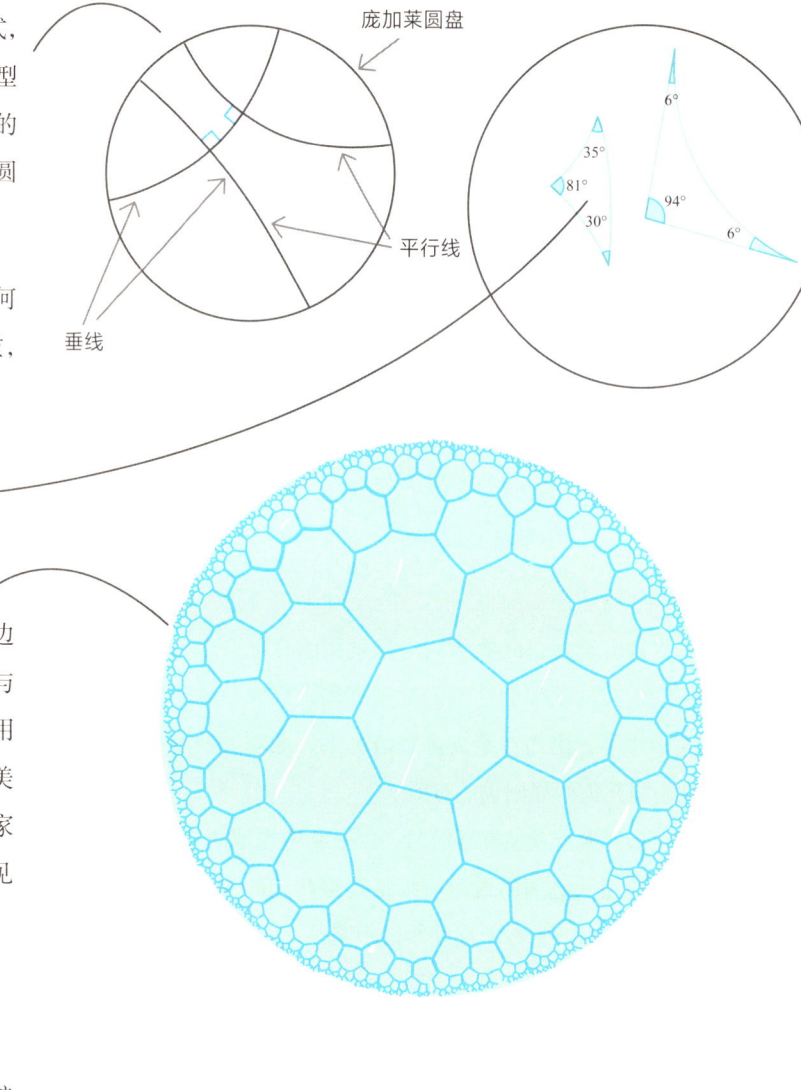

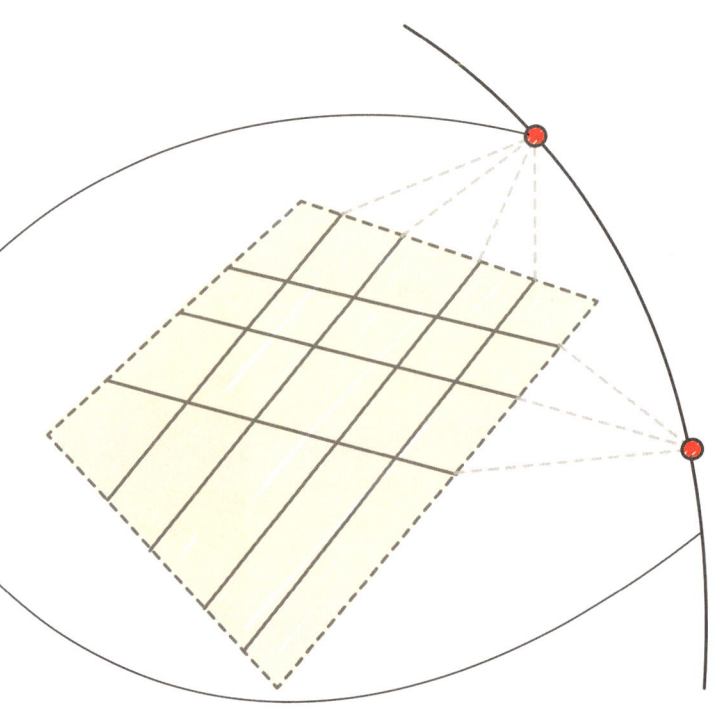

射影几何结合了欧几里得几何与椭圆几何的特性，其中欧几里得几何定理仍然成立，但与椭圆几何中一样，平行线会相交于一点。

无穷远点的概念源于艺术家对透视法的研究，是在自然观察平行线（如铁轨等）时发现的，即它们会看上去会逐步靠近，并在远处地平线的灭点处交会。这个灭点对应于射影几何中的无穷远点，地平线则对应于无穷远直线。

度量

欧几里得几何将两点间的距离定义为连接它们的线段的长度。通过定义不同的距离概念（**度量**），我们可以构建以不同方式运作的几何学。尽管它们并非全新的几何学，但不同的度量让我们可以从不同的角度理解空间几何。

卫星导航系统便非正式地运用了这一原理。规划汽车行程时，想要判断途中是否需要为汽车充电或加油，了解起点与终点间的直线距离并无实际意义，我们真正需要知道的是道路行驶距离。而这正是一种不同的度量。

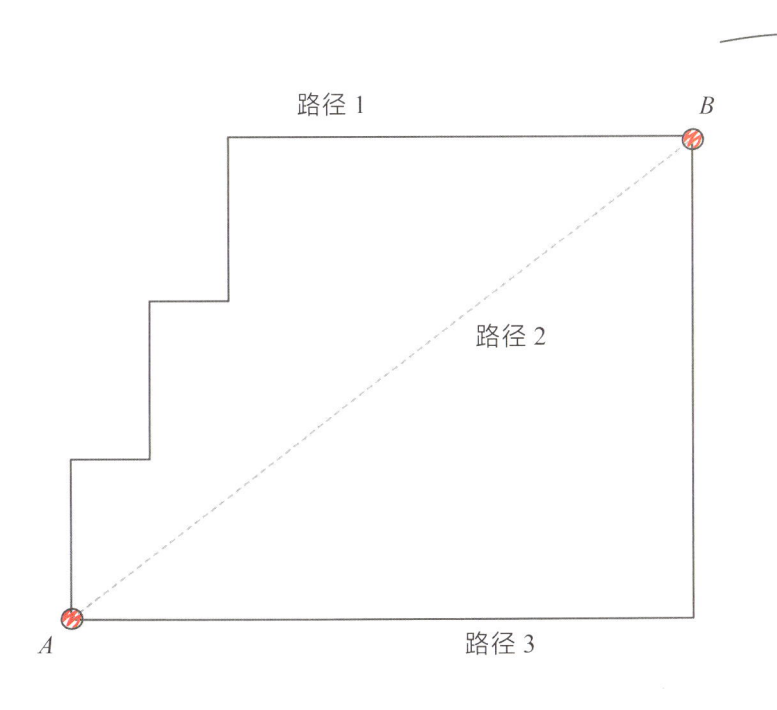

出租车度量将两点间最短距离定义为水平与垂直移动距离的总和，如同纽约出租车在网格道路中行驶一样。路径 1 和路径 3 均展示了在出租车度量下从点 A 到点 B 的最短距离（14 个单位），路径 2 则对应于欧几里得度量的最短距离（10 个单位）。

第 8 章　曲线与曲面

回顾

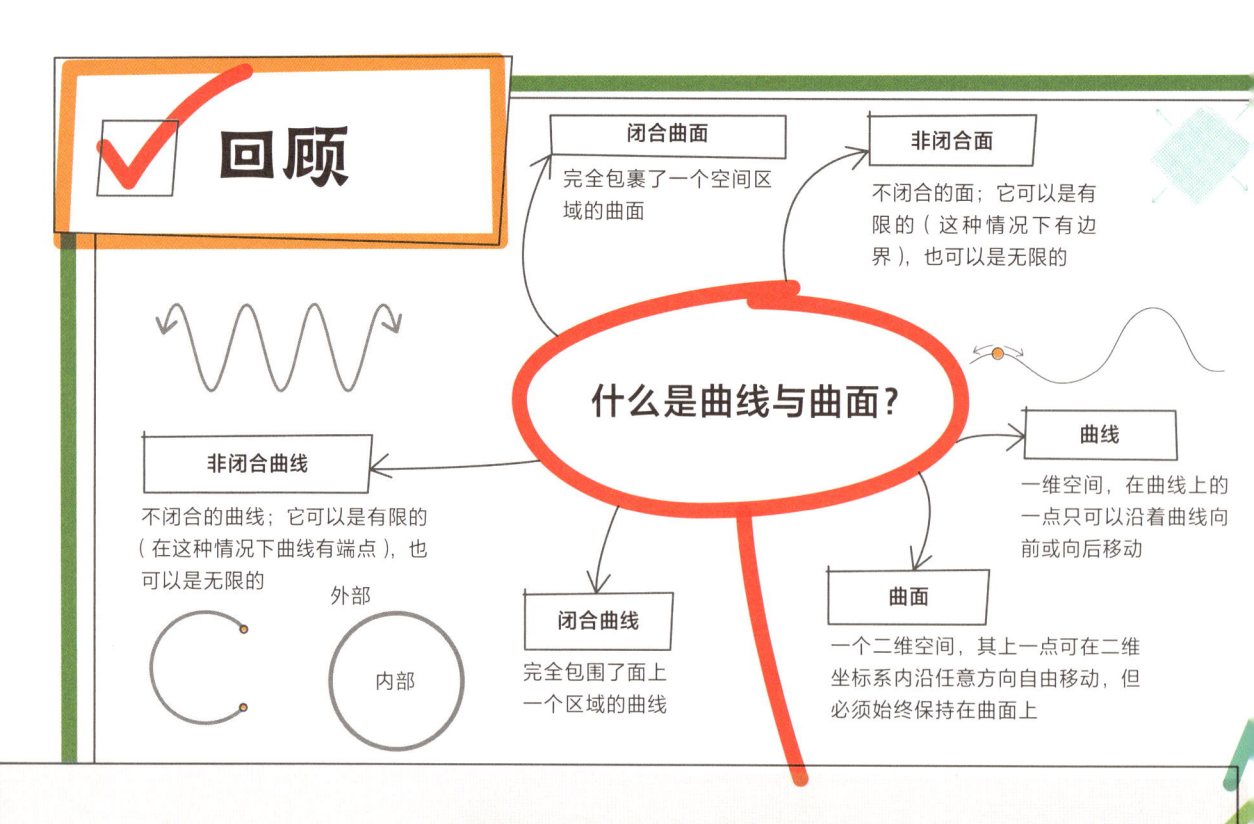

曲线与曲面

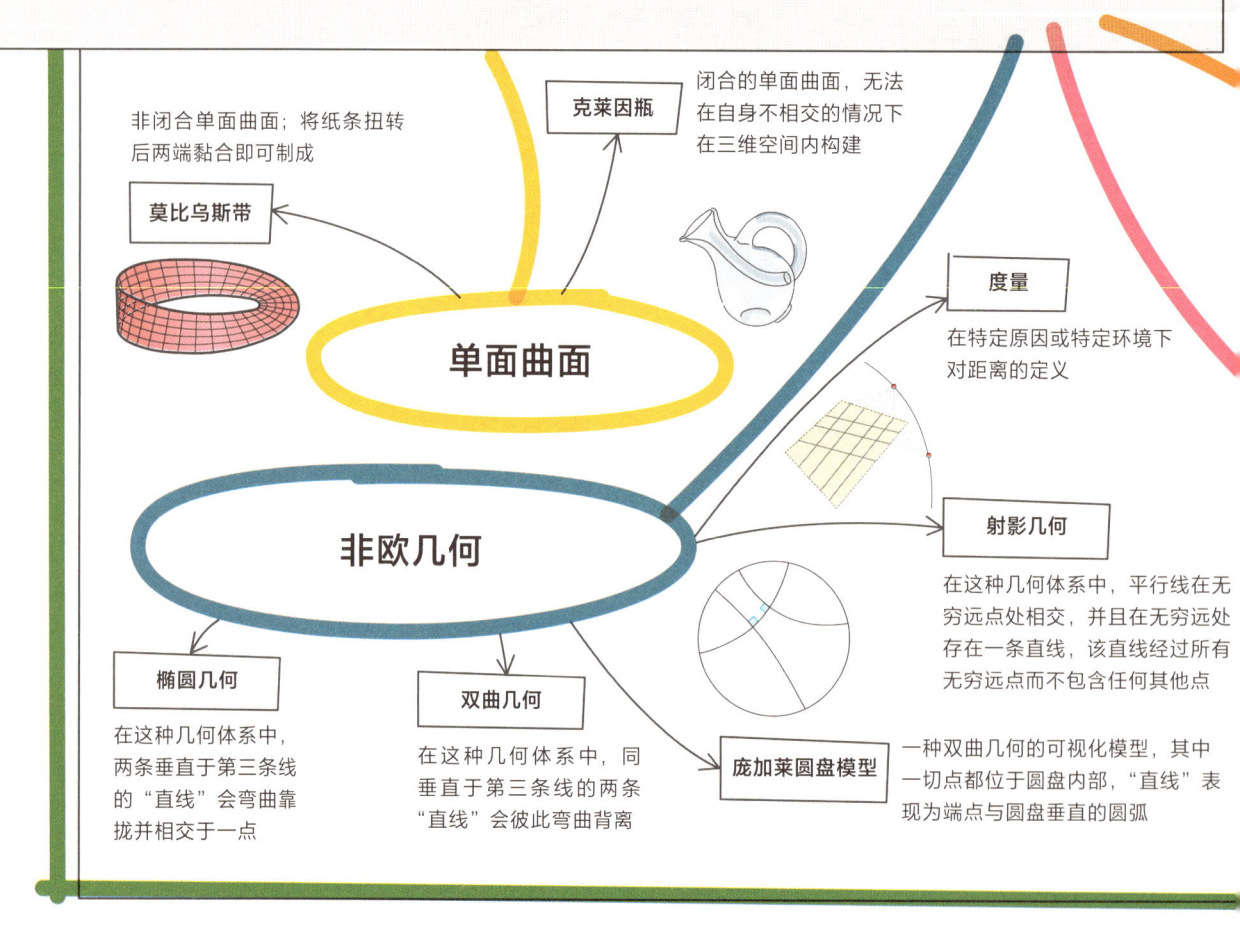

什么是曲线与曲面？

闭合曲面
完全包裹了一个空间区域的曲面

非闭合面
不闭合的面；它可以是有限的（这种情况下有边界），也可以是无限的

非闭合曲线
不闭合的曲线；它可以是有限的（在这种情况下曲线有端点），也可以是无限的

外部　内部

闭合曲线
完全包围了面上一个区域的曲线

曲线
一维空间，在曲线上的一点只可以沿着曲线向前或向后移动

曲面
一个二维空间，其上一点可在二维坐标系内沿任意方向自由移动，但必须始终保持在曲面上

单面曲面

莫比乌斯带
非闭合单面曲面；将纸条扭转后两端黏合即可制成

克莱因瓶
闭合的单面曲面，无法在自身不相交的情况下在三维空间内构建

非欧几何

度量
在特定原因或特定环境下对距离的定义

射影几何
在这种几何体系中，平行线在无穷远点处相交，并且在无穷远处存在一条直线，该直线经过所有无穷远点而不包含任何其他点

椭圆几何
在这种几何体系中，两条垂直于第三条线的"直线"会弯曲靠拢并相交于一点

双曲几何
在这种几何体系中，同垂直于第三条线的两条"直线"会彼此弯曲背离

庞加莱圆盘模型
一种双曲几何的可视化模型，其中一切点都位于圆盘内部，"直线"表现为端点与圆盘垂直的圆弧

162　图解几何

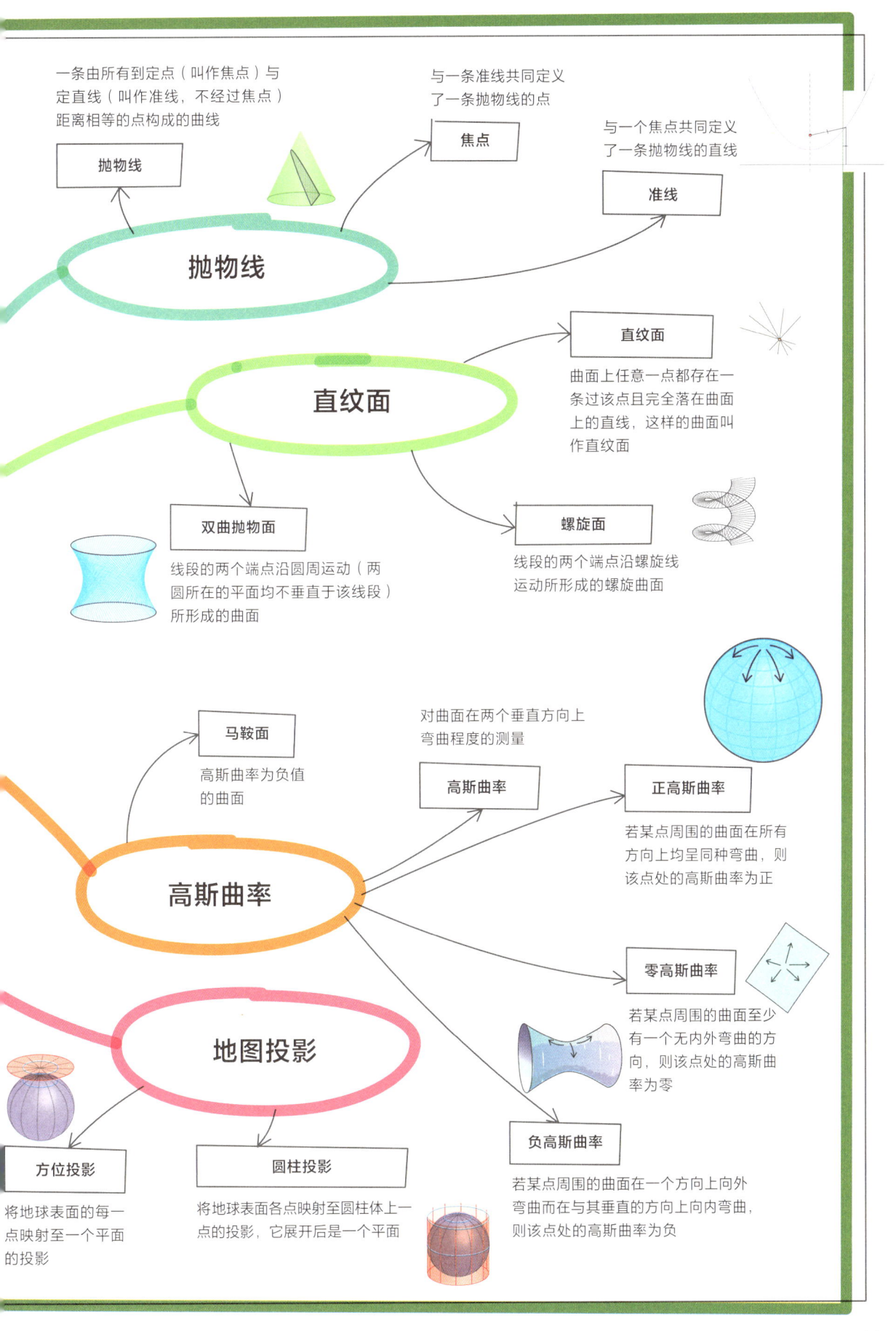

一条由所有到定点（叫作焦点）与定直线（叫作准线，不经过焦点）距离相等的点构成的曲线

与一条准线共同定义了一条抛物线的点

抛物线

焦点

与一个焦点共同定义了一条抛物线的直线

准线

抛物线

直纹面

曲面上任意一点都存在一条过该点且完全落在曲面上的直线，这样的曲面叫作直纹面

直纹面

双曲抛物面

线段的两个端点沿圆周运动（两圆所在的平面均不垂直于该线段）所形成的曲面

螺旋面

线段的两个端点沿螺旋线运动所形成的螺旋曲面

马鞍面

高斯曲率为负值的曲面

对曲面在两个垂直方向上弯曲程度的测量

高斯曲率

正高斯曲率

若某点周围的曲面在所有方向上均呈同种弯曲，则该点处的高斯曲率为正

高斯曲率

零高斯曲率

若某点周围的曲面至少有一个无内外弯曲的方向，则该点处的高斯曲率为零

地图投影

方位投影

将地球表面的每一点映射至一个平面的投影

圆柱投影

将地球表面各点映射至圆柱体上一点的投影，它展开后是一个平面

负高斯曲率

若某点周围的曲面在一个方向上向外弯曲而在与其垂直的方向上向内弯曲，则该点处的高斯曲率为负

第 8 章　曲线与曲面　163

第 9 章

拓扑学

拓扑学是数学的一个分支，它能帮助数学家发现概念与思想之间并非显而易见的联系。它最初是几何学的分支，如今其思想已应用于几乎所有数学领域。

本章将介绍拓扑学的基本概念，探究它与图论的渊源，并讨论拓扑学的一个特定分支——研究数学纽结的纽结理论。

什么是拓扑学？

拓扑学是几何学的一个分支，它根据对象在以某些方式变换时保持不变的特征对它们进行分类。

当一张人脸图片被扭曲时，我们仍能认出它是同一张脸。某些属性可能改变，比如大小和比例，但使其成为人脸的关键特征不会改变，比如扭曲前后都有两只眼睛、一个鼻子和一张嘴等。如果两个对象的某些本质特征在变换前后保持不变，则拓扑学据此将二者视为相同的对象。

在拓扑学中相同的两个对象叫作**同胚**的，**同胚变换**则是一个对象转变为另一个对象的方法。对于几何对象，同胚变换可以包括拉伸、压缩、扭曲和弯转，但不包括切割、黏合、断裂或在对象上打孔。

不变性是指在同胚变换下保持不变的属性。比如，对象的维度就是一种不变性——无论对圆进行何种变换，它始终都是二维图形，永远不会变成球体。

圆可以通过在一个方向上压扁、在另一个方向上拉伸而变成椭圆，因此圆和椭圆是同胚的

曲面的亏格

亏格是适用于曲面的一种重要的拓扑性质，粗略地说，曲面的**亏格**就是它所含的孔洞数量。

亏格 0　　亏格 1　　亏格 2　　亏格 3

亏格是一种不变性。你可以通过挤压、拉伸和弯曲将面团塑造成各种形状，但若想把它变成甜甜圈形状，就必须在它上面戳一个洞，或者将其搓长再将两端黏合，而这些操作在保持两个对象同胚的情况下都是不被允许的。

曲面的亏格与其欧拉示性数相关。若欧拉示性数为 E，亏格为 g，则 $E = 2 - 2g$，或者 $g = \dfrac{2 - E}{2}$。如你在第 4 章中所见，所有凸多面体的欧拉示性数均为 2，因此它们的亏格均为 $\dfrac{2 - 2}{2} = 0$，都与球面同胚。

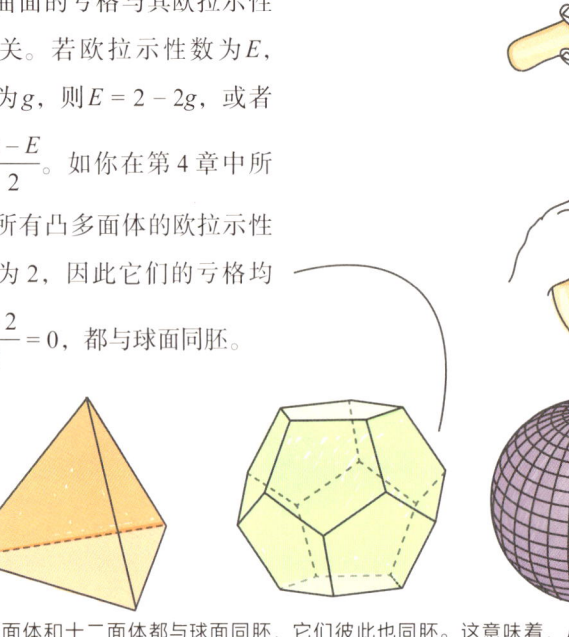

四面体和十二面体都与球面同胚，它们彼此也同胚。这意味着，从拓扑学的角度看，它们是相同的对象

任何带有一个贯穿性孔洞的多面体的欧拉示性数都为 0，亏格为 1，因此它们与环面同胚

数学界有个笑话：拓扑学家不知道咖啡杯和甜甜圈之间有何区别，因为两者的亏格均为 1，从拓扑学的角度看，它们是同一种形状。

168 图解几何

图论

莱昂哈德·欧拉于1736年率先着手研究图论，为拓扑学的发展奠定了基础。该理论在水网系统和物流等众多产业中都具有实际应用价值。

图由一组**顶点**（或称节点）和一组**边**构成。每条边可以连接两个顶点，而一个顶点可以与任意数量的边相连。

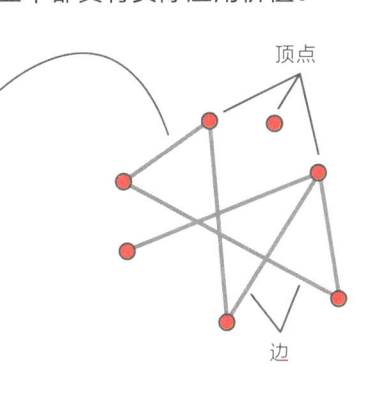

图论的历史

欧拉首次运用图论解决了"柯尼斯堡7桥问题"：该城被河流分割成4块陆地，7座桥连接其间。他提出疑问："能否不重复地走遍所有7座桥？"

欧拉用顶点代表每一块陆地，用边代表连接顶点的桥。图论由此诞生。通过专注研究陆地之间如何连接的核心特征，他证明了这样的路径是不可能实现的。他取得的关键性发现是：每次进入和离开一块陆地都需要经过两座桥，但图中每个顶点连接的边数都是奇数，因此最终总会陷入进入某块陆地后无法再离开的困境。

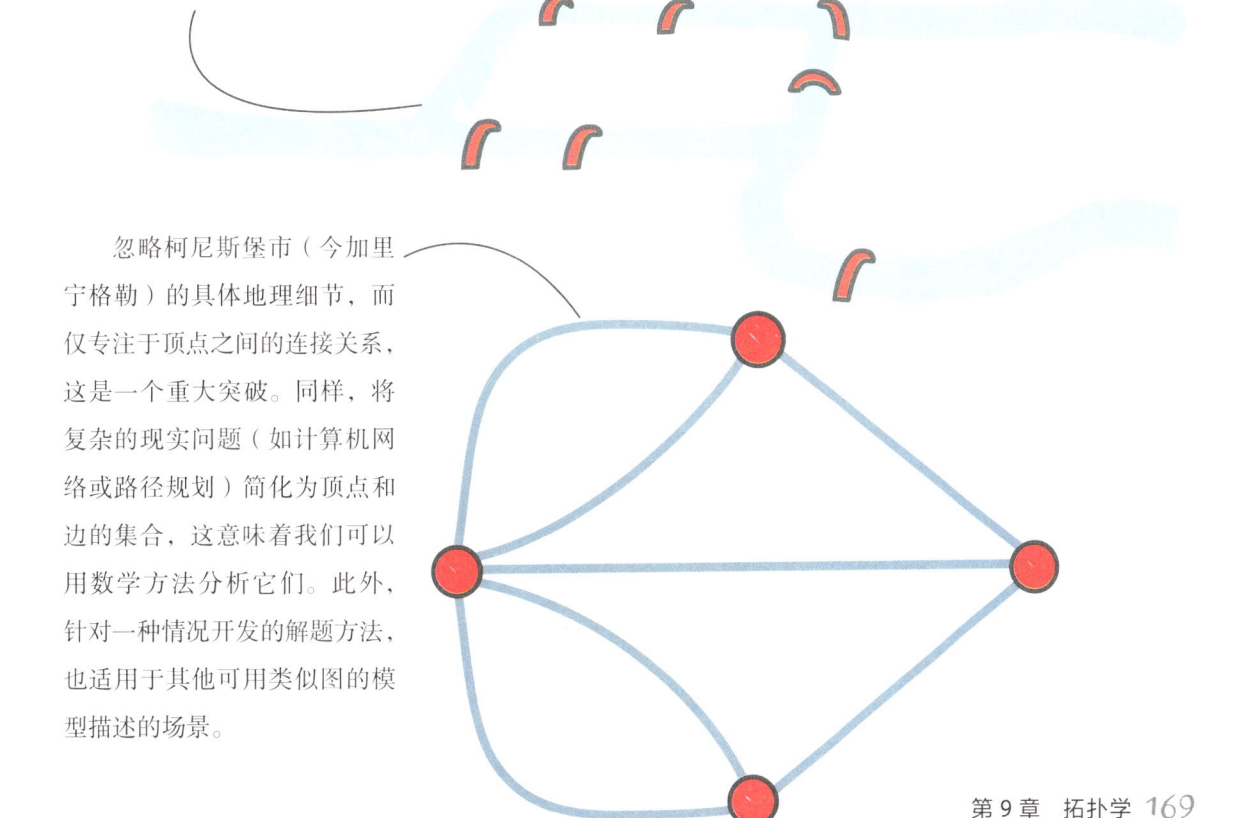

忽略柯尼斯堡市（今加里宁格勒）的具体地理细节，而仅专注于顶点之间的连接关系，这是一个重大突破。同样，将复杂的现实问题（如计算机网络或路径规划）简化为顶点和边的集合，这意味着我们可以用数学方法分析它们。此外，针对一种情况开发的解题方法，也适用于其他可用类似图的模型描述的场景。

第 9 章 拓扑学 169

图的类型

若能在特定的面上绘制一个图形且它的边完全不相交，则称这个图形**可嵌入**该面。**可平面图**是指可嵌入平面的图形。

若两个图形具有相同的顶点数且顶点间由边连接的方式一致，则它们互为同胚图形。任何与可平面图同胚的图形均为可平面图，即便其中存在边的交叉现象。这两个图形互为同胚图形，并且均为可平面图。

完全图中任意两个顶点间均有边相连，含 n 个顶点的完全图记作 K_n。当 $n \geqslant 5$ 时，完全图以及包含此类子图的图形均为不可平面图，因为其中必然存在边的交叉现象。

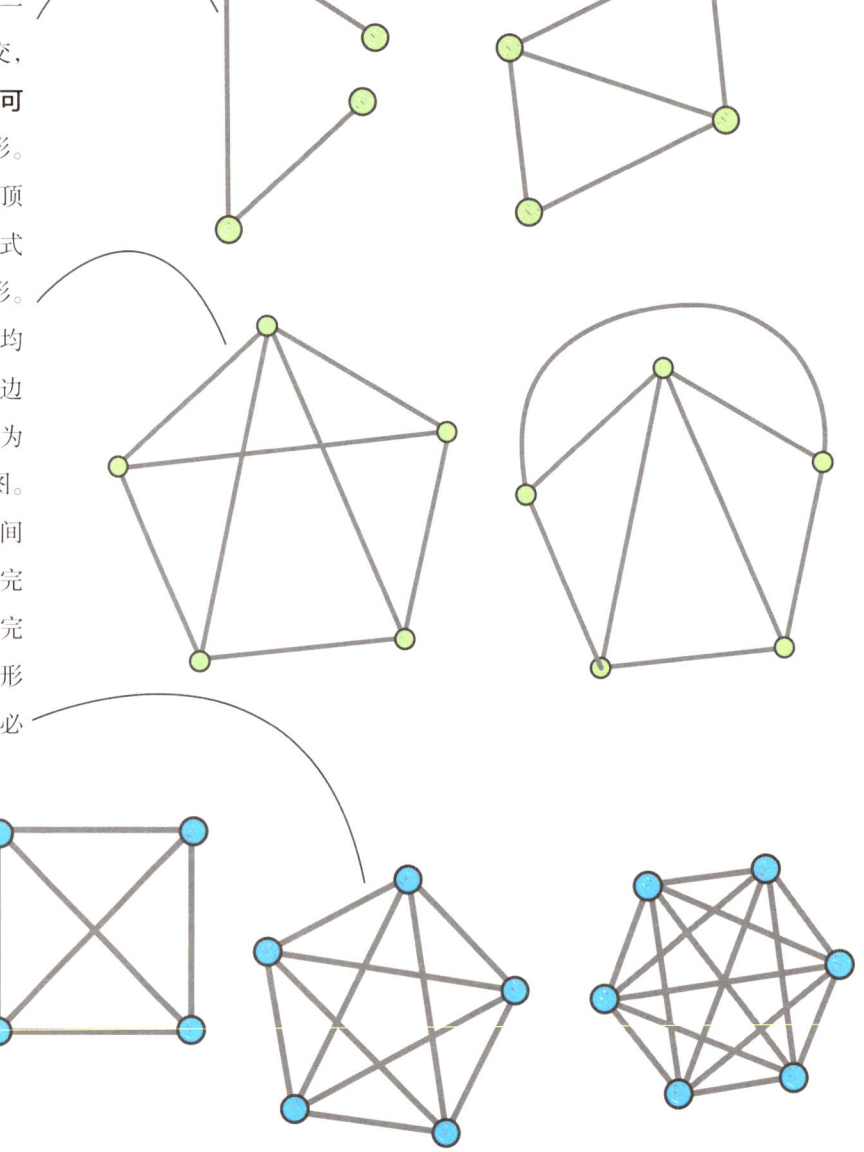

图的**亏格**告诉我们它可嵌入的面的类型，亏格为 n 的图可嵌入亏格为 n 的曲面。比如，完全图 K_5 的亏格为 1，故可嵌入环面（甜甜圈形状的曲面），后者是带有一个孔洞的曲面。对于这样的曲面，可以让一条或多条边穿过孔洞以避免交叉。

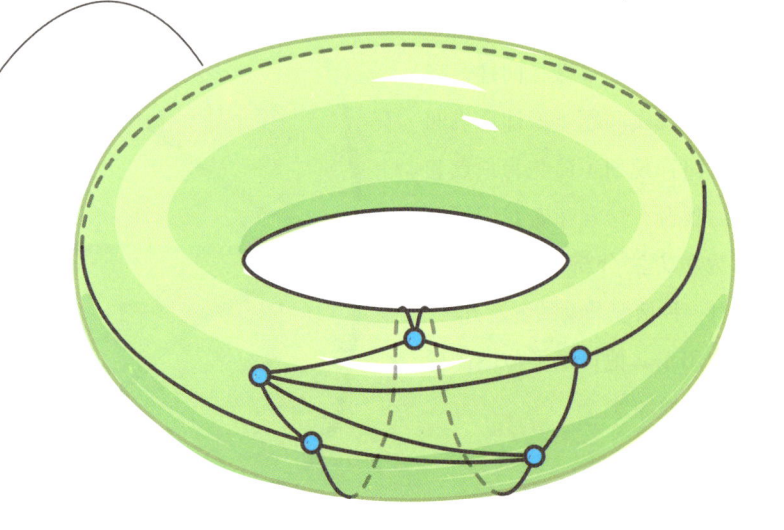

图的着色

图的着色是指为图中的顶点着色，并使通过边相连的任意两个顶点颜色都不相同的过程。这一概念最初源于"地图着色问题"，即用最少的颜色给地图着色，并且相邻国家的颜色不同。

任何地图都可以表示为平面图，其中每个区域对应于一个顶点，每条区域边界对应于一条边。

任何可平面图只需4种颜色即可完成着色。这意味着，要使地图上相邻区域的颜色不同，最多需要用4种颜色，但某些地图无法用少于4种颜色完成着色。

任何由中心顶点和围绕其环形连接的奇数个顶点所构成的地图，都需要用4种颜色才能完成着色

最多需要用4种颜色，而许多平面划分方式用种数更少的颜色即可完成着色。比如，棋盘方格仅需2种颜色，彭罗斯瓷砖的铺砌仅需3种颜色。

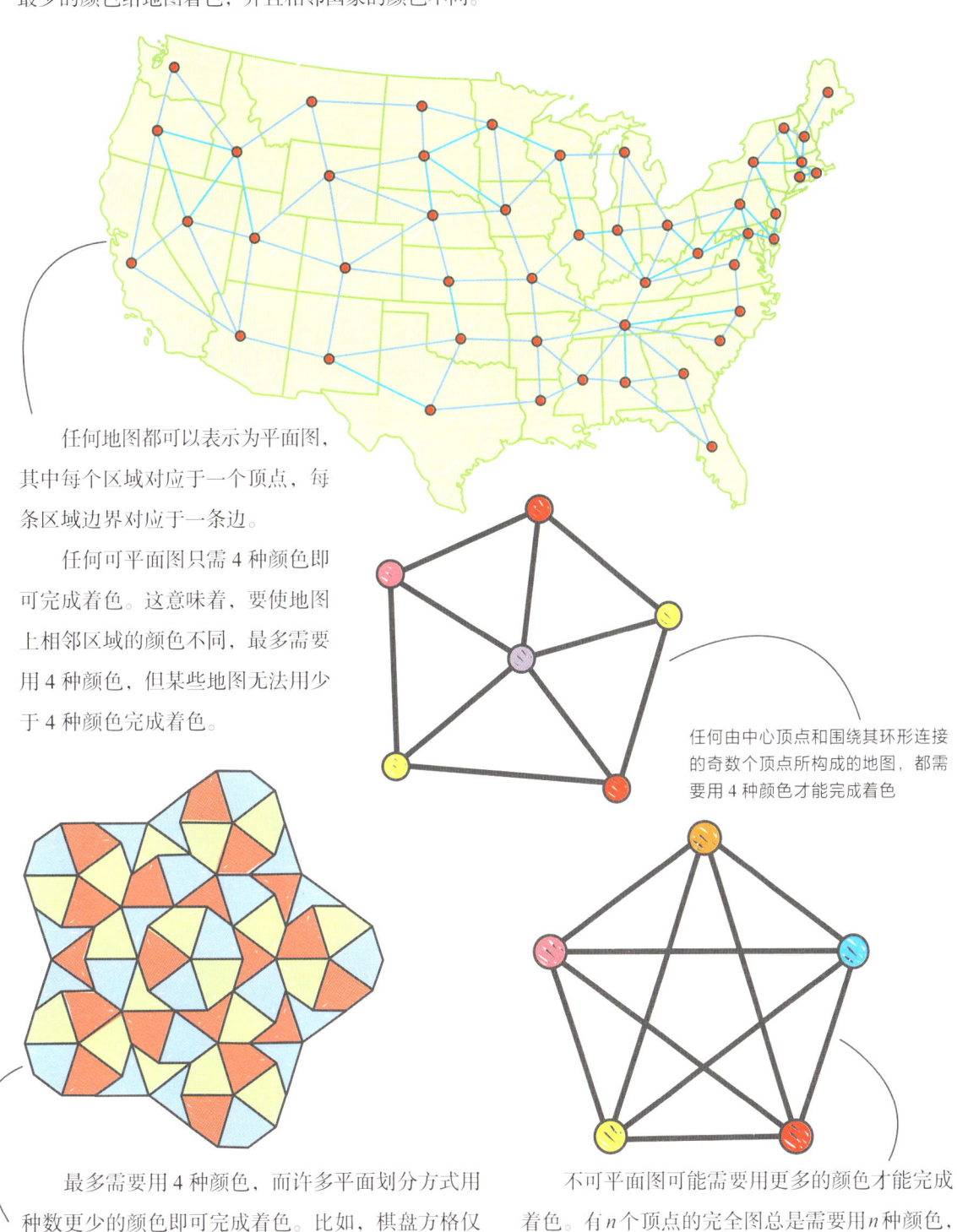

不可平面图可能需要用更多的颜色才能完成着色。有 n 个顶点的完全图总是需要用 n 种颜色，因为其中每个顶点都与其他所有顶点相连。

第 9 章 拓扑学

纽结理论

纽结理论的研究对象是数学纽结，它在合成化学和化疗药物研发等众多领域具有实际应用价值。

数学纽结与我们日常理解的绳结略有不同。我们用绳子打结时通常会有松散的绳头，但在数学纽结中，绳子的两端是闭合连接的，因此这种纽结无法被解开。

最简单的纽结是平凡纽结，即一条无交叉、可平铺成简单圆环的闭合曲线。

而最基础的非平凡纽结是三叶结，其结构包含三个相互交织的环，每个环依次从另外两个环的上方和下方穿过。

如果两个纽结可通过一系列**瑞德迈斯特移动**相互转化，则它们被视为相同的纽结（所以，就纽结而言，瑞德迈斯特移动序列即构成同胚变换）。如右图所示，瑞德迈斯特移动共有 3 种。

以下两个图均为平凡纽结。第一个图可通过一次 R1 移动（解扭）转化为平凡纽结；第二个图则需一次 R2 移动（将右侧中段绳段整体越过左侧绳段）实现转化。

纽结的**交叉数**指其最简图示，也就是说无法通过扭转等方式消除任何交叉的自交叉次数。平凡纽结的交叉数为零，三叶结的交叉数为 3；不存在交叉数为 1 或 2 的纽结。交叉数是纽结的不变性。

R1. 扭转或解扭

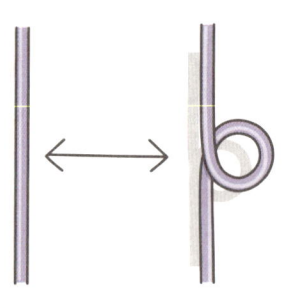

R2. 将一根绳段整体越过另一根绳段

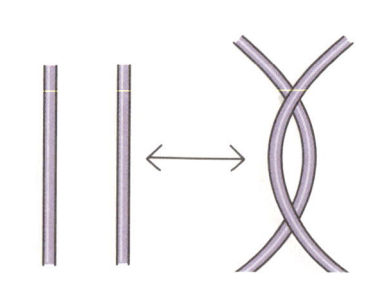

R3. 将一根绳段整体滑过某个交叉点的上方或下方

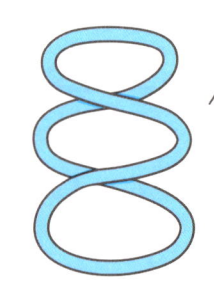

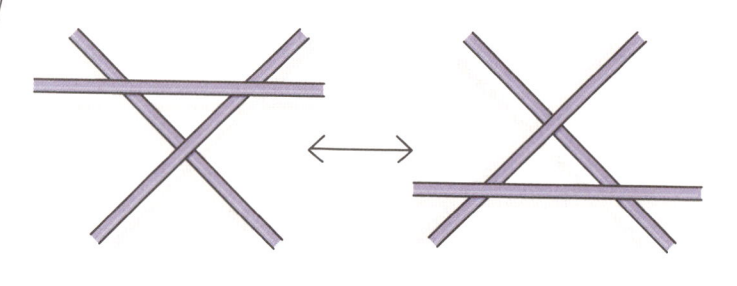

172 图解几何

三叶结具有**手性**，即存在互为镜像的左手性与右手性版本，而两者无法通过瑞德迈斯特移动相互转化，因此它们是不同的纽结。

交叉数为 4 的纽结仅有 1 种；交叉数为 5 的纽结有 2 种，而且它们无法通过瑞德迈斯特移动相互转化，故存在本质上的不同。

链环

链环是指多个纽结相互缠绕形成的集合。最简单的链环由两个平凡纽结组成，通过一次交叉相连，这也是大多数链条的基本构建方式。

博罗米安环是由三个平凡纽结构成的特殊链环，其特点是任意两个平凡纽结之间并无直接缠绕。

这三个环相互缠绕，无法分离。

若移去其中任意一个环，剩余两个环便不再彼此连接。

纽结图示在艺术与符号学中已有千百年的历史，它们与 3—4 世纪的凯尔特人之间的关系尤为密切。许多凯尔特结其实是数学链环，由两个或更多个纽结交织而成。

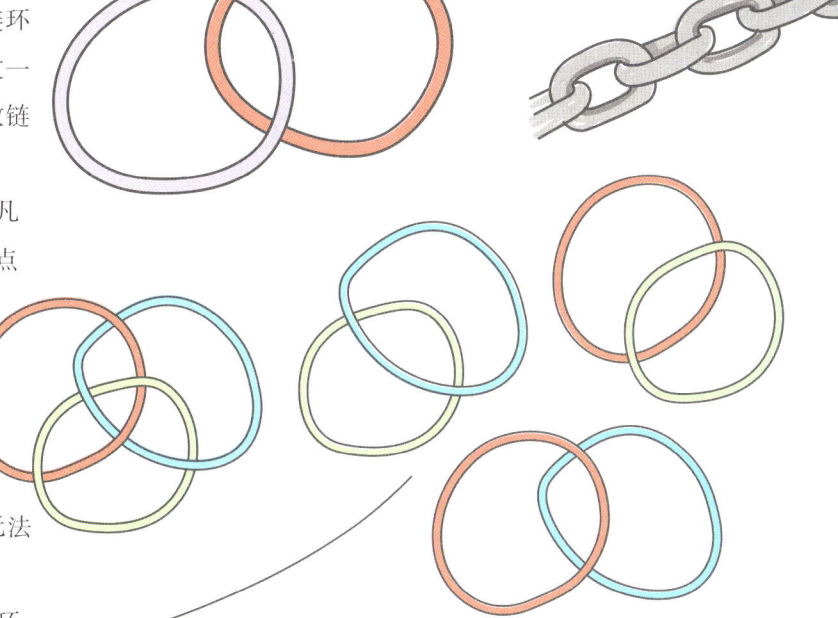

比如，三曲枝图由一个三叶结与一个平凡纽结构成。

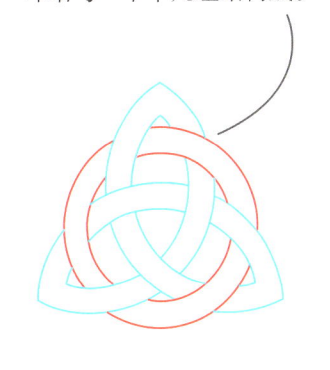

达拉结看似复杂，但其实是两个平凡纽结缠绕在一起。

第 9 章 拓扑学 173

✓ 回顾

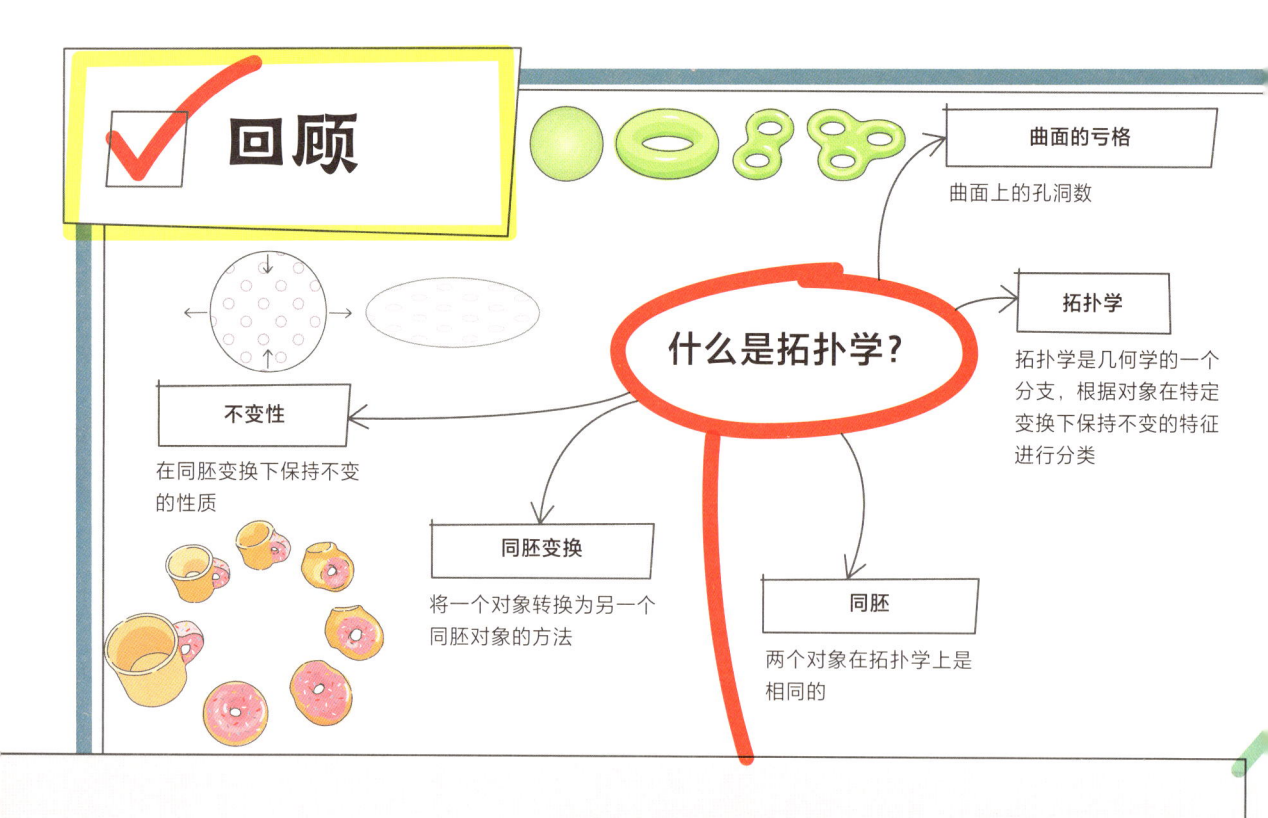

什么是拓扑学?

曲面的亏格
曲面上的孔洞数

拓扑学
拓扑学是几何学的一个分支,根据对象在特定变换下保持不变的特征进行分类

不变性
在同胚变换下保持不变的性质

同胚变换
将一个对象转换为另一个同胚对象的方法

同胚
两个对象在拓扑学上是相同的

拓扑学

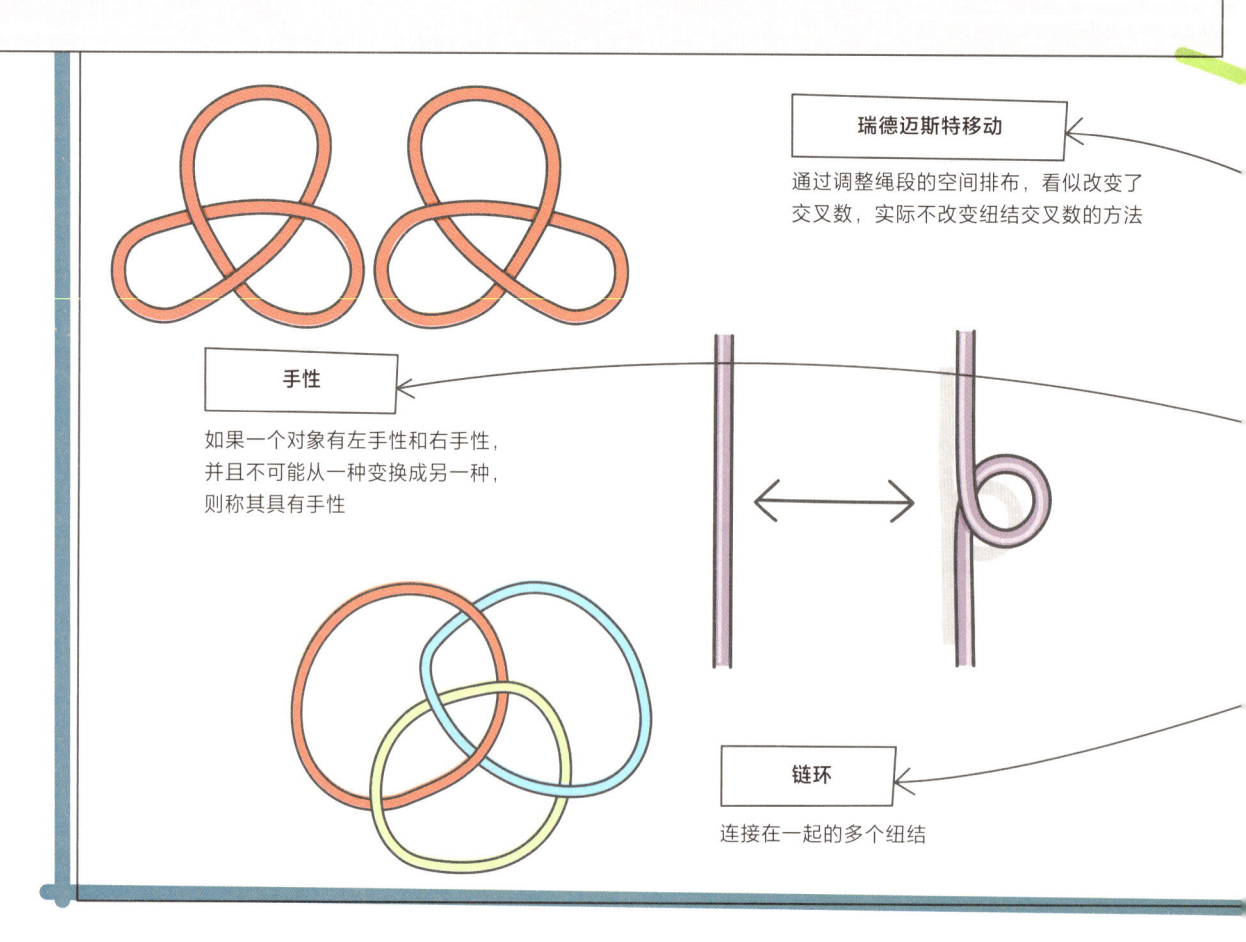

瑞德迈斯特移动
通过调整绳段的空间排布,看似改变了交叉数,实际不改变纽结交叉数的方法

手性
如果一个对象有左手性和右手性,并且不可能从一种变换成另一种,则称其具有手性

链环
连接在一起的多个纽结

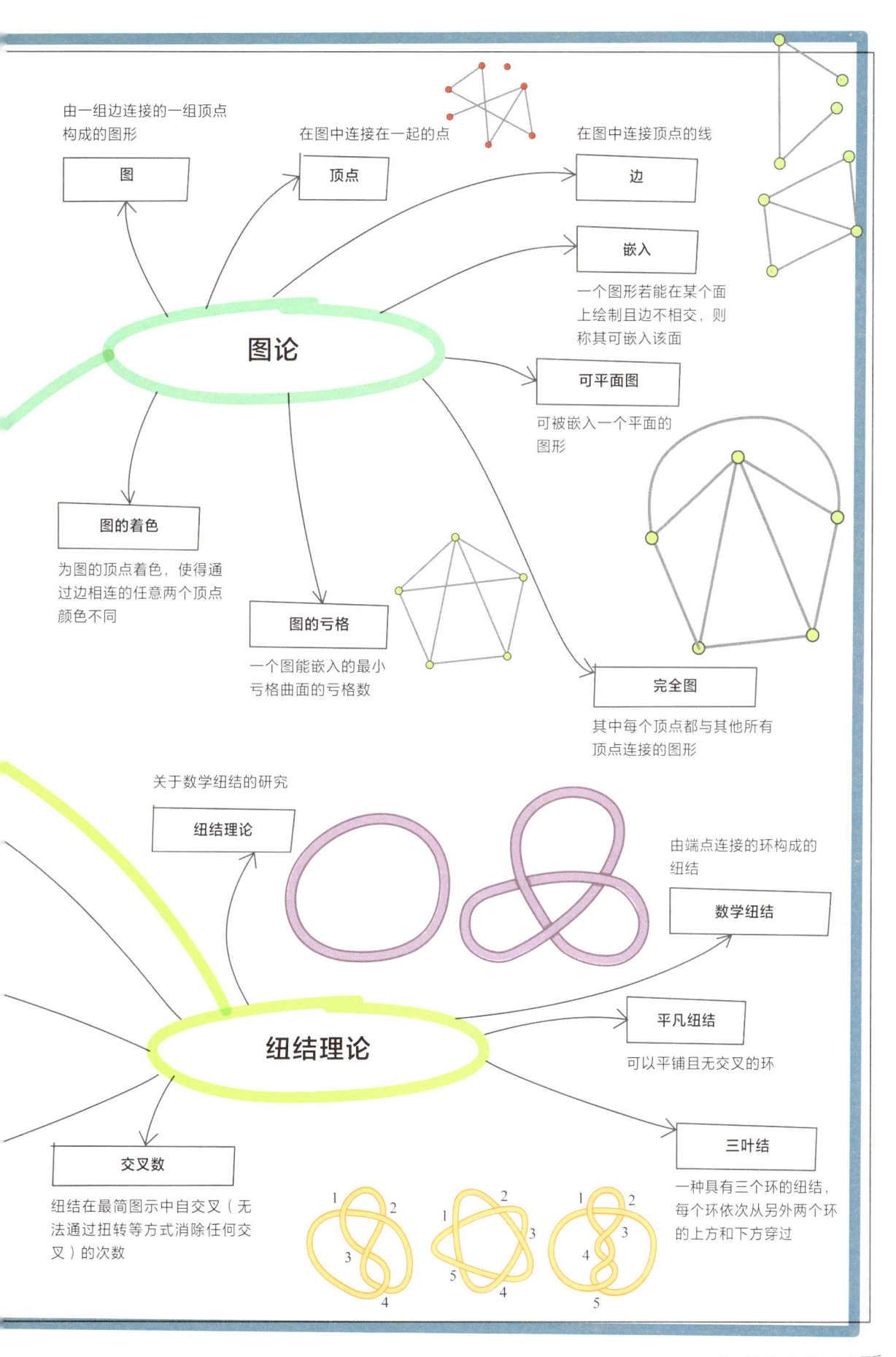

由一组边连接的一组顶点构成的图形

在图中连接在一起的点

在图中连接顶点的线

图

顶点

边

嵌入

一个图形若能在某个面上绘制且边不相交，则称其可嵌入该面

图论

可平面图

可被嵌入一个平面的图形

图的着色

为图的顶点着色，使得通过边相连的任意两个顶点颜色不同

图的亏格

一个图能嵌入的最小亏格曲面的亏格数

完全图

其中每个顶点都与其他所有顶点连接的图形

关于数学纽结的研究

纽结理论

由端点连接的环构成的纽结

数学纽结

纽结理论

平凡纽结

可以平铺且无交叉的环

三叶结

一种具有三个环的纽结，每个环依次从另外两个环的上方和下方穿过

交叉数

纽结在最简图示中自交叉（无法通过扭转等方式消除任何交叉）的次数

第 9 章 拓扑学 175

第 10 章

几何证明

证明是数学中最重要的概念之一。没有它，我们就无法判断数学观点是否正确。在本章中，你将了解证明的含义，看到对一些几何命题的逐步证明，并弄清如何通过证明一个命题来为其他命题奠定基础。最后，你将看到几何概念怎样用于证明或理解其他数学领域的命题。

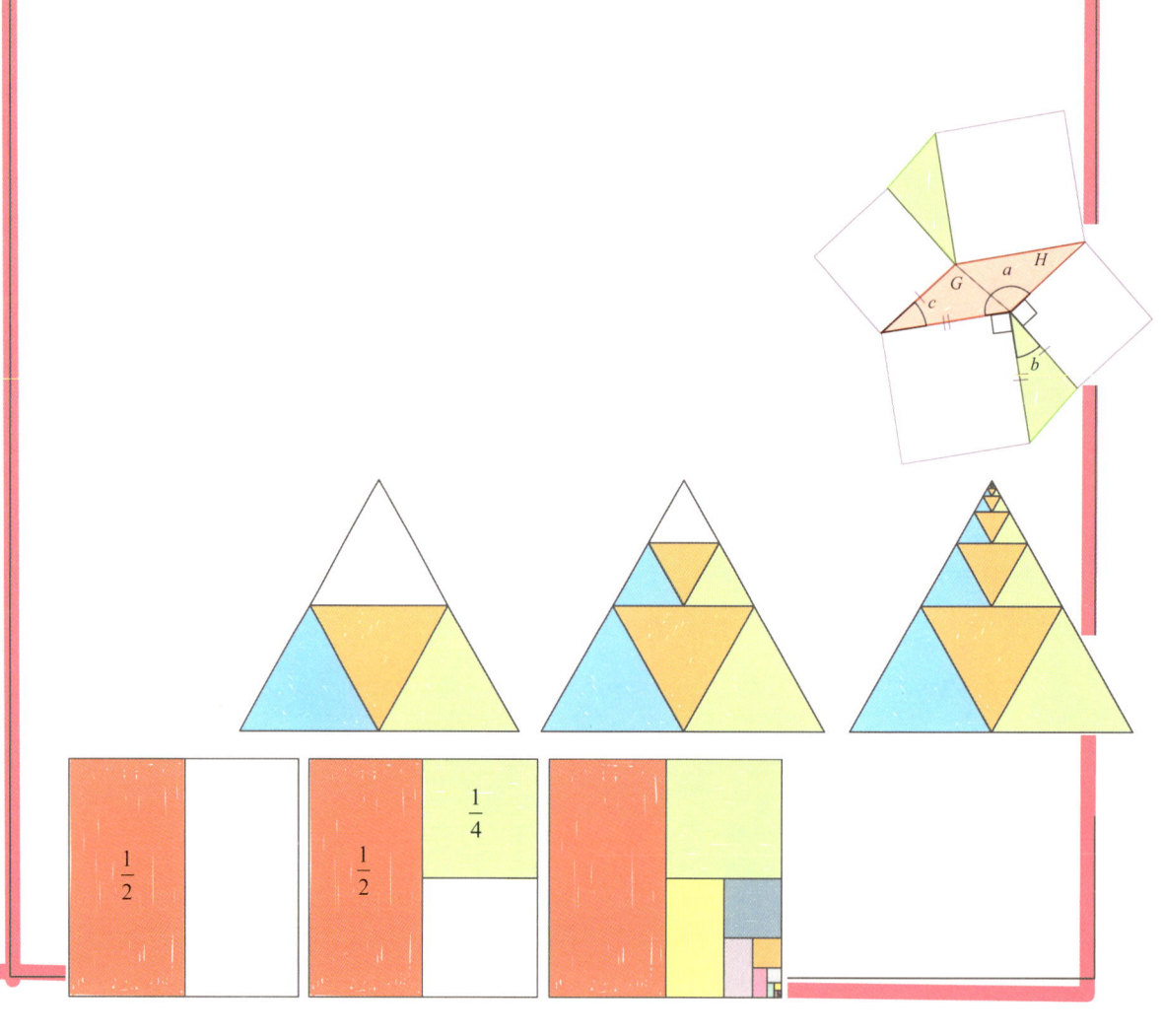

什么是几何证明？

几何思想可用于证明许多数学领域的定理。几何的直观特性使证明过程更为清晰，并帮助理解定理能够成立的原因。

数学是由**猜想**与**定理**构成的。猜想是数学家认为可能成立的想法或假设，比如，如果翻开一副牌，前三张恰好是黑桃A、2、3，你或许会猜想，整副牌都是按同花色数的顺序排列的。

定理则是已经被证明为真的猜想。要将上述有关整副牌的猜想变为定理，你必须查验所有的牌，证明它们都是有序排列的。即使前50张有序，也无法保证第51、52张是有序的。

遗憾的是，证明某副牌有序，并不能说明其他牌组或同一副牌在两天后的状态。**几何证明**则是利用逻辑论证，说明某个想法永远成立。这使证明成为数学中最重要的概念之一，意味着已知定理可用于验证新猜想，每项证明都在为数学体系添砖加瓦。

证明猜想的方法多种多样。几何证明常借助图示，比如在第2章中用于证明勾股定理的图形。这些图示既可以呈现具体的几何体，也可以表达抽象的代数概念，从而通过图中对象的不同排列或变换来证明两个不同的量值始终相等。

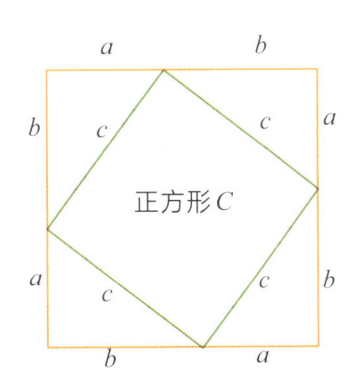

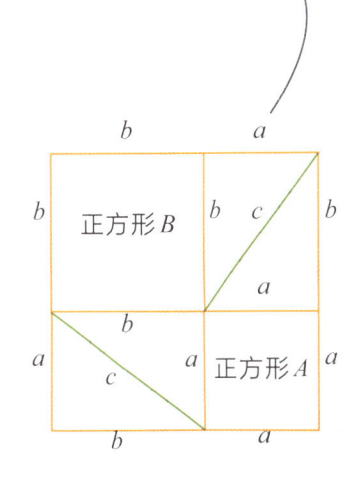

第 10 章　几何证明　179

几何定理

你已经见过一些几何定理的证明，比如在第 2 章中，我们证明了 n 边形内角和为 $(n-2) \times 180°$。本节将展示如何通过层层递进的步骤来证明更为复杂的定理。

定理 1：平行四边形**邻角**之和为 180°。

证明

邻角是指彼此相邻的角，它们有公共边。

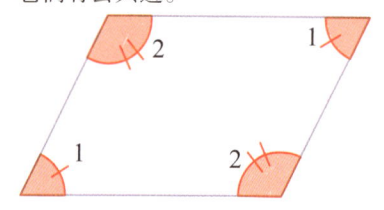

证明该定理需要援引两个已知结论：

1. 平行四边形的对角相等；
2. 四边形的内角和为 360°。

由此可得：$\angle 1 + \angle 2 + \angle 1 + \angle 2 = 360°$。

整理之后得到

$2(\angle 1 + \angle 2) = 360°$。

方程两边同时除以 2，可得

$\angle 1 + \angle 2 = 180°$。

由此证明，平行四边形邻角之和为 180°。

定理 2：若两个正方形有一个公共顶点，则它们之间的两个三角形面积相等。

证明

该定理断言三角形 A 与三角形 B 面积相等。虽然可通过测量底与高并计算面积来验证，但这仅适用于特定正方形的组合。我们需要证明，该结论对以任意角度拼接的任意两个正方形均成立。

证明两个三角形面积相等的第一步，是将整个图形绕三角形 A 的长边中点旋转 180°，旋转后的三角形 A' 与 B' 是 A 和 B 旋转后的像。

A 与 A' 共同构成一个平行四边形，其边长分别与原正方形的边长相等。通过画出另一条对角线（图中虚线），可以将这个平行四边形分割成两个全等三角形。如果我们能够证明这两个三角形都与 B 全等，则可证明 A 与 B 面积相等。

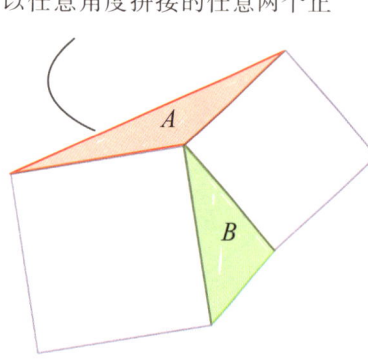

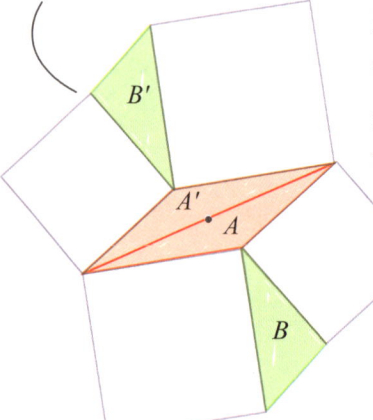

180 图解几何

新三角形 G 与 H 的两边分别与 B 的两边等长（因边长来自正方形）。如果这两条边所夹的角相等，则根据边角边定理，新三角形与三角形 B 全等。

我们可以证明，对应边所夹的角相等。

角 1 和角 2 与正方形的两个直角一起构成了 360° 的周角，所以∠1 + ∠2 = 180°。

平行四边形中邻角之和为 180°（定理 1 已证），所以∠1 + ∠3 = 180°。

∠1 + ∠2 = ∠1 + ∠3，所以∠2 = ∠3。

因此，三角形 A 与 B 全等（边角边定理），而全等三角形的面积必定相等，证毕。

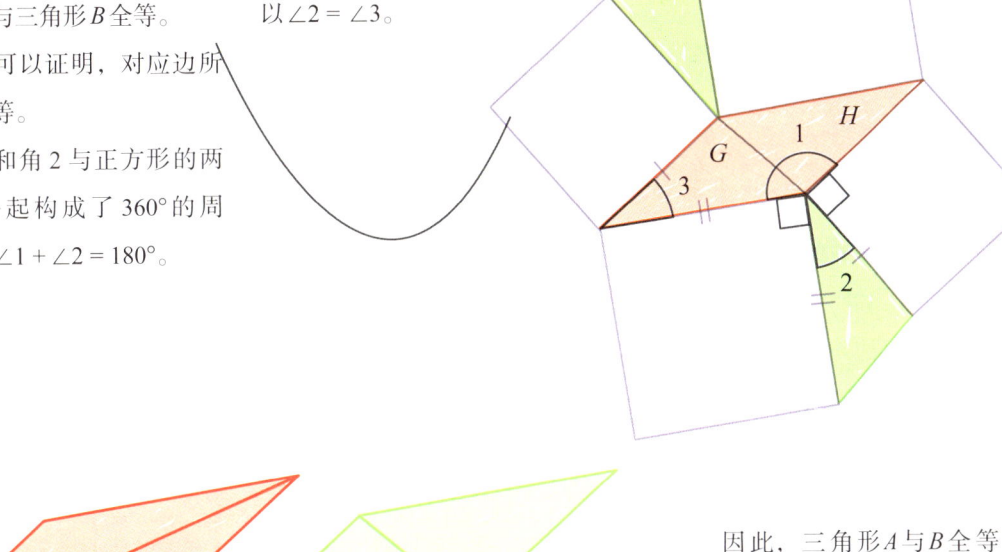

庞加莱猜想

许多数学命题的证明过程极其艰难，往往需要数学家数百年的接力研究，在前人的成果上不断发展，直至最终得证。

亨利·庞加莱于 1904 年作为问题提出的庞加莱猜想即为一例：在四维空间中，能否用"单连通性"这一特性唯一界定球面？"单连通性"的精确定义虽然复杂，但其实是指对象没有孔洞。我们能够凭直觉理解三维的情形，但对更高的维度则难以把握。

数学家定义单连通性的一种方法是：若对象表面任意闭合环皆可连续收缩至一点而不脱离该对象，则称其具备单连通性。在球面上画出的任何一个圆都可以在不受损伤的情况下收缩为一点，球面上的任意圆也都可以做到这一点。然而，环面上所示的两个圆均无法实现这一操作。此种方法可以让解析技术得以推广至高维空间。

庞加莱猜想自 1904 年提出后，最终由格里戈里·佩雷尔曼于 21 世纪初证明，历时 100 年左右。

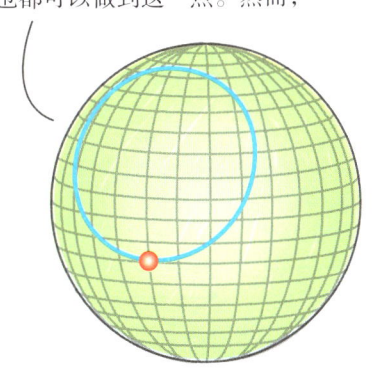

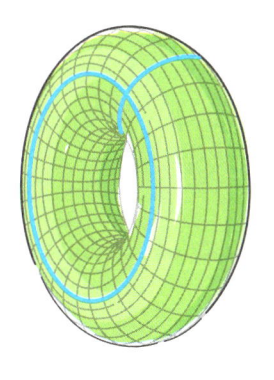

第 10 章 几何证明 181

抽象概念的图解证明

来自几何概念的图解证明可用于证明其他许多数学领域的定理。

平方差

两数的平方差公式是一个代数公式,即一个数的平方减去另一个数的平方,等于两数之和与两数之差的乘积。如用代数式表示,则可设两数分别为 a 和 b,此时有 $a^2 - b^2 = (a + b)(a - b)$。

可以用边长分别为 a 和 b 的两个正方形进行几何证明。

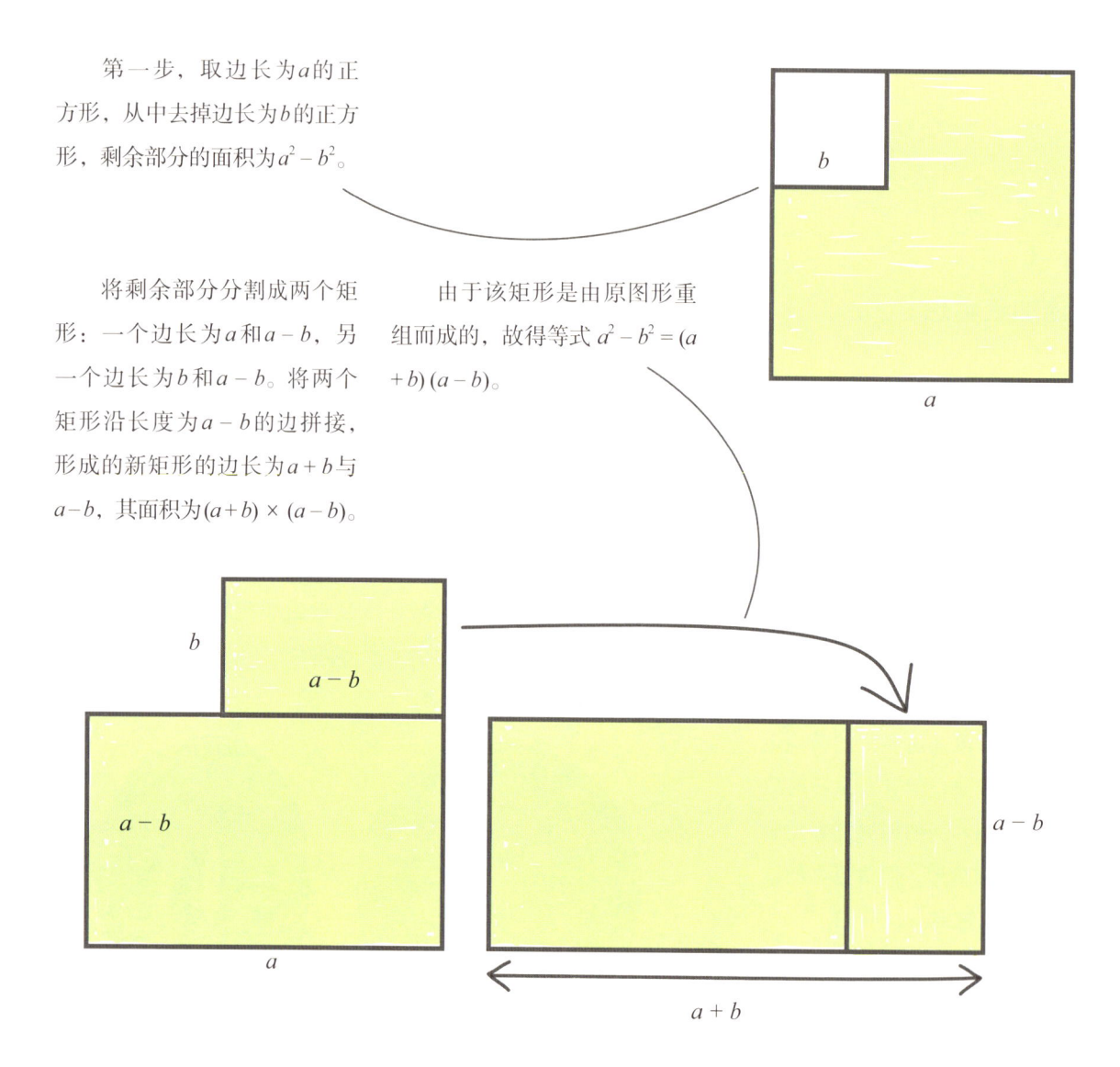

第一步,取边长为 a 的正方形,从中去掉边长为 b 的正方形,剩余部分的面积为 $a^2 - b^2$。

将剩余部分分割成两个矩形:一个边长为 a 和 $a - b$,另一个边长为 b 和 $a - b$。将两个矩形沿长度为 $a - b$ 的边拼接,形成的新矩形的边长为 $a + b$ 与 $a - b$,其面积为 $(a + b) \times (a - b)$。

由于该矩形是由原图形重组而成的,故得等式 $a^2 - b^2 = (a + b)(a - b)$。

182 图解几何

无穷几何级数

几何数列是指每一项与前一项的比值恒定的数列（也称等比数列，该定值叫作公比）。比如，在数列 1/2, 1/4, 1/8, 1/16, … 中，每一项都是前一项乘公比 1/2 所得的结果。

几何级数是指几何数列的各项之和。上述例子所对应的几何级数为 1/2 + 1/4 + 1/8 + 1/16 + …。该级数可无限延伸，故称无穷几何级数。

"几何数列"得名于数列中每个项都是其前后两项的几何平均数。两数 a 与 b 的几何平均数为 $\sqrt{a \times b}$，即与边长为 a、b 的矩形面积相等的正方形边长（见前文的矩形等积正方形作图法）。这种几何关联让我们经常可以通过几何方法证明几何级数的性质。

我们可以用几何方法展示这一级数。首先取面积为 1 的正方形，首项 1/2 占据其一半的面积，次项 1/4 占据剩余面积的一半，后续各项皆按此规律填充。无论叠加多少项，正方形始终无法被完全填满，这表明级数 1/2 + 1/4 + 1/8 + 1/16 + … 无限趋近于 1，但永远不等于 1，而 1 即为该级数的极限值。

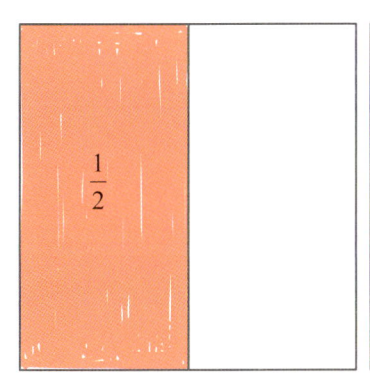

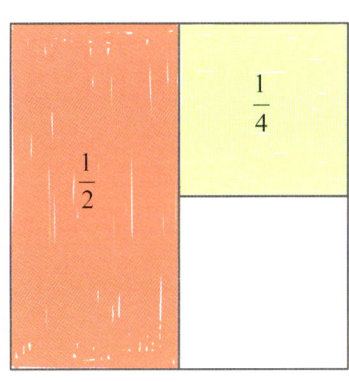

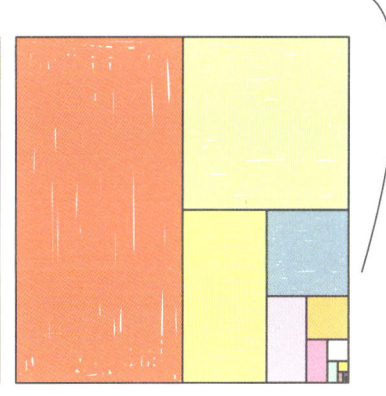

你可以用同样的方法证明其他几何级数。以下图形以面积为 1 的三角形为初始图形。

首项显示三个阴影区域，每种颜色区域的面积均为整个三角形的 1/4。

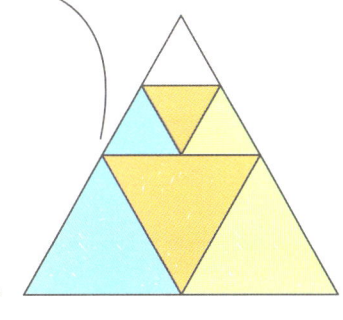

第二项新增的每种颜色区域的面积为原图形的 1/4 的 1/4，即整体面积的 $1/4^2$。因此第二项中每种颜色的总面积为 $1/4 + 1/4^2$。

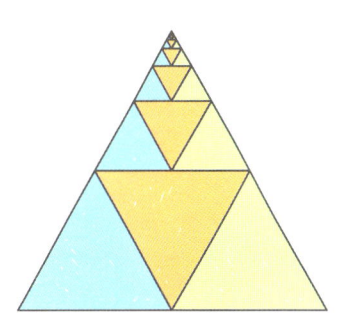

第三项新增的每个阴影区域面积为原图形 $1/4^2$ 的 1/4，即整体面积的 $1/4^3$。随着级数递进，每种颜色最终占据大三角形面积的 1/3，故级数 $1/4 + 1/4^2 + 1/4^3 + \cdots$ 的极限值为 1/3。

第 10 章 几何证明

✓ 回顾

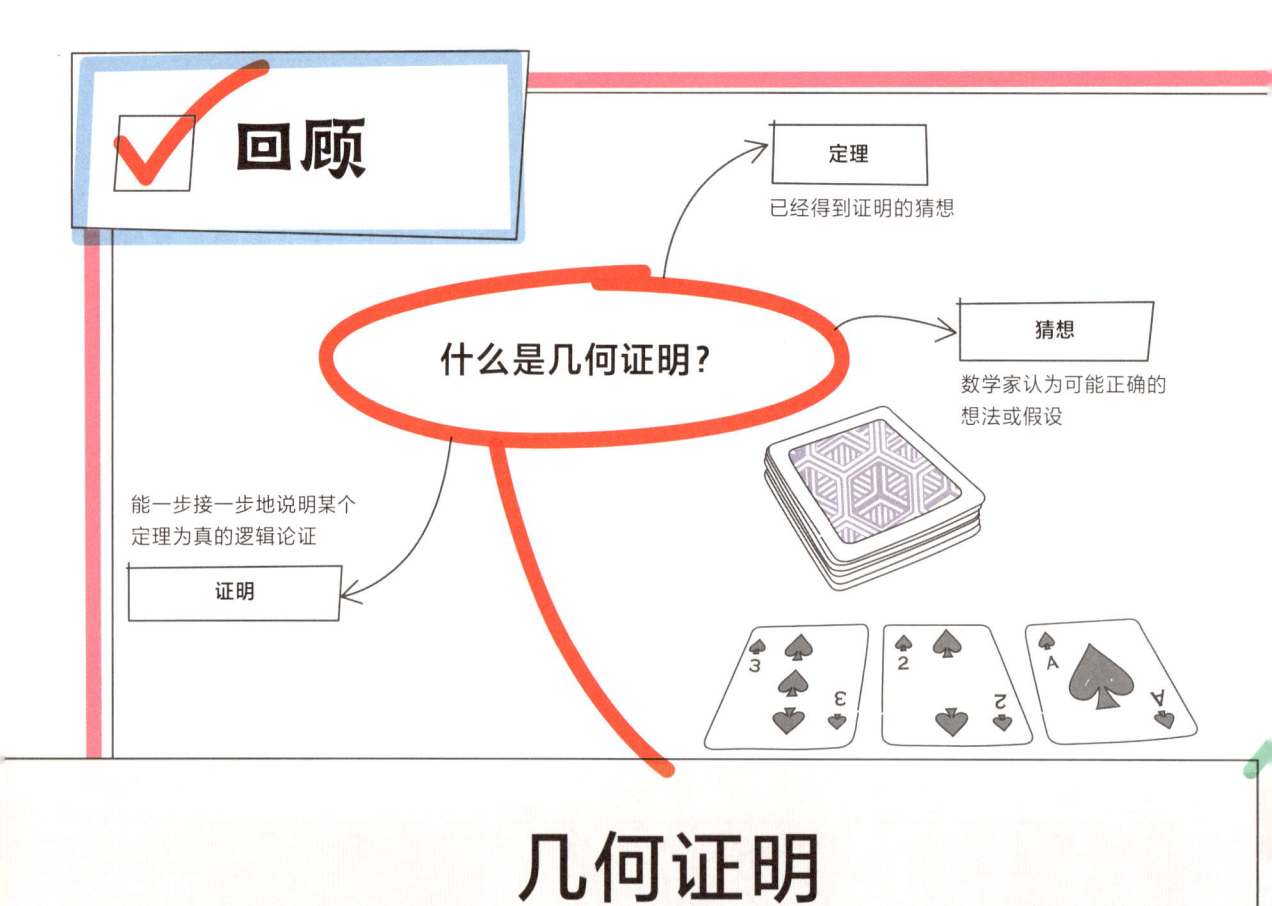

什么是几何证明？

定理
已经得到证明的猜想

猜想
数学家认为可能正确的想法或假设

证明
能一步接一步地说明某个定理为真的逻辑论证

几何证明

几何数列
一种数列，其中每一项都是前一项与一个选定的乘数相乘的结果，这个乘数叫作公比

几何级数
几何数列的各项加总

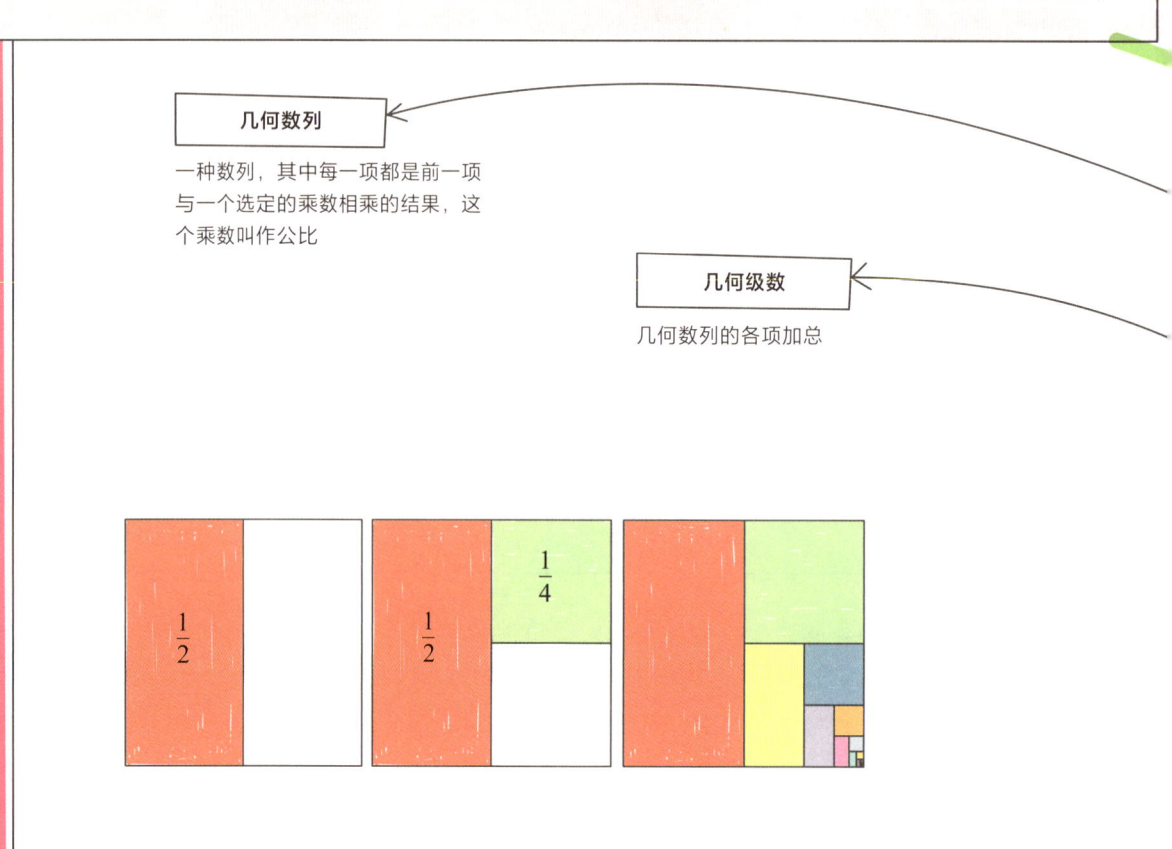

有公共边的两个角

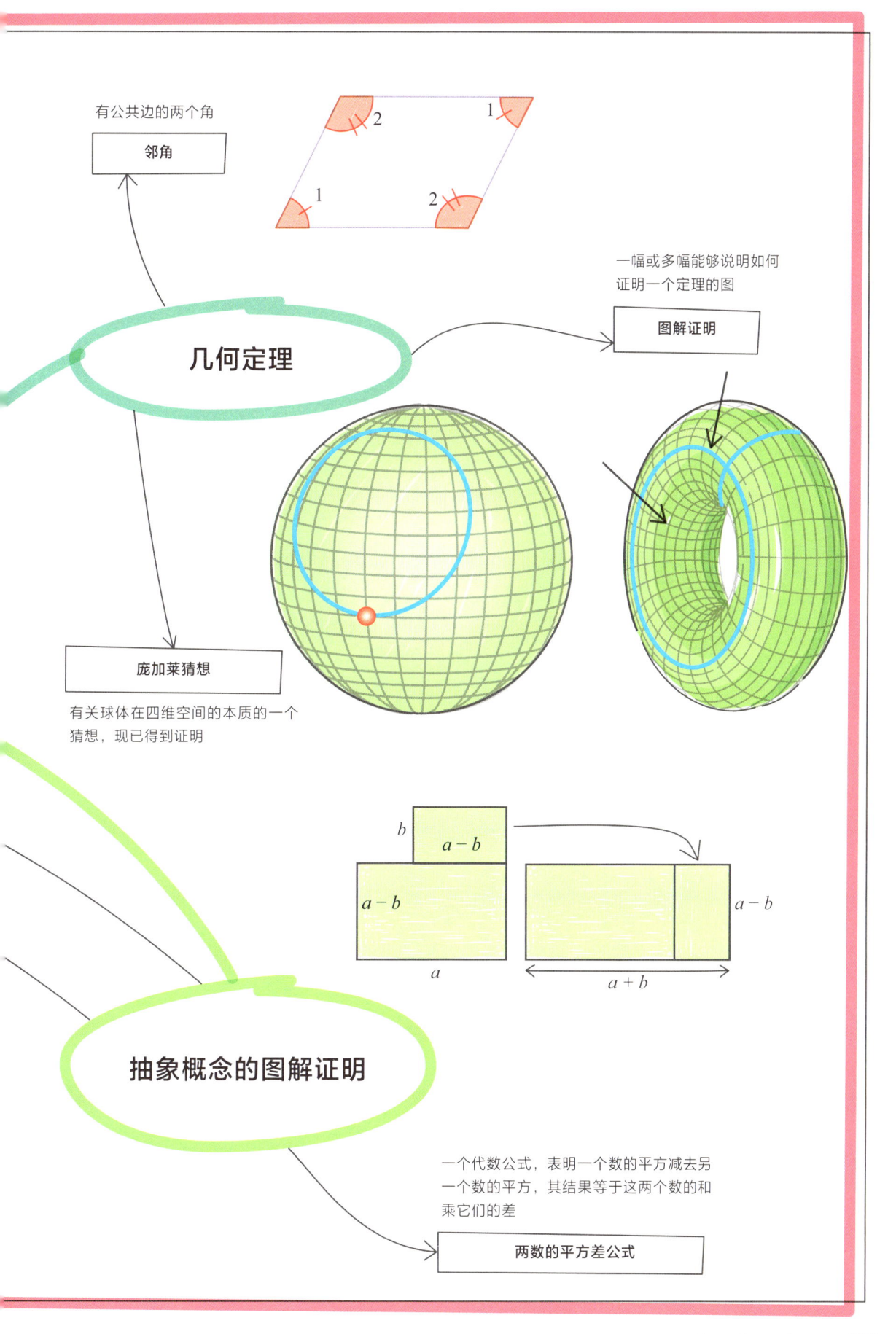

邻角

几何定理

一幅或多幅能够说明如何证明一个定理的图

图解证明

庞加莱猜想

有关球体在四维空间的本质的一个猜想，现已得到证明

抽象概念的图解证明

一个代数公式，表明一个数的平方减去另一个数的平方，其结果等于这两个数的和乘它们的差

两数的平方差公式

第 10 章 几何证明

第 11 章

无处不在的几何

几何学本身是一门引人入胜的学科，探索其中的数学原理、图形与规律令人兴致盎然。纵观历史，几何学也始终是激发人类创造力的源泉。这是本书的最后一章，你将从中了解几何学在构成人类文化遗产的艺术作品、音乐与建筑中是如何体现的。最后，你还将学会一些让生活更加便利的几何小技巧。

传统手工艺

无论是外在图案还是内在结构，在编织、钩针、蕾丝制作和拼布等传统手工艺中，都蕴含着丰富的几何原理。

编织

编织需用两根针反复缠绕纱线，从而织成面料。针织面料具有平移对称性，每行针脚呈现周期性重复的特征。

织工主要运用两种针法——下针与上针，二者互为镜像。从背面看，一段"下针"纹路恰似正面的"上针"，反之亦然。

编织图案经常蕴含丰富的对称性，但由于针脚具有网格状结构，其对称形式存在固有的局限性。彼此垂直或呈45°夹角的对称轴易于实现，而其他角度的对称则难以达成。

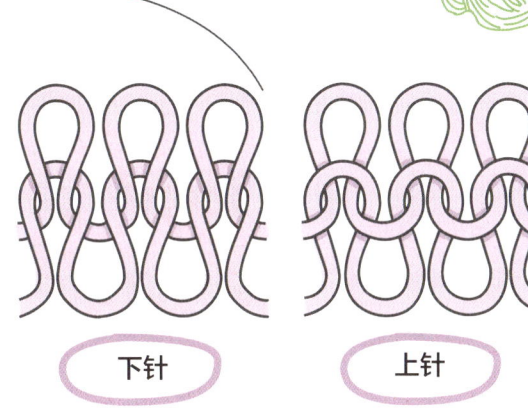

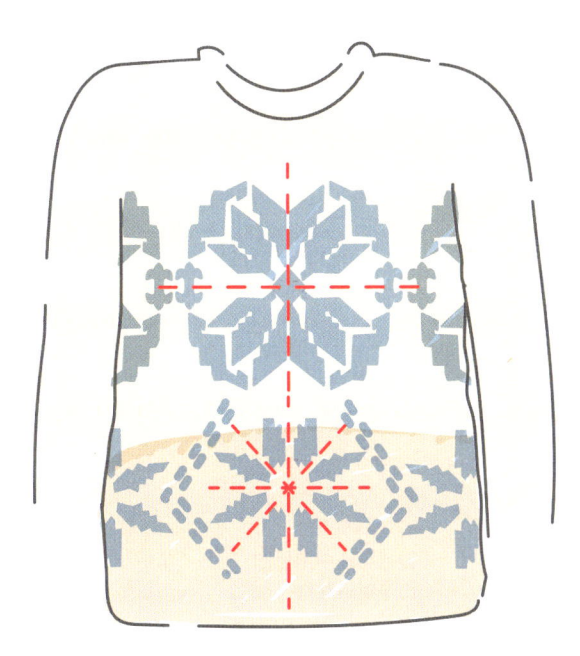

下针　　上针

传统针织纹样通常仅呈现 1 条、2 条或 4 条反射对称轴线

第 11 章　无处不在的几何　189

钩针编织

钩针编织与编织类似，但用的是一根钩针而不是两根织针，其针脚高度可自由变化，使织物结构更加灵活，图案常以环形钩织，形成旋转对称。

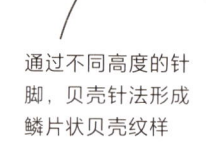

通过不同高度的针脚，贝壳针法形成鳞片状贝壳纹样

环形钩织法使钩针作品能够实现任意阶数的旋转对称

拼布工艺

拼布工艺常用于制作被褥和靠垫，通过缝合小块布料构成更大的整体。镶嵌图案是其设计的核心要素，等边三角形、正方形和六边形等可规则镶嵌的正多边形是人们乐于使用的形状。

经典的"风车"图案由直角三角形拼接成正方形构成，其设计兼具四阶旋转对称性与平移对称性

六边形是拼布工艺所用图案的热门之选，其稳固的镶嵌特性让多样化的色彩与面料得以和谐共存，同时保持对称的美感与秩序感

梭结花边

通过精细纱线的交织，梭结花边能构建繁复精美的纹样。纱线缠绕在线轴（有时多达数百个）上，按特定顺序彼此穿绕，最终形成预设的图案。

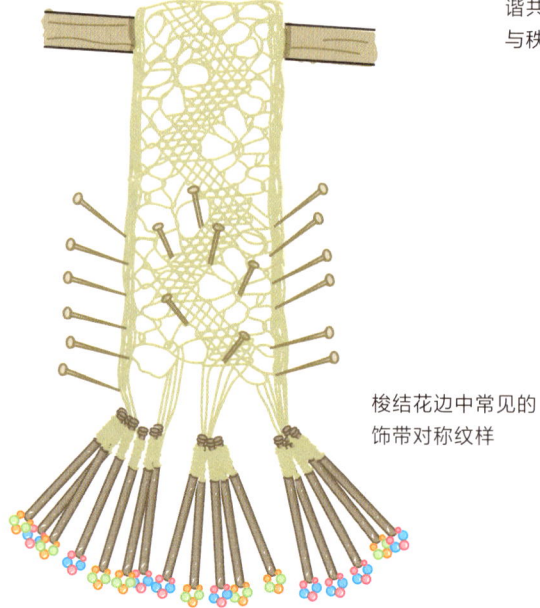

梭结花边中常见的饰带对称纹样

音乐

从不同音高的频率到音符时值的分数比例，音乐的诸多方面都蕴含着数学原理。有些作曲家甚至特意在作品中运用几何概念，比如对称性。

音阶

音阶由 12 个音符组成：A、A#（升A）、B、C、C#、D、D#、E、F、F#、G 和G#。G#之后回到A，但高八度，音高提升而音质相同。这一模式循环往复，使音阶具有平移对称性。钢琴黑白键的排列正是这种对称性的体现。

许多乐器通过绷紧的琴弦振动发声，比如吉他的弦或钢琴内部的琴弦。**振动琴弦**对应的确切音符取决于弦的密度、张力和长度。若两根弦密度与张力相同，但其中一根弦的长度是另一根的两倍，则较长琴弦发出的音高会比较短琴弦低一个八度。

三角钢琴的弧形结构由此而来：右侧高音区使用的琴弦较短，随着音高向左逐渐降低，琴弦长度相应增加，但仅在一定范围内。若每个八度都持续地让琴弦长度倍增，则最低音将需要约 8 米长的琴弦！因此低音区采用更粗的琴弦，以保持钢琴的合理尺寸。

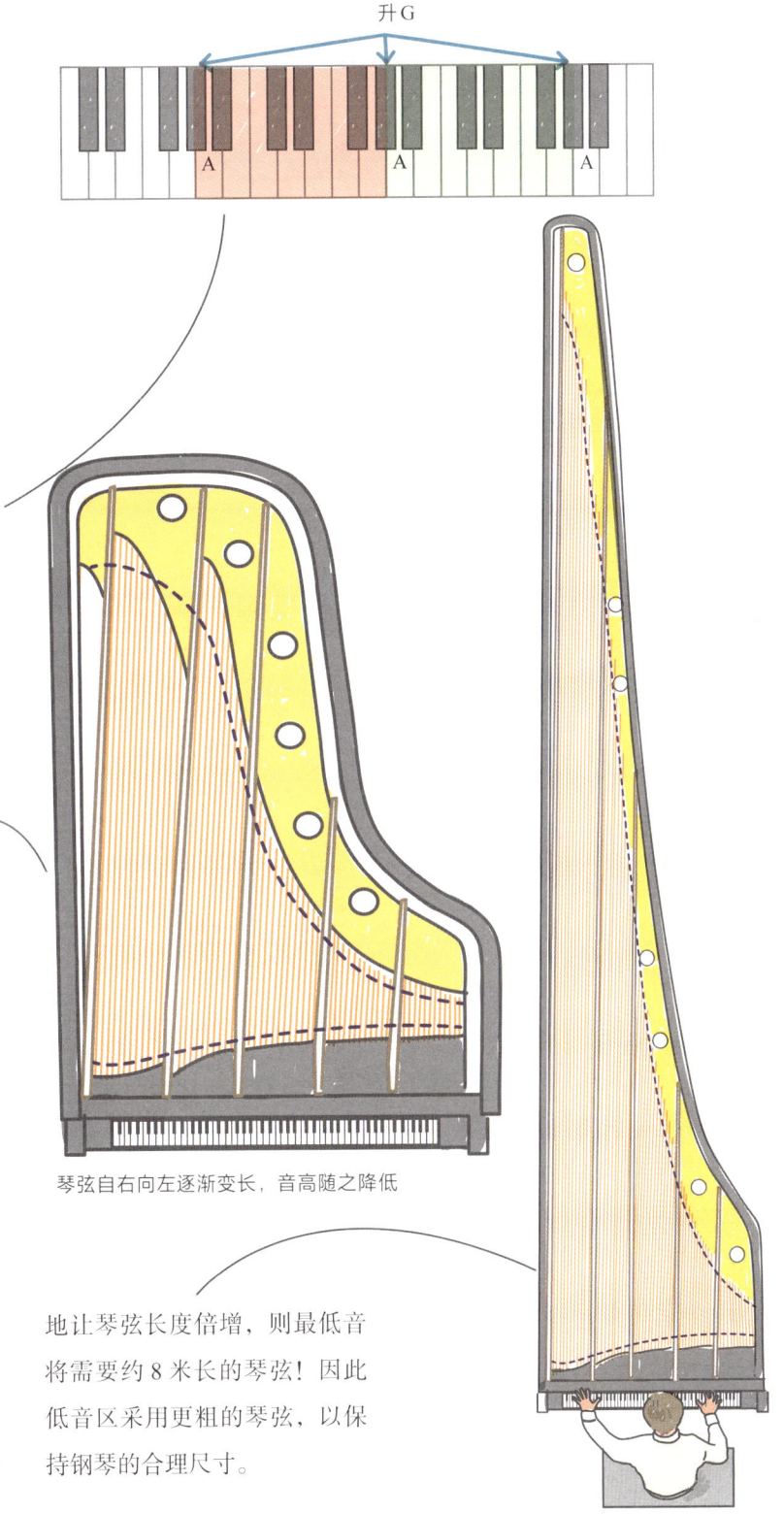

琴弦自右向左逐渐变长，音高随之降低

第 11 章　无处不在的几何　191

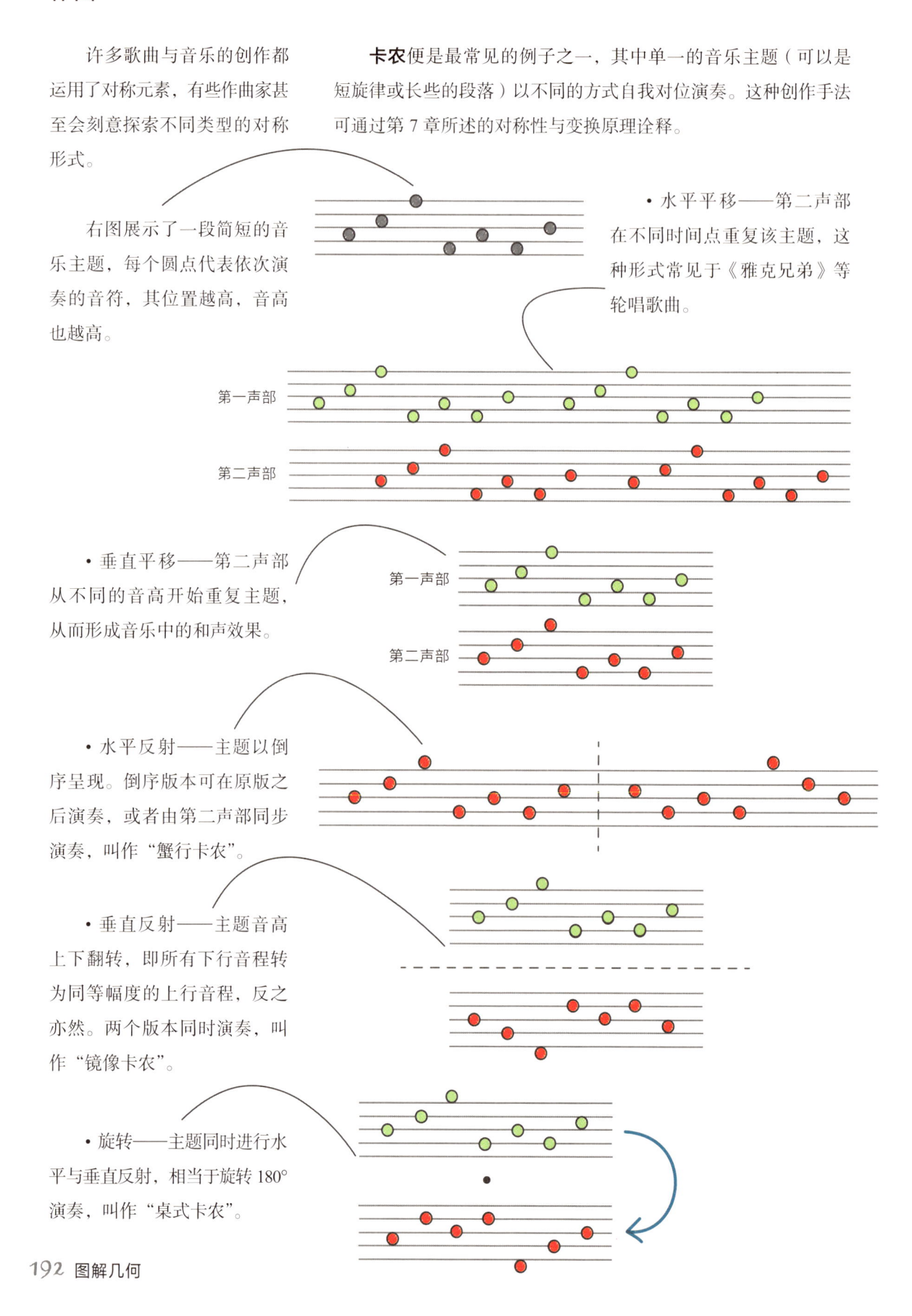

作曲

许多歌曲与音乐的创作都运用了对称元素，有些作曲家甚至会刻意探索不同类型的对称形式。

右图展示了一段简短的音乐主题，每个圆点代表依次演奏的音符，其位置越高，音高也越高。

卡农便是最常见的例子之一，其中单一的音乐主题（可以是短旋律或长些的段落）以不同的方式自我对位演奏。这种创作手法可通过第 7 章所述的对称性与变换原理诠释。

- 水平平移——第二声部在不同时间点重复该主题，这种形式常见于《雅克兄弟》等轮唱歌曲。

- 垂直平移——第二声部从不同的音高开始重复主题，从而形成音乐中的和声效果。

- 水平反射——主题以倒序呈现。倒序版本可在原版之后演奏，或者由第二声部同步演奏，叫作"蟹行卡农"。

- 垂直反射——主题音高上下翻转，即所有下行音程转为同等幅度的上行音程，反之亦然。两个版本同时演奏，叫作"镜像卡农"。

- 旋转——主题同时进行水平与垂直反射，相当于旋转 180° 演奏，叫作"桌式卡农"。

建筑

几何学是建筑师工具箱中的基础要素。如果不了解形状如何组合，不懂得如何处理角度、距离、面积和体积，任何建筑师都无法设计建筑物。

罗马渡槽

罗马渡槽是工程与建筑领域的壮举，至今在欧洲的许多地方仍可见其遗迹。古罗马人巧妙地利用了水往低处流的特性，修建了这些水道以输送活水。他们修筑了漫长悠远的缓坡导流渠，遇山开隧、逢谷架桥，终于将水流引导到了所需的地方。

渡槽的桥体部分由石柱与半圆拱构成。每块石材都经过了精密切割，无须灰浆即可严丝合缝地拼接。半圆拱虽不及抛物线拱坚固，却更易于建造。

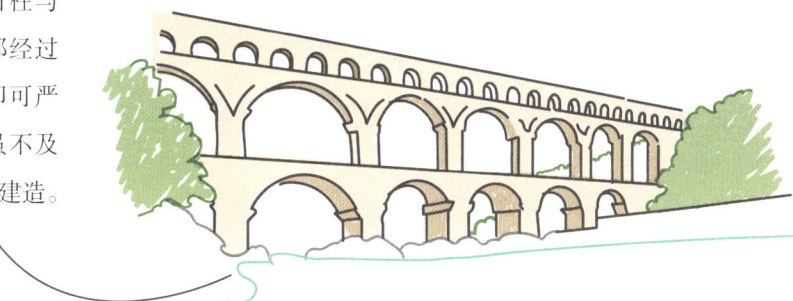

测地拱顶

测地多面体是一种近似球体的多面体。**测地拱顶**是以三角形构成的类球体结构，其设计基于测地多面体。"geodesic"（测地）一词源自拉丁语，意为"划分地球"。这些穹顶通过用直线划分球体（或地球）而得名。

这类穹顶通常采用金属框架搭配玻璃或丙烯塑胶面板建造。

测地拱顶于20世纪40年代成为流行的建筑形式，今天在全球许多地方都可以看到。

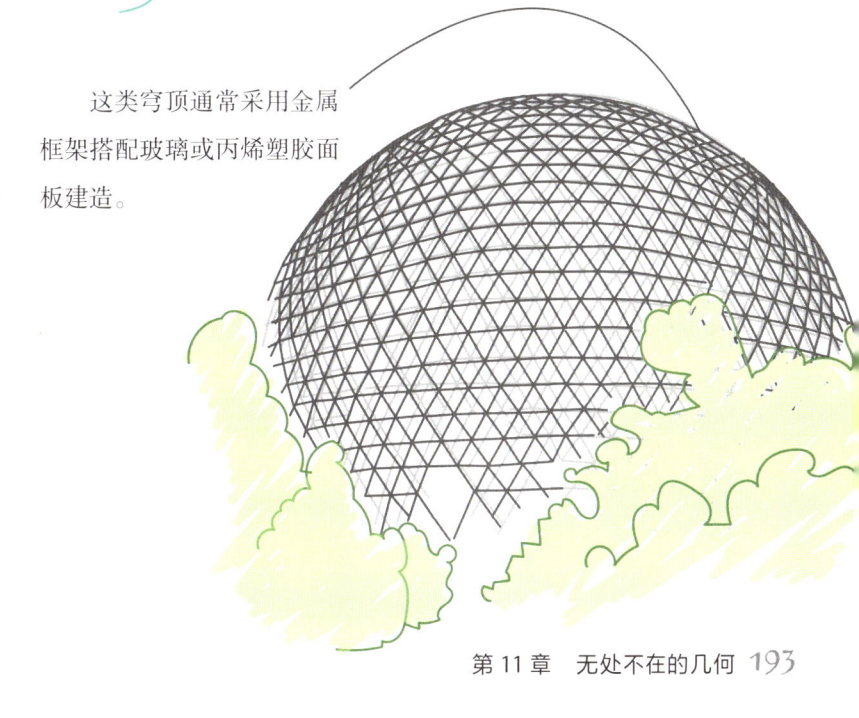

第 11 章　无处不在的几何

鞍形屋顶

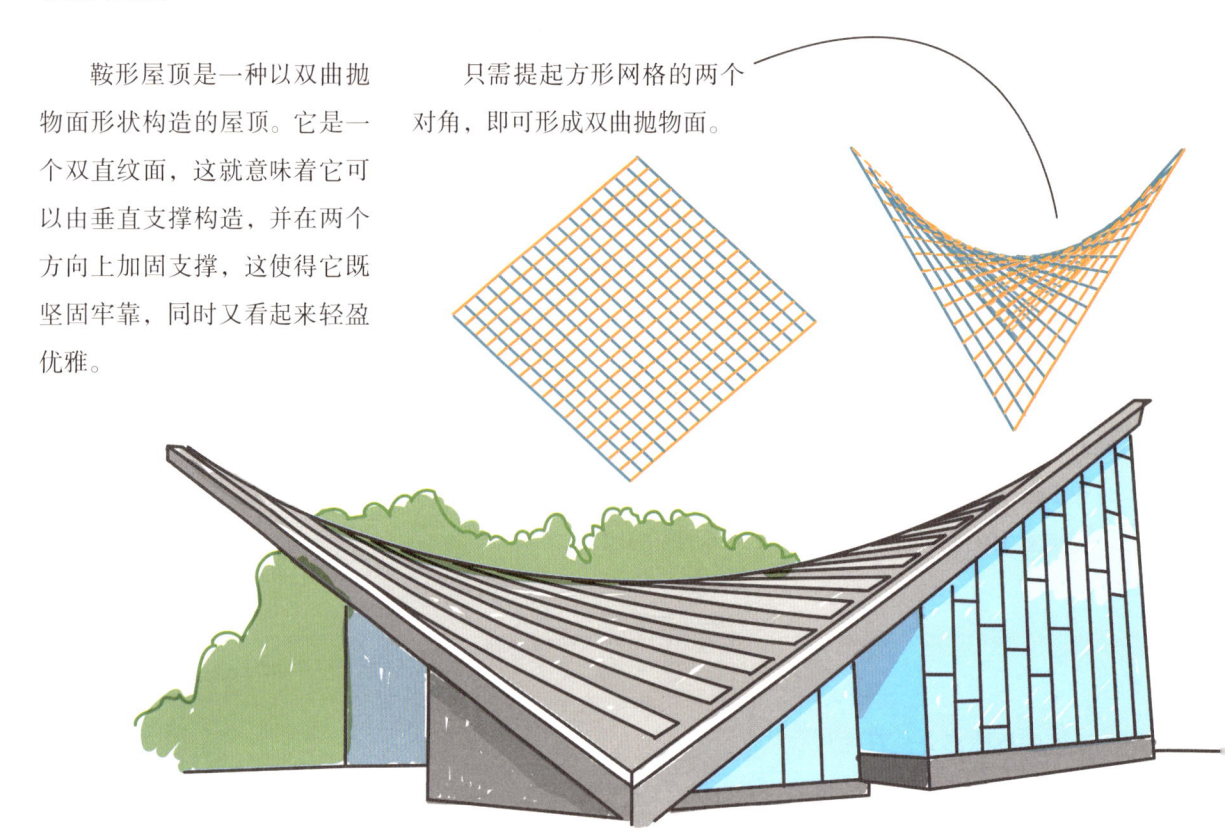

鞍形屋顶是一种以双曲抛物面形状构造的屋顶。它是一个双直纹面，这就意味着它可以由垂直支撑构造，并在两个方向上加固支撑，这使得它既坚固牢靠，同时又看起来轻盈优雅。

只需提起方形网格的两个对角，即可形成双曲抛物面。

改善生活空间

几何理念被用于平衡生活空间的两大诉求：在有限地块最大化居住空间的同时，优化居民的生活质量。标准的高层公寓利用长方体镶嵌的特性，在单栋建筑内尽可能多地塞入房间。更具创新特色的设计则以不同的方式包装长方体，以此令每套公寓的表面积最大化（这增加了可以开设窗户的墙壁的数量），同时仍然在空间中内容纳了较多套公寓。

加拿大的"栖息地67号"由摩西·萨夫迪设计，他以不同寻常的方式将长方体相互组合，让所有居民都能拥有充足的光线和户外空间。一些公寓的屋顶被用作其他公寓的花园。

艺术

数学与艺术的相互影响远超常人的想象。如第 8 章所述，艺术中的透视理念催生了射影几何，而众多艺术家也将几何原理运用于创作。

列奥纳多·达·芬奇

以画作《蒙娜丽莎》闻名于世的 15—16 世纪意大利艺术家列奥纳多·达·芬奇兼具工程师、科学家与数学家身份，他痴迷于几何与比例理论，并详细论述了这些理念对其艺术创作的影响。

达·芬奇相信，人们应该将绘画视为科学。他在关于这个主题的笔记中纳入了对不同视角系统的讨论，囊括了几何、比例、光和影，以及单灭点、多灭点和空气透视。

《蒙娜丽莎》和其他几幅油画作品展现了他对空气透视法的运用：背景色彩按远近比例渐次淡化，营造出鲜明的空间纵深感。

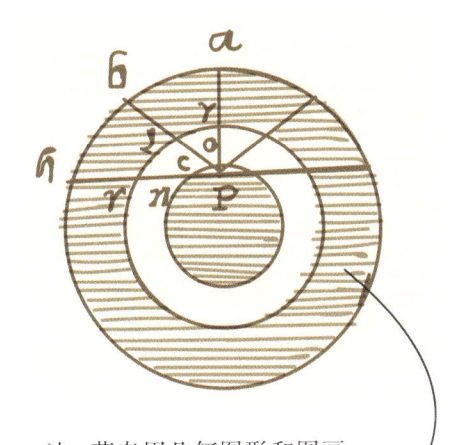

达·芬奇用几何图形和图画佐证其笔记。这幅图画与空气透视有关，诠释了远距离的颜色会变得更加柔和的原理。

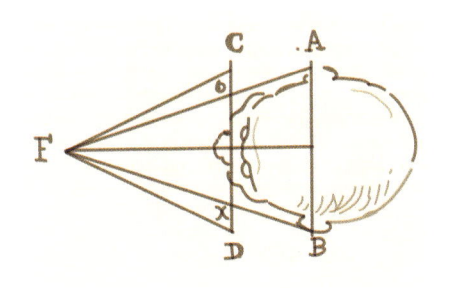

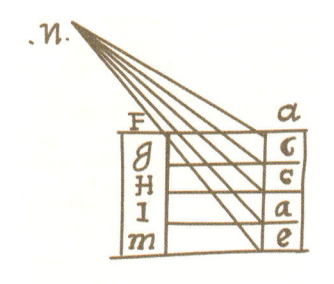

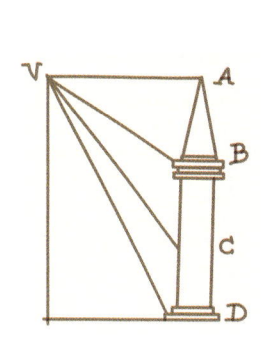

第 11 章 无处不在的几何

荷兰风格派运动

荷兰风格派运动由特奥·凡·杜斯堡于 20 世纪初创立，著名艺术家彼埃·蒙德里安也是其中的一员。在所有作品中，他们都遵循了使用明亮的原色、正方形和矩形、纵横交错线条的原则，结果形成了高度几何化的艺术作品。

M. C. 埃舍尔

20 世纪的荷兰艺术家 M. C. 埃舍尔在其作品中探索了诸多数学概念，包括镶嵌与双曲几何。

埃舍尔基于我们在第 3 章见到的镶嵌进行创作，通过变形演化出动物等复杂图案，但仍保持平面镶嵌的特征。

从六边形等可铺砌图形出发，你可以将一侧裁切出一部分，将其移至对侧并添加上去，这样就可以生成新的镶嵌图形。这正是埃舍尔创作过程的基础。

埃舍尔还在双曲平面上进行过镶嵌。数学家 H. S. M. 考克斯特在双曲平面上绘制了三角形镶嵌图，这种由 30°、45°、90° 角组成的三角形在欧几里得几何中无法存在（平面三角形内角和为 180°）。埃舍尔受到了这种镶嵌图的启发，并将其与他的其他镶嵌一样，运用于鱼类、蝙蝠等生物的双曲镶嵌图案。

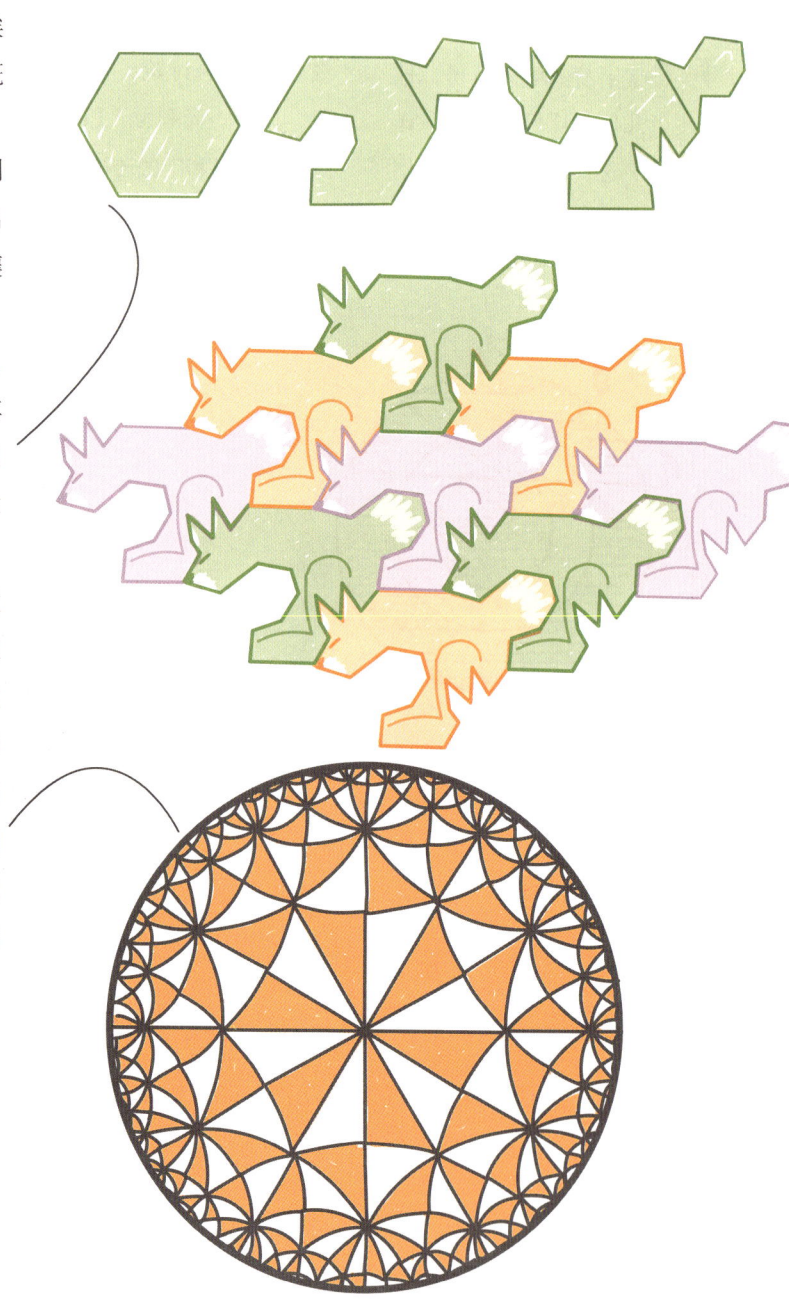

196　图解几何

有关几何的生活技巧

懂点儿几何知识有时能让生活更轻松愉悦。本书最后分享几个基于几何的"生活妙招",或许能为你解忧。

旅行

如果你赶时间,**三角形不等式**能帮你找出最快捷的路线。三角形最长边的长度总小于另外两边的长度之和。因此,当你在直达路线和绕行路线之间做选择时,直达路线永远更短。

从点 A 到点 B 的最短路线本应是两点之间的直线(虚线),但这需要翻越房屋。而实际上,可行的最短路线是利用网格结构中所有能抄近道的斜向路径。

厨房小窍门

两个人分比萨时,光靠目测很难准确地对半切开。但如果在厨房工具里添上一块三角板(工程制图常用的直角三角形尺),就能帮你轻松搞定。

第 11 章 无处不在的几何

你曾在第 2 章中看到：若在圆内画三角形，使其一边为直径、对角顶点位于圆周上，则该顶点处的角必为直角。反之亦然，若在圆内画直角使其顶点接触圆周，则直角两边与圆周的交点连线必为直径，它将准确地平分一个圆。

所以，要平分一块比萨，只需将厨房三角尺的直角顶点与比萨的边缘对齐，在尺两边与饼的两个交点上做出标记，然后沿这两点的连线切下即可。看，两块面积完全相等的比萨！

烘焙时，几何学同样有实用意义。烤饼干时，为使烤箱空间利用率最大化（或减少清洗工作量），需要尽可能多地在烤盘上摆放饼干。运用圆填充的原理，能让你在每个烤盘上摆放的饼干数量更多。

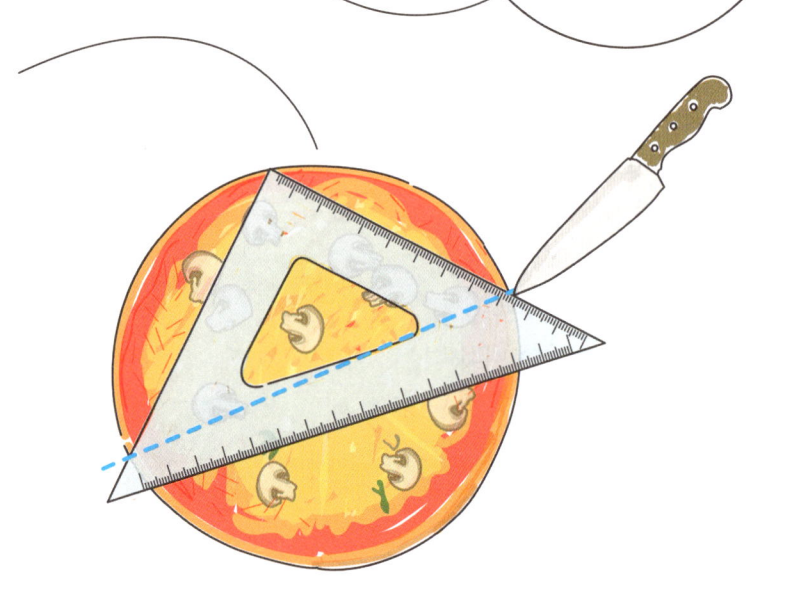

DIY（自己动手做）

组装平板大立柜时，平躺组装之后再竖立起来通常更方便。但即便你量过衣柜高度，确认房间层高足够，你也有可能发现，竖起柜子时会撞到天花板。

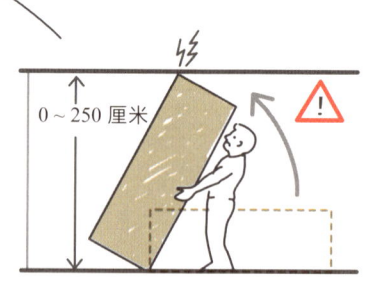

198 图解几何

这是因为直角三角形中最长的边是斜边，而竖起大立柜的过程意味着，从底部前角到顶部后角的距离其实长于大立柜本身的高度。当试图把衣柜扶正时，你需要绕底部前角旋转，此时天花板必须足够高，才能让这条较长的对角线顺利通过。

只需知道大立柜的尺寸，即可在购买前用勾股定理计算出所需的最低天花板高度：

$$最低天花板高度 = \sqrt{高度^2 + 深度^2}$$

若大立柜高 240 厘米，深 70 厘米，则至少需要 $\sqrt{240^2 + 70^2} \approx$ 250 厘米的天花板高度才能顺利竖起组装好的大立柜。

如果你自行设计大立柜，或者做其他事情时需要一个直角，比如划定运动场边的角度或者在小块地上分割苗床，这时即可利用**勾股数组**（毕达哥拉斯三元数组）验证你做出的角是否等于 90°。勾股数组是一组可以成为直角三角形的三条边长度的整数，例如 3、4、5 就是经典的勾股数组，因为 $3^2 + 4^2 = 9 + 16 = 25$，即 5^2。

如果你手边没有三角板（你可能把它丢在厨房里了），可以从顶点起，在假定的两条直角边上分别量出 3 厘米和 4 厘米的线段，如果两个端点的间距刚好是 5 厘米，则该角为直角无误。根据实际需求，可等比例缩放尺寸，比如 30 厘米、40 厘米、50 厘米同样有效。

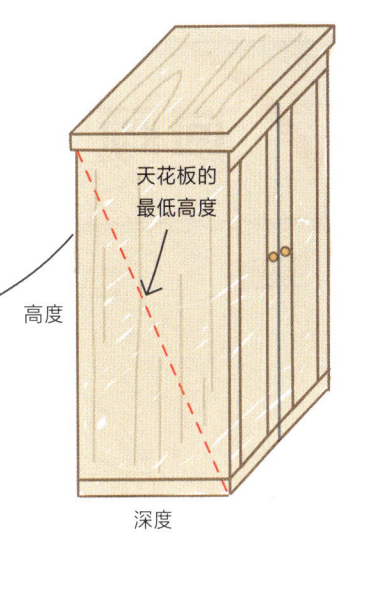

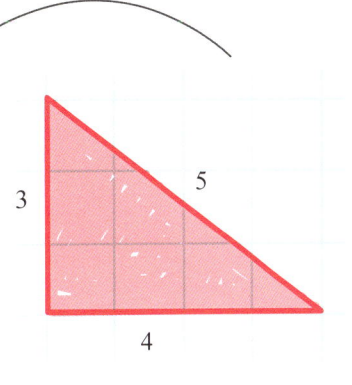

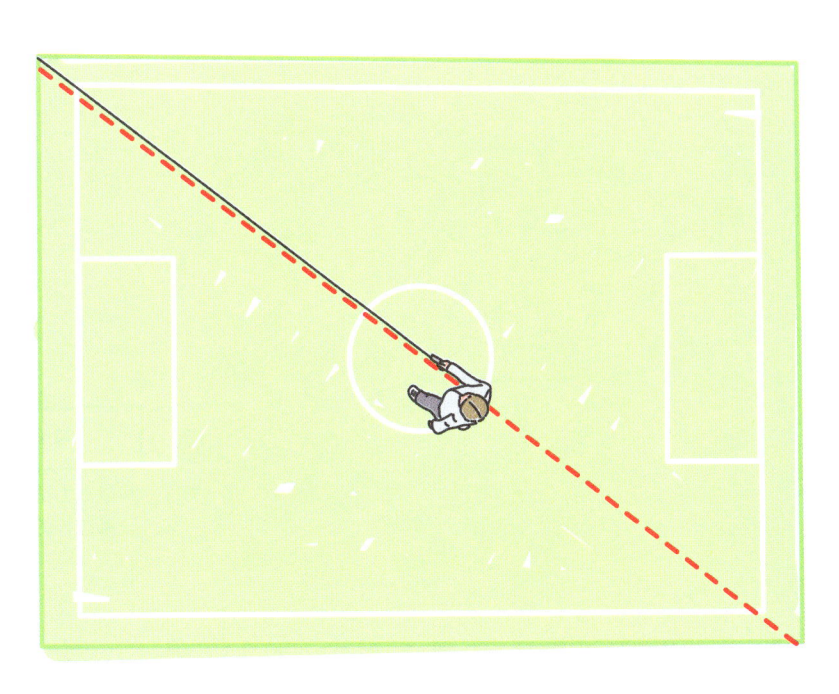

第 11 章 无处不在的几何 199

✓ 回顾

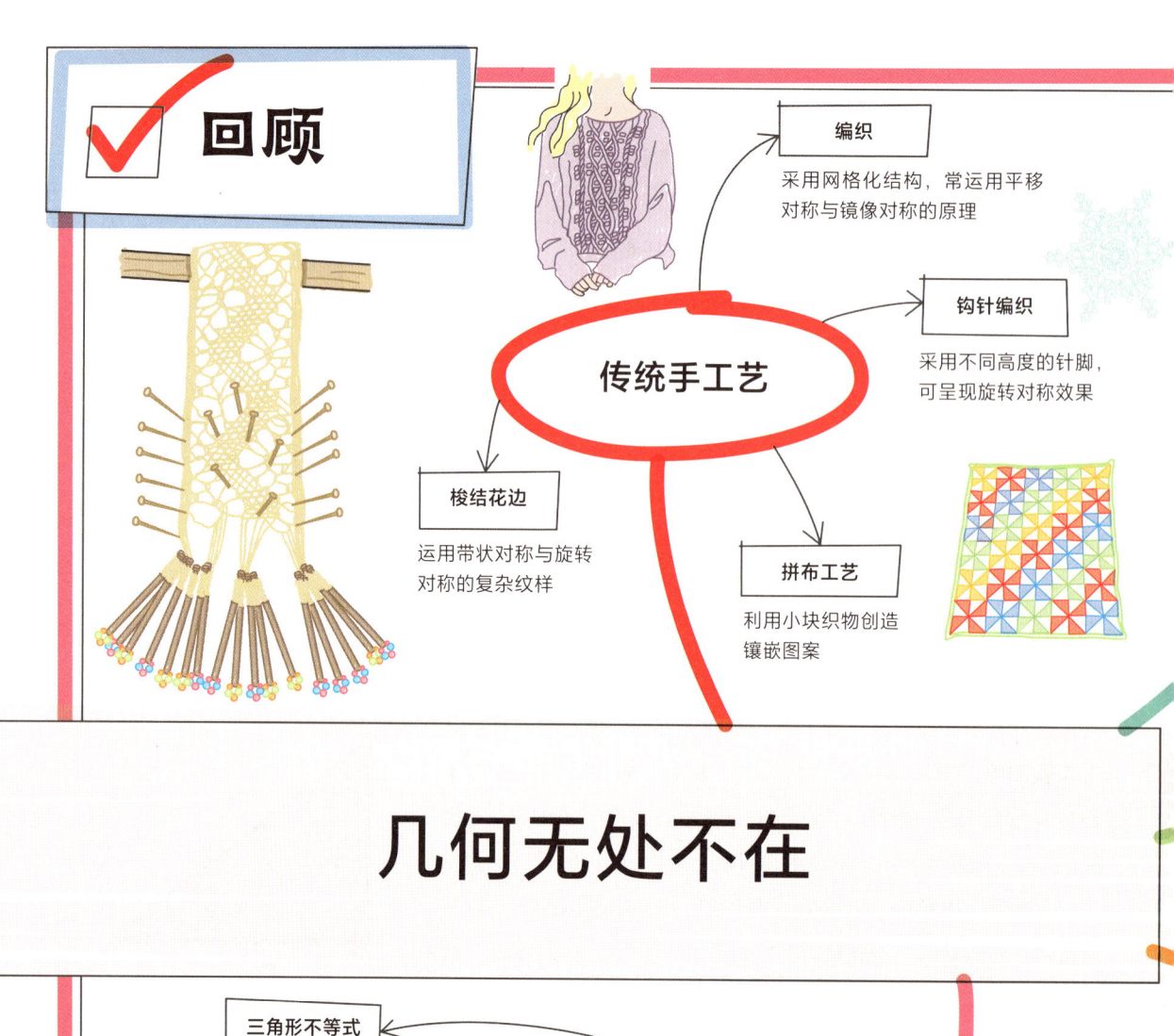

传统手工艺

编织
采用网格化结构，常运用平移对称与镜像对称的原理

钩针编织
采用不同高度的针脚，可呈现旋转对称效果

梭结花边
运用带状对称与旋转对称的复杂纹样

拼布工艺
利用小块织物创造镶嵌图案

几何无处不在

有关几何的生活技巧

三角形不等式
三角形最长的一边永远短于另外两边之和

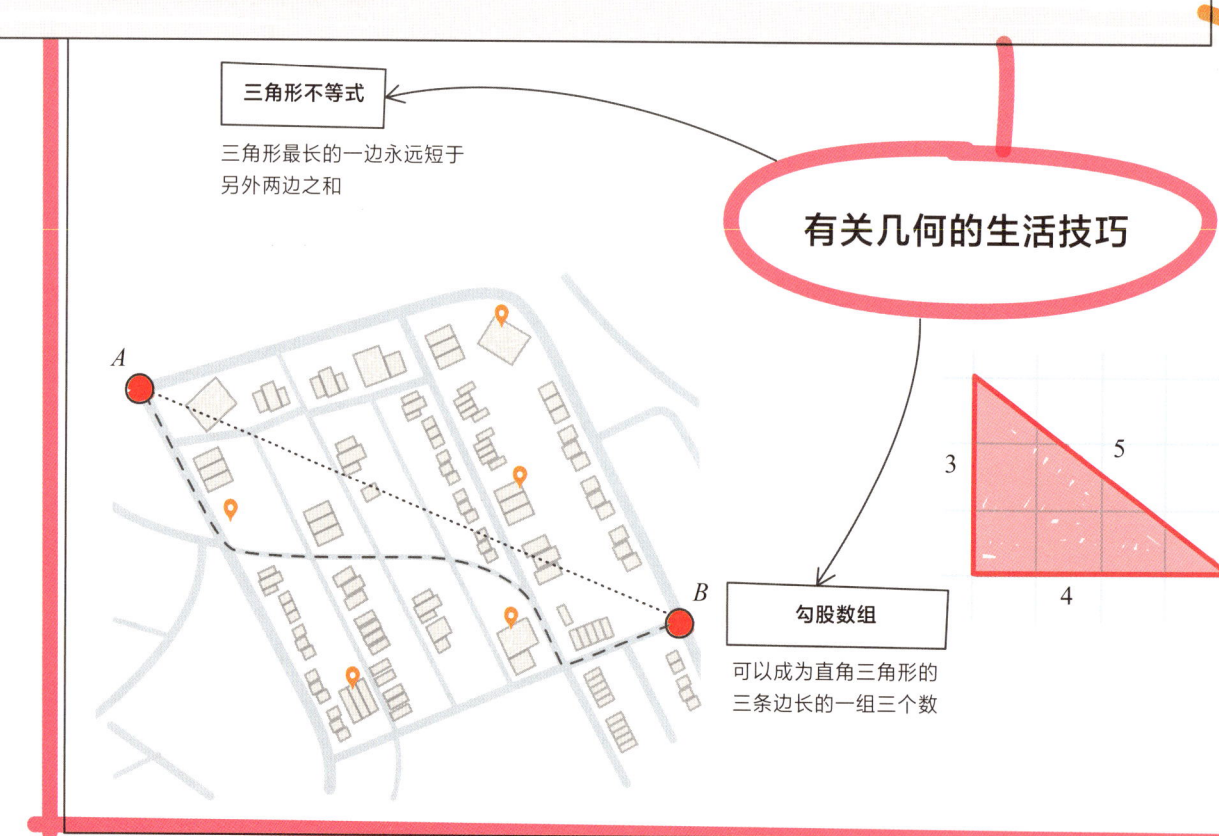

勾股数组
可以成为直角三角形的三条边长的一组三个数

200　图解几何

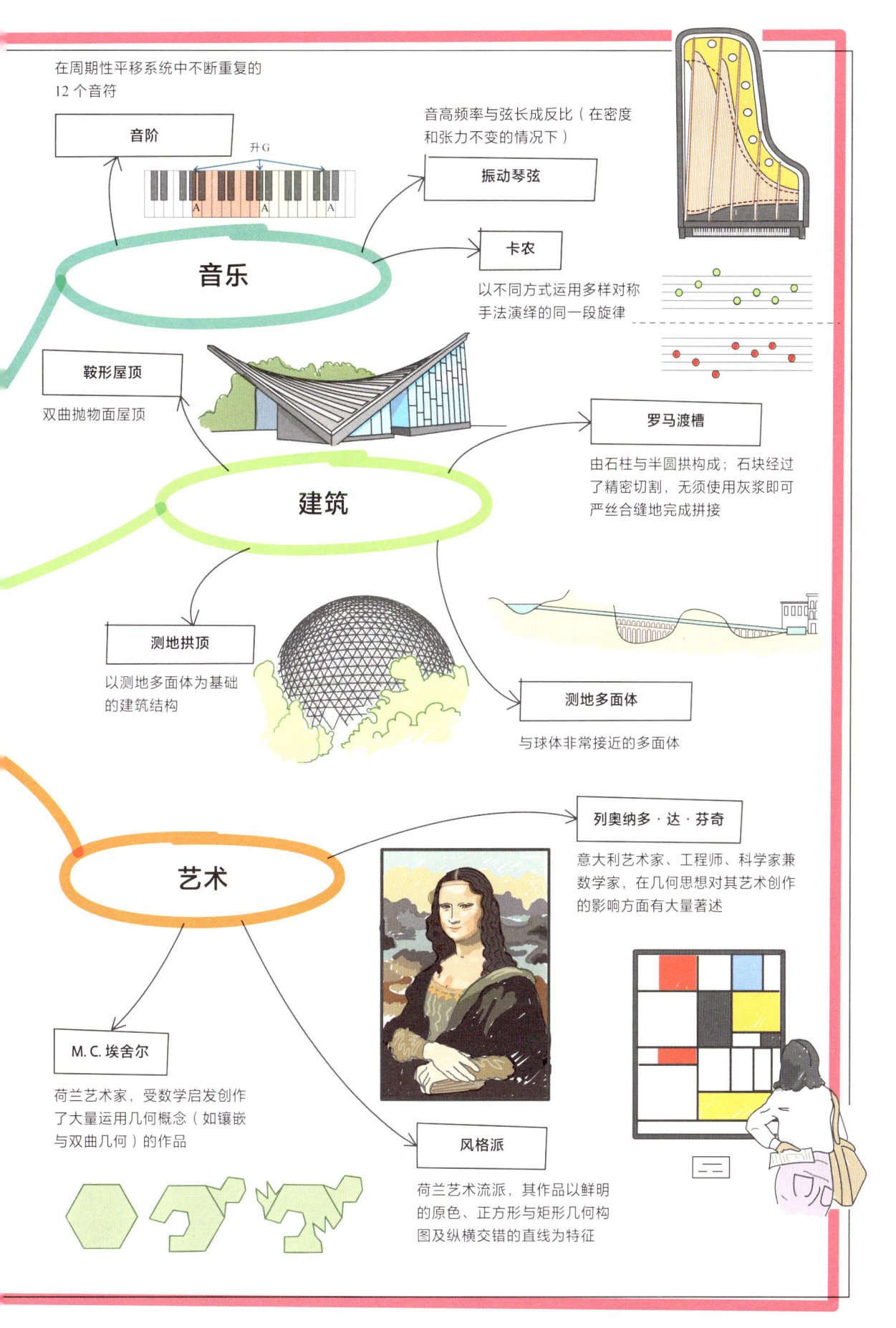

音乐

- **音阶**：在周期性平移系统中不断重复的 12 个音符
- **振动琴弦**：音高频率与弦长成反比（在密度和张力不变的情况下）
- **卡农**：以不同方式运用多样对称手法演绎的同一段旋律

建筑

- **鞍形屋顶**：双曲抛物面屋顶
- **罗马渡槽**：由石柱与半圆拱构成；石块经过了精密切割，无须使用灰浆即可严丝合缝地完成拼接
- **测地拱顶**：以测地多面体为基础的建筑结构
- **测地多面体**：与球体非常接近的多面体

艺术

- **列奥纳多·达·芬奇**：意大利艺术家、工程师、科学家兼数学家，在几何思想对其艺术创作的影响方面有大量著述
- **M. C. 埃舍尔**：荷兰艺术家，受数学启发创作了大量运用几何概念（如镶嵌与双曲几何）的作品
- **风格派**：荷兰艺术流派，其作品以鲜明的原色、正方形与矩形几何构图及纵横交错的直线为特征

第 11 章 无处不在的几何

致谢

特别感谢凯蒂·斯特克尔斯,她不仅推动了我的写作生涯,在本书创作期间更以姊妹篇《图解代数》的创作经验给予我宝贵的支持与建议。感谢萨拉·斯基特的精妙插画,它们为本书注入了活力。也感谢"数学公开演讲"(Talking Maths in Public)的社群成员分享的几何学生活妙招。最后感谢戴夫、劳伦和丹尼尔对我始终如一的支持,以及他们对我的写作进度汇报的耐心倾听。